図で解る
量子ウォーク
入門

町田 拓也 著

QUANTUM
WALK

森北出版株式会社

> 本書で紹介したシミュレーションのサンプルプログラムは，
> 下記の森北出版のホームページからダウンロードできます．
> http://www.morikita.co.jp/books/mid/005381/

● 本書のサポート情報を当社 Web サイトに掲載する場合があります．下記の URL にアクセスし，サポートの案内をご覧ください．

http://www.morikita.co.jp/support/

● 本書の内容に関するご質問は，森北出版 出版部「(書名を明記)」係宛に書面にて，もしくは下記の e-mail アドレスまでお願いします．なお，電話でのご質問には応じかねますので，あらかじめご了承ください．

editor@morikita.co.jp

● 本書により得られた情報の使用から生じるいかなる損害についても，当社および本書の著者は責任を負わないものとします．

■ 本書に記載している製品名，商標および登録商標は，各権利者に帰属します．

■ 本書を無断で複写複製（電子化を含む）することは，著作権法上での例外を除き，禁じられています．複写される場合は，そのつど事前に(社)出版者著作権管理機構（電話 03-3513-6969，FAX 03-3513-6979，e-mail：info@jcopy.or.jp）の許諾を得てください．また本書を代行業者等の第三者に依頼してスキャンやデジタル化することは，たとえ個人や家庭内での利用であっても一切認められておりません．

はじめに

　近年，量子コンピュータという用語が一般向けの科学雑誌でも使われる機会が多くなりました．この前書きを読んでいる方も，それを目にしたことがあるかもしれません．量子コンピュータは，次世代コンピュータとしての期待を背負っています．現在のコンピュータでは解析に多くの時間を要するいくつかの問題を，わずかな時間で解いてしまう可能性を秘めており，社会の役に立つこともあります．たとえば，暗号解読や巡回セールスマン問題（いくつかの都市間をセールスマンが金銭的，時間的に効率よく回るには，どのように移動すべきかという問題）は，高速で解けてしまいます．本書で扱う「量子ウォーク」とは，じつは，この量子コンピュータの理論に関わっています．本書の目的が量子コンピュータではなく量子ウォークなので，どのように関わっているのかには触れませんが，簡単にいえば，量子ウォークは量子コンピュータの理論を整備するうえで役に立つ数理モデルです．

　量子ウォークは，2000年頃から活発に研究されるようになった比較的新しい分野です．私が専門とする数学の分野では，多くの研究者が量子ウォークと向き合っています．しかし，その理論は初学者には決して簡単とはいえず，モデルを理解するのも一苦労となります．本書では，そのような初学者が量子ウォークの入り口に立てるように，そして，ひとりでも学習を進められるように，視覚的に量子ウォークを解説して，多くの例を掲載しました．数学的な結果も掲載してありますが，厳密な記述は避け，その結果の意味を噛み砕いて図解で説明してあります．数学的に，よりいっそう深い量子ウォークの世界を知りたい方のために参考文献も巻末に挙げておきましたので，そちらも役立てていただければと思います．なお，日本語の本としては，参考文献[1,2]があります．

　本書は，全部で六つの章から構成されており，その内容をここで簡単に紹介します．まず，本書を読むうえで，微分・積分などの高等な計算方法の知識は必要としません．必要な計算方法は，足し算，引き算，掛け算，そして割り算だけです．しかし，量子ウォークを理解するためには，数学の知識がいくつか必要となるので，その最低限必要な知識を第1章にて取り上げました．すでに知っている知識であれば，読み飛ばしても構いません．第2章から第5章までは，いくつかの1次元格子上の量子ウォークモデルに充てられています．第2章の標準型モデルから始まり，その後，時刻依存型

の量子ウォーク（第3章），場所依存型の量子ウォーク（第4章），そして，標準型モデルの拡張版モデル（第5章）と続きます．第6章では，2次元格子上の量子ウォークを対象とします．これらの章では，モデルの説明が与えられた後に，シミュレーション（コンピュータによる数値計算）を用いた量子ウォークの挙動が掲載されています．その後，数学的な視点から，これまでにわかっている量子ウォークの性質を紹介します．数学的な結果の読み解きを，シミュレーションの結果と比較していただければと思います．また，練習問題を，第6章の後にまとめました．本書の理解に役立てていただければ幸いです．

本書の出版に際し，今野紀雄先生，竹居正登先生，そして，井手勇介先生に内容のチェックを手伝っていただき，さらに，有益なコメントやさまざまなアイデアをいただきました．出版社の塚田真弓さん，太田陽喬さんには，出版に関し終始お世話になりました．上記の皆さま方には心より感謝申し上げます．また，本書は，私が University of California, Berkeley の数学科に滞在していた頃に，おもに執筆されたものであり，本書の執筆に時間を許してくれた F. Alberto Grünbaum 教授，アメリカでの生活を支えてくれた多くの友人，とくに，バークレー，サンフランシスコのすばらしいダンサーたち，そして日本から支えてくれた母と父に感謝の意を表したいと思います．

平成 27 年 4 月 1 日
横浜
町田拓也

To my friends,

I always had fun with you guys in the States. Thanks to the great time I had there, I did awesome research and wrote this book. I sincerely appreciate your support from the bottom of my heart. I must say. "I hella love Berkeley and San Francisco. I hella love you folks."

Best,
Takuya

目 次

はじめに i

第1章 基礎知識 1
1.1 複素数 1
1.2 行列とベクトル 5
1.3 ユニタリ行列 13

第2章 標準型の量子ウォーク 17
2.1 ランダムウォークから量子ウォークへ 17
2.2 モデルの説明 26
2.3 確率分布の性質 44

第3章 時刻依存型の量子ウォーク 73
3.1 2周期で変化する場合 73
3.2 3周期で変化する場合 87

第4章 場所依存型の量子ウォーク 107
4.1 出発点付近に大きなピークが生じ得る場合 107
4.2 出発点付近にピークが生じない場合 121

第5章 標準型の量子ウォークの拡張版モデル 138
5.1 確率振幅ベクトルの成分が三つの場合 138
5.2 確率振幅ベクトルの成分が四つの場合 162

第6章 2次元格子上の量子ウォーク 189
6.1 モデルの説明 189
6.2 確率分布の性質 200

練習問題 222
解　答 226
参考文献 231
あとがき 232
索　引 233

Chapter 1

基礎知識

ここでは，量子ウォークのモデルを理解するために必要となる数学の知識に簡単に触れます．具体的には，複素数，行列とベクトル，ユニタリ行列についてです．これらについては，すでに知っている読者もいるかと思いますので，適宜取捨選択して，必要であれば目を通してください．

Key Word　複素数　行列　ベクトル　ユニタリ行列

1.1 複素数

普段の生活の中では，複素数という数に出会う機会はありませんが，その生活に関わる計算をするうえで，それは利用されています．たとえば，電気回路を設計する際に，その回路を伝わる電気量の計算に，複素数は使われます．実際の生活で見かける数は実数の範囲ですが，複素数は実数を含む，より広い範囲の数となっています．数学の分野では，さまざまな場面で登場する数です．

虚数単位

複素数を説明するには，虚数単位という数学的概念が必要となります．虚数単位 i とは，2乗して -1 になるような数で，便宜上

$$i = \sqrt{-1}$$

と表すこともあります．

複素数

複素数とは，実数 x, y に対して，

$$x + iy$$

の形をとる数のことです．

■ 例 1.1

$$0, \quad 1+i, \quad \frac{1}{2}-5i, \quad 0.3+\sqrt{2}i, \quad -12, \quad \frac{\pi}{4}i$$

共役複素数

複素数 $z = x+iy$ (x, y は実数) に対して，その共役複素数 $\bar{z}$ とは

$$x - iy$$

のことです．すなわち，$\bar{z} = x - iy$ です．

■ 例 1.2

複素数 z	0	$1+i$	$1/2-5i$	$0.3+\sqrt{2}i$	-12	$(\pi/4)i$
共役複素数 $\bar{z}$	0	$1-i$	$1/2+5i$	$0.3-\sqrt{2}i$	-12	$-(\pi/4)i$

この例からもわかる通り，共役複素数は，対象とする複素数の虚数単位 i の係数の符号を変えれば得られます（図 1.1 参照）．

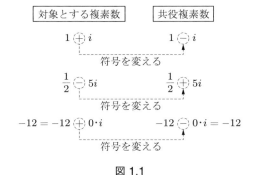

図 1.1

絶対値

複素数 $x+iy$ (x, y は実数) の絶対値 $|x+iy|$ は，

$$\sqrt{x^2+y^2}$$

で与えられます．すなわち，$|x+iy| = \sqrt{x^2+y^2}$ です[1]．

---

[1] 本書では，絶対値の 2 乗

$$|x+iy|^2 = x^2 + y^2$$

の計算のほうが，頻繁に使われます．

■ 例 1.3

$$|0| = |0 + 0 \cdot i| = \sqrt{0^2 + 0^2} = 0$$

$$|1 + i| = |1 + 1 \cdot i| = \sqrt{1^2 + 1^2} = \sqrt{2}$$

$$\left|\frac{1}{2} - 5i\right| = \left|\frac{1}{2} + (-5)i\right| = \sqrt{\left(\frac{1}{2}\right)^2 + (-5)^2} = \frac{\sqrt{101}}{2}$$

$$|0.3 + \sqrt{2}\,i| = \left|\frac{3}{10} + \sqrt{2}\,i\right| = \sqrt{\left(\frac{3}{10}\right)^2 + (\sqrt{2})^2} = \frac{\sqrt{209}}{10}$$

$$|-12| = |(-12) + 0 \cdot i| = \sqrt{(-12)^2 + 0^2} = 12$$

足し算，引き算，掛け算

複素数 $x_1 + iy_1, x_2 + iy_2$（x_1, x_2, y_1, y_2 は実数）の足し算，引き算，そして掛け算は，それぞれ以下のように与えられます[2]．

$$(x_1 + iy_1) + (x_2 + iy_2) = x_1 + x_2 + i(y_1 + y_2)$$

$$(x_1 + iy_1) - (x_2 + iy_2) = x_1 - x_2 + i(y_1 - y_2)$$

$$(x_1 + iy_1) \times (x_2 + iy_2) = x_1 x_2 - y_1 y_2 + i(x_1 y_2 + y_1 x_2)$$

■ 例 1.4

$$(1 + 2i) + (3 + 4i) = (1 + 3) + i(2 + 4) = 4 + 6i$$

$$(1 + 2i) - (3 + 4i) = (1 - 3) + i(2 - 4) = -2 + (-2)i = -2 - 2i$$

$$(1 + 2i) \times (3 + 4i) = 1 \cdot 3 - 2 \cdot 4 + i(1 \cdot 4 + 2 \cdot 3) = -5 + 10i$$

オイラーの公式

実数 θ に対して，

$$e^{i\theta} = \cos\theta + i\sin\theta$$

が成立します．これは，「オイラー (Euler) の公式」とよばれ，複素数に関わる重要な公式です．なお，e はネイピア (Napier) 数とよばれる定数で，$e = 2.718\cdots$ です．

---

[2] $(x_1 + iy_1) \times (x_2 + iy_2) = x_1 x_2 + i^2 y_1 y_2 + i(x_1 y_2 + y_1 x_2)$ と $i^2 = -1$ より，上記の掛け算の右辺を得ます．

■例 1.5 ($\theta = 0$ のとき)

$$e^{i \cdot 0} = \cos 0 + i \sin 0 = 1$$

■例 1.6 ($\theta = \pi/4$ のとき)

$$e^{i \cdot \frac{\pi}{4}} = \cos \frac{\pi}{4} + i \sin \frac{\pi}{4} = \frac{1}{\sqrt{2}} + \frac{i}{\sqrt{2}}$$

■例 1.7 ($\theta = \pi/2$ のとき)

$$e^{i \cdot \frac{\pi}{2}} = \cos \frac{\pi}{2} + i \sin \frac{\pi}{2} = i$$

■例 1.8 ($\theta = 2\pi/3$ のとき)

$$e^{i \cdot \frac{2\pi}{3}} = \cos \frac{2\pi}{3} + i \sin \frac{2\pi}{3} = -\frac{1}{2} + \frac{\sqrt{3}}{2} i$$

（参考）代表的な三角関数の値

θ	0	$\pi/6$	$\pi/4$	$\pi/3$	$\pi/2$	$2\pi/3$	$3\pi/4$	$5\pi/6$
$\cos \theta$	1	$\sqrt{3}/2$	$1/\sqrt{2}$	$1/2$	0	$-1/2$	$-1/\sqrt{2}$	$-\sqrt{3}/2$
$\sin \theta$	0	$1/2$	$1/\sqrt{2}$	$\sqrt{3}/2$	1	$\sqrt{3}/2$	$1/\sqrt{2}$	$1/2$

θ	π	$7\pi/6$	$5\pi/4$	$4\pi/3$	$3\pi/2$	$5\pi/3$	$7\pi/4$	$11\pi/6$
$\cos \theta$	-1	$-\sqrt{3}/2$	$-1/\sqrt{2}$	$-1/2$	0	$1/2$	$1/\sqrt{2}$	$\sqrt{3}/2$
$\sin \theta$	0	$-1/2$	$-1/\sqrt{2}$	$-\sqrt{3}/2$	-1	$-\sqrt{3}/2$	$-1/\sqrt{2}$	$-1/2$

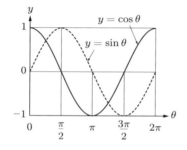

■ 1.2　行列とベクトル

本書を読むうえで最低限必要となる，行列とベクトルに関する知識を紹介します．行列やベクトルは，おもに線形代数学という数学の分野で扱われます．

行　列

行列とは，数字を行と列に並べたもので，数学では通常，その並べたものに括弧をつけてくくります．行列の中にあるそれぞれの数字は，行列の成分とよばれます．量子ウォークに登場する行列の各成分は，一般に複素数なので，本章で対象とする行列の各成分も複素数として扱います．

■ 例 1.9

$$\begin{bmatrix} 1 & 2 \\ 3 & 4 \end{bmatrix}, \quad \begin{bmatrix} 1 & 2 & 3 \\ 4 & 5 & 6 \end{bmatrix}, \quad \begin{bmatrix} 1 & 2 \\ 3 & 4 \\ 5 & 6 \end{bmatrix}, \quad \begin{bmatrix} 1 & 2 & 3 \\ 4 & 5 & 6 \\ 7 & 8 & 9 \end{bmatrix}$$

なお，以下のようなものも数字を行と列に並べたものですが，通常は行列とはよばれません．

$$\begin{bmatrix} 1 \\ 2 & 3 \end{bmatrix}, \quad \begin{bmatrix} & 1 & 2 \\ & & 3 \end{bmatrix}, \quad \begin{bmatrix} 1 & \\ & 2 \\ 3 & 4 \end{bmatrix}, \quad \begin{bmatrix} 1 & \\ & 2 & 3 \end{bmatrix}$$

すべての成分が数字で埋められているものだけを，行列とみなします．また，m, n を正の整数として，行が m 個，列が n 個ある行列は，$m \times n$ の行列とよばれます（図 1.2 参照）．

図 1.2

例 1.10

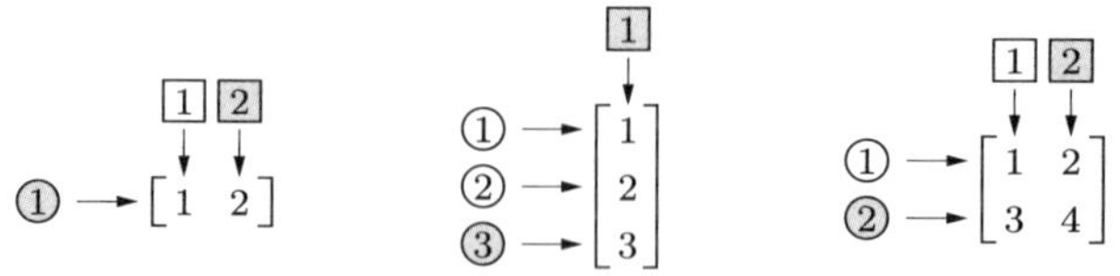

（a） ①×[2] の行列　（b） ③×[1] の行列　（c） ②×[2] の行列

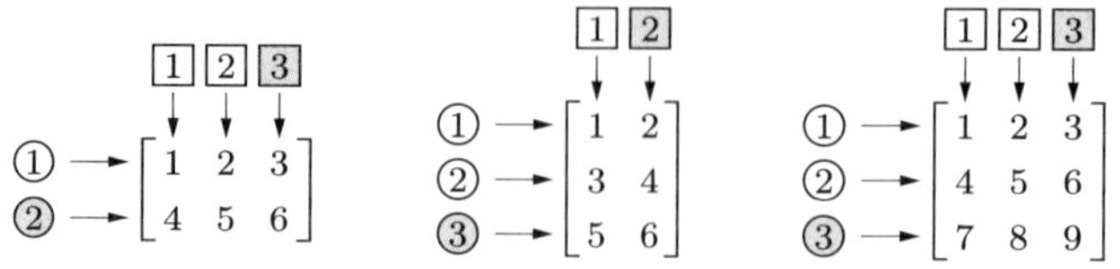

（d） ②×[3] の行列　（e） ③×[2] の行列　（f） ③×[3] の行列

ベクトル

ベクトルは，行または列が一つしかない特別な形の行列です．たとえば，以下のようなものです．

$$\begin{bmatrix} 1 \\ 2 \end{bmatrix}, \quad \begin{bmatrix} 1 \\ 2 \\ 3 \end{bmatrix}, \quad \begin{bmatrix} 1 \\ 2 \\ 3 \\ 4 \end{bmatrix}$$

［注］ 上記のベクトルは，縦ベクトルとよばれます．一方，以下に挙げる行列もベクトルであり，縦ベクトルとの対比として，横ベクトルとよばれます．

$$[1\ 2], \quad [1\ 2\ 3], \quad [1\ 2\ 3]$$

本書では，横ベクトルは扱わず，縦ベクトルのみ扱います．

ベクトルの大きさ

正の整数 n に対して，ベクトル

$$\vec{v} = \begin{bmatrix} a_1 \\ a_2 \\ \vdots \\ a_n \end{bmatrix}$$

の大きさを $||\vec{v}||$ で表し，

$$||\vec{v}|| = \sqrt{|a_1|^2 + |a_2|^2 + \cdots + |a_n|^2}$$

で与えます[3].

■ 例 1.11
$$\left\| \begin{bmatrix} 1+2i \\ 3+4i \end{bmatrix} \right\| = \sqrt{|1+2i|^2 + |3+4i|^2} = \sqrt{30}$$

■ 例 1.12
$$\left\| \begin{bmatrix} 3 \\ -1 \\ \sqrt{6} \end{bmatrix} \right\| = \sqrt{|3|^2 + |-1|^2 + |\sqrt{6}|^2} = \sqrt{16} = 4$$

■ 例 1.13
$$\left\| \begin{bmatrix} -i \\ 2 \\ 3i \\ -4 \end{bmatrix} \right\| = \sqrt{|-i|^2 + |2|^2 + |3i|^2 + |-4|^2} = \sqrt{30}$$

ベクトルの足し算

ベクトルの足し算は，同じサイズのベクトル同士に対して行うことができます（異なるサイズのベクトル同士では，足し算はできません）．ベクトルの足し算の結果は，各成分ごとに足し算をすることで得られます．数式で表すと，

$$\begin{bmatrix} a_1 \\ a_2 \\ \vdots \\ a_n \end{bmatrix} + \begin{bmatrix} b_1 \\ b_2 \\ \vdots \\ b_n \end{bmatrix} = \begin{bmatrix} a_1 + b_1 \\ a_2 + b_2 \\ \vdots \\ a_n + b_n \end{bmatrix}$$

となります．ただし，n は正の整数とします．

■ 例 1.14
$$\begin{bmatrix} 1 \\ 2 \end{bmatrix} + \begin{bmatrix} 3 \\ 4 \end{bmatrix} = \begin{bmatrix} 1+3 \\ 2+4 \end{bmatrix} = \begin{bmatrix} 4 \\ 6 \end{bmatrix}$$

---

[3] 本書では，ベクトルの大きさの 2 乗

$$\left\| \vec{v} \right\|^2 = |a_1|^2 + |a_2|^2 + \cdots + |a_n|^2$$

の計算のほうが，頻繁に使われます．

例 1.15

$$\begin{bmatrix} 1 \\ 2 \\ 3 \end{bmatrix} + \begin{bmatrix} 4 \\ 5 \\ 6 \end{bmatrix} = \begin{bmatrix} 1+4 \\ 2+5 \\ 3+6 \end{bmatrix} = \begin{bmatrix} 5 \\ 7 \\ 9 \end{bmatrix}$$

例 1.16

$$\begin{bmatrix} 1 \\ 2 \\ 3 \\ 4 \end{bmatrix} + \begin{bmatrix} 5 \\ 6 \\ -7 \\ -8 \end{bmatrix} = \begin{bmatrix} 1+5 \\ 2+6 \\ 3+(-7) \\ 4+(-8) \end{bmatrix} = \begin{bmatrix} 1+5 \\ 2+6 \\ 3-7 \\ 4-8 \end{bmatrix} = \begin{bmatrix} 6 \\ 8 \\ -4 \\ -4 \end{bmatrix}$$

行列とベクトルの掛け算

行列同士の掛け算は，少々複雑です．ここでは，行列とベクトルの掛け算に焦点を当てます．本書で扱う量子ウォークを理解するうえで必要となる掛け算は，以下の三つです．

$$\begin{bmatrix} a_1 & a_2 \\ b_1 & b_2 \end{bmatrix} \begin{bmatrix} x \\ y \end{bmatrix} = \begin{bmatrix} a_1 x + a_2 y \\ b_1 x + b_2 y \end{bmatrix}$$

$$\begin{bmatrix} a_1 & a_2 & a_3 \\ b_1 & b_2 & b_3 \\ c_1 & c_2 & c_3 \end{bmatrix} \begin{bmatrix} x \\ y \\ z \end{bmatrix} = \begin{bmatrix} a_1 x + a_2 y + a_3 z \\ b_1 x + b_2 y + b_3 z \\ c_1 x + c_2 y + c_3 z \end{bmatrix}$$

$$\begin{bmatrix} a_1 & a_2 & a_3 & a_4 \\ b_1 & b_2 & b_3 & b_4 \\ c_1 & c_2 & c_3 & c_4 \\ d_1 & d_2 & d_3 & d_4 \end{bmatrix} \begin{bmatrix} x \\ y \\ z \\ w \end{bmatrix} = \begin{bmatrix} a_1 x + a_2 y + a_3 z + a_4 w \\ b_1 x + b_2 y + b_3 z + b_4 w \\ c_1 x + c_2 y + c_3 z + c_4 w \\ d_1 x + d_2 y + d_3 z + d_4 w \end{bmatrix}$$

例 1.17

$$\begin{bmatrix} 1 & 2 \\ 3 & 4 \end{bmatrix} \begin{bmatrix} 1 \\ 2 \end{bmatrix} = \begin{bmatrix} 5 \\ 11 \end{bmatrix}$$

例 1.18

$$\begin{bmatrix} 1 & 2 & 3 \\ 4 & 5 & 6 \\ 7 & 8 & 9 \end{bmatrix} \begin{bmatrix} 1 \\ 2 \\ 3 \end{bmatrix} = \begin{bmatrix} 14 \\ 32 \\ 50 \end{bmatrix}$$

■ 例 1.19

$$\begin{bmatrix} 1 & 2 & 3 & 4 \\ 5 & 6 & 7 & 8 \\ 9 & 10 & 11 & 12 \\ 13 & 14 & 15 & 16 \end{bmatrix} \begin{bmatrix} 1 \\ 2 \\ 3 \\ 4 \end{bmatrix} = \begin{bmatrix} 30 \\ 70 \\ 110 \\ 150 \end{bmatrix}$$

■

計算イメージの例として，3×3 の行列と 3 次のベクトル（成分を三つもつベクトル）の掛け算を図 1.3 に挙げます．例 1.18 の場合は，図 1.4 のような計算イメージになります．

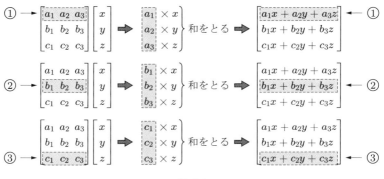

図 1.3

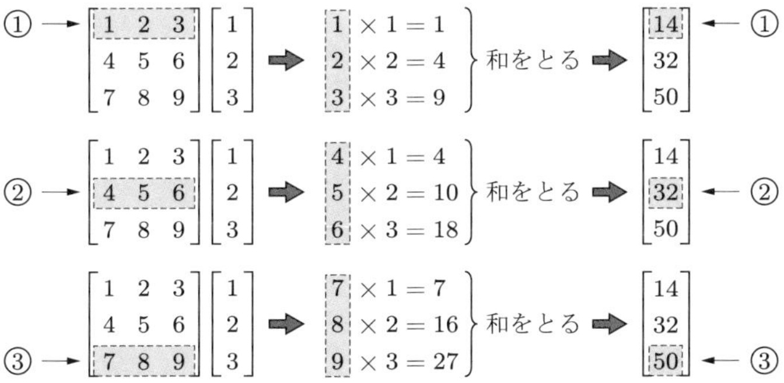

図 1.4

行列の足し算

行列の足し算は，同じサイズの行列同士に対して行うことができます（異なるサイズの行列同士では，足し算はできません）．正の整数 m, n に対して，以下の二つの $m \times n$

の行列 A, B を考えます．

$$A = \begin{bmatrix} a_{11} & a_{12} & \cdots\cdots & a_{1n} \\ a_{21} & a_{22} & \cdots\cdots & a_{2n} \\ \vdots & \vdots & \ddots & \vdots \\ a_{m1} & a_{m2} & \cdots\cdots & a_{mn} \end{bmatrix}, \quad B = \begin{bmatrix} b_{11} & b_{12} & \cdots\cdots & b_{1n} \\ b_{21} & b_{22} & \cdots\cdots & b_{2n} \\ \vdots & \vdots & \ddots & \vdots \\ b_{m1} & b_{m2} & \cdots\cdots & b_{mn} \end{bmatrix}$$

これら二つの行列の足し算は，各々の成分同士を足し算することで得られます．つまり，

$$A + B = \begin{bmatrix} a_{11}+b_{11} & a_{12}+b_{12} & \cdots\cdots & a_{1n}+b_{1n} \\ a_{21}+b_{21} & a_{22}+b_{22} & \cdots\cdots & a_{2n}+b_{2n} \\ \vdots & \vdots & \ddots & \vdots \\ a_{m1}+b_{m1} & a_{m2}+b_{m2} & \cdots\cdots & a_{mn}+b_{mn} \end{bmatrix}$$

となります．

■ 例 1.20

$$\begin{bmatrix} 1 & 2 \\ 3 & 4 \end{bmatrix} + \begin{bmatrix} 5 & 6 \\ 7 & 8 \end{bmatrix} = \begin{bmatrix} 1+5 & 2+6 \\ 3+7 & 4+8 \end{bmatrix} = \begin{bmatrix} 6 & 8 \\ 10 & 12 \end{bmatrix}$$

■ 例 1.21

$$\begin{bmatrix} -1 & 2 & 3 \\ 4 & -5 & 6 \\ 7 & 8 & -9 \end{bmatrix} + \begin{bmatrix} 9 & -8 & 7 \\ -6 & 5 & -4 \\ 3 & -2 & 1 \end{bmatrix} = \begin{bmatrix} -1+9 & 2+(-8) & 3+7 \\ 4+(-6) & -5+5 & 6+(-4) \\ 7+3 & 8+(-2) & -9+1 \end{bmatrix}$$

$$= \begin{bmatrix} 8 & -6 & 10 \\ -2 & 0 & 2 \\ 10 & 6 & -8 \end{bmatrix}$$

行列の掛け算

この後に説明するユニタリ行列を理解するためには，以下に挙げる行列同士の掛け算の知識が必要となります．

$$\begin{bmatrix} a_1 & a_2 \\ b_1 & b_2 \end{bmatrix} \begin{bmatrix} x_1 & x_2 \\ y_1 & y_2 \end{bmatrix} = \begin{bmatrix} a_1 x_1 + a_2 y_1 & a_1 x_2 + a_2 y_2 \\ b_1 x_1 + b_2 y_1 & b_1 x_2 + b_2 y_2 \end{bmatrix}$$

$$\begin{bmatrix} a_1 & a_2 & a_3 \\ b_1 & b_2 & b_3 \\ c_1 & c_2 & c_3 \end{bmatrix} \begin{bmatrix} x_1 & x_2 & x_3 \\ y_1 & y_2 & y_3 \\ z_1 & z_2 & z_3 \end{bmatrix}$$

$$= \begin{bmatrix} a_1x_1 + a_2y_1 + a_3z_1 & a_1x_2 + a_2y_2 + a_3z_2 & a_1x_3 + a_2y_3 + a_3z_3 \\ b_1x_1 + b_2y_1 + b_3z_1 & b_1x_2 + b_2y_2 + b_3z_2 & b_1x_3 + b_2y_3 + b_3z_3 \\ c_1x_1 + c_2y_1 + c_3z_1 & c_1x_2 + c_2y_2 + c_3z_2 & c_1x_3 + c_2y_3 + c_3z_3 \end{bmatrix}$$

$$\begin{bmatrix} a_1 & a_2 & a_3 & a_4 \\ b_1 & b_2 & b_3 & b_4 \\ c_1 & c_2 & c_3 & c_4 \\ d_1 & d_2 & d_3 & d_4 \end{bmatrix} \begin{bmatrix} x_1 & x_2 & x_3 & x_4 \\ y_1 & y_2 & y_3 & y_4 \\ z_1 & z_2 & z_3 & z_4 \\ w_1 & w_2 & w_3 & w_4 \end{bmatrix}$$

$$= \begin{bmatrix} a_1x_1 + a_2y_1 + a_3z_1 + a_4w_1 & a_1x_2 + a_2y_2 + a_3z_2 + a_4w_2 \\ b_1x_1 + b_2y_1 + b_3z_1 + b_4w_1 & b_1x_2 + b_2y_2 + b_3z_2 + b_4w_2 \\ c_1x_1 + c_2y_1 + c_3z_1 + c_4w_1 & c_1x_2 + c_2y_2 + c_3z_2 + c_4w_2 \\ d_1x_1 + d_2y_1 + d_3z_1 + d_4w_1 & d_1x_2 + d_2y_2 + d_3z_2 + d_4w_2 \end{bmatrix}$$
$$\begin{matrix} a_1x_3 + a_2y_3 + a_3z_3 + a_4w_3 & a_1x_4 + a_2y_4 + a_3z_4 + a_4w_4 \\ b_1x_3 + b_2y_3 + b_3z_3 + b_4w_3 & b_1x_4 + b_2y_4 + b_3z_4 + b_4w_4 \\ c_1x_3 + c_2y_3 + c_3z_3 + c_4w_3 & c_1x_4 + c_2y_4 + c_3z_4 + c_4w_4 \\ d_1x_3 + d_2y_3 + d_3z_3 + d_4w_3 & d_1x_4 + d_2y_4 + d_3z_4 + d_4w_4 \end{matrix}$$

■ 例 1.22

$$\begin{bmatrix} 1 & 2 \\ 3 & 4 \end{bmatrix} \begin{bmatrix} 4 & 3 \\ 2 & 1 \end{bmatrix} = \begin{bmatrix} 8 & 5 \\ 20 & 13 \end{bmatrix}$$

■ 例 1.23

$$\begin{bmatrix} 1 & 2 & 3 \\ 4 & 5 & 6 \\ 7 & 8 & 9 \end{bmatrix} \begin{bmatrix} 9 & 8 & 7 \\ 6 & 5 & 4 \\ 3 & 2 & 1 \end{bmatrix} = \begin{bmatrix} 30 & 24 & 18 \\ 84 & 69 & 54 \\ 138 & 114 & 90 \end{bmatrix}$$

■ 例 1.24

$$\begin{bmatrix} 1 & 2 & 3 & 4 \\ 5 & 6 & 7 & 8 \\ 9 & 10 & 11 & 12 \\ 13 & 14 & 15 & 16 \end{bmatrix} \begin{bmatrix} 16 & 15 & 14 & 13 \\ 12 & 11 & 10 & 9 \\ 8 & 7 & 6 & 5 \\ 4 & 3 & 2 & 1 \end{bmatrix} = \begin{bmatrix} 80 & 70 & 60 & 50 \\ 240 & 214 & 188 & 162 \\ 400 & 358 & 316 & 274 \\ 560 & 502 & 444 & 386 \end{bmatrix}$$

計算イメージの例として，2 × 2 の行列同士の掛け算を図 1.5 に挙げます．例 1.22 の場合は，図 1.6 のような計算イメージになります．

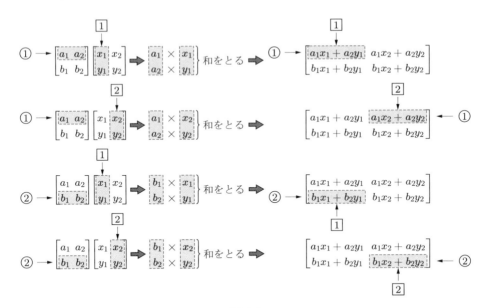

図 1.5

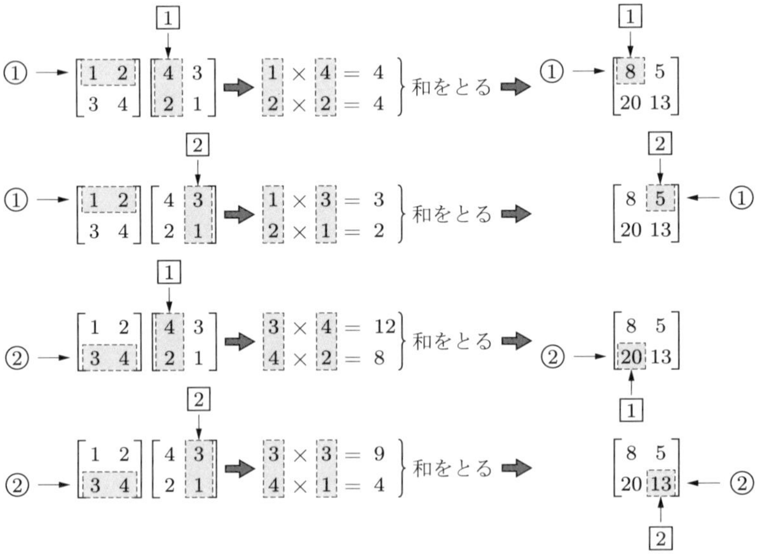

図 1.6

1.3 ユニタリ行列

量子ウォークでは，ユニタリ行列という特殊な性質をもつ行列を扱います．ここでは，本書の量子ウォークで必要となるユニタリ行列に関わる知識を挙げます．

単位行列

2×2，3×3，4×4 の単位行列とは，それぞれ以下の行列のことです．

$$\begin{bmatrix} 1 & 0 \\ 0 & 1 \end{bmatrix}, \quad \begin{bmatrix} 1 & 0 & 0 \\ 0 & 1 & 0 \\ 0 & 0 & 1 \end{bmatrix}, \quad \begin{bmatrix} 1 & 0 & 0 & 0 \\ 0 & 1 & 0 & 0 \\ 0 & 0 & 1 & 0 \\ 0 & 0 & 0 & 1 \end{bmatrix}$$

共役転置行列

共役転置行列とは，次の手順で得られる行列です（図 1.7 参照）．

1. 行列の各成分を共役複素数にする．
2. 行と列の立場を入れ替える．

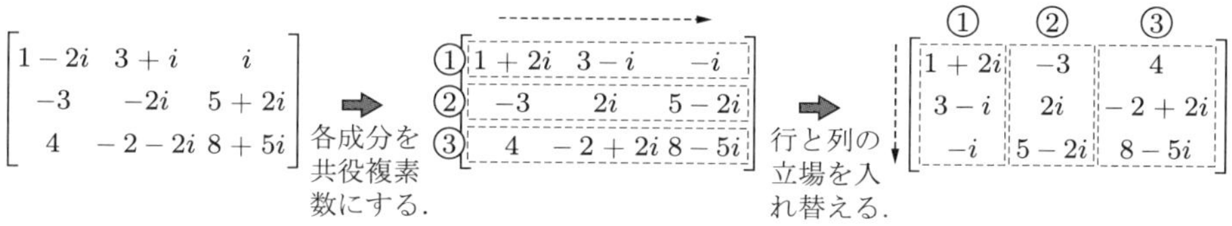
$\begin{bmatrix} 1-2i & 3+i & i \\ -3 & -2i & 5+2i \\ 4 & -2-2i & 8+5i \end{bmatrix}$
各成分を共役複素数にする．
①
②
③
$\begin{bmatrix} 1+2i & 3-i & -i \\ -3 & 2i & 5-2i \\ 4 & -2+2i & 8-5i \end{bmatrix}$
行と列の立場を入れ替える．
①
②
③
$\begin{bmatrix} 1+2i & -3 & 4 \\ 3-i & 2i & -2+2i \\ -i & 5-2i & 8-5i \end{bmatrix}$

図 1.7

複素数 z に対して，その共役複素数を $\overline{z}$ で表すと（2 ページ参照），2×2，3×3，4×4 の行列の共役転置行列は，それぞれ以下のように与えられます．

$$\text{行列 } A = \begin{bmatrix} a_1 & a_2 \\ b_1 & b_2 \end{bmatrix} \text{ の共役転置行列 } A^*: \quad A^* = \begin{bmatrix} \overline{a_1} & \overline{b_1} \\ \overline{a_2} & \overline{b_2} \end{bmatrix}$$

$$\text{行列 } B = \begin{bmatrix} a_1 & a_2 & a_3 \\ b_1 & b_2 & b_3 \\ c_1 & c_2 & c_3 \end{bmatrix} \text{ の共役転置行列 } B^*: \quad B^* = \begin{bmatrix} \overline{a_1} & \overline{b_1} & \overline{c_1} \\ \overline{a_2} & \overline{b_2} & \overline{c_2} \\ \overline{a_3} & \overline{b_3} & \overline{c_3} \end{bmatrix}$$

行列 $C = \begin{bmatrix} a_1 & a_2 & a_3 & a_4 \\ b_1 & b_2 & b_3 & b_4 \\ c_1 & c_2 & c_3 & c_4 \\ d_1 & d_2 & d_3 & d_4 \end{bmatrix}$ の共役転置行列 C^*: $C^* = \begin{bmatrix} \overline{a_1} & \overline{b_1} & \overline{c_1} & \overline{d_1} \\ \overline{a_2} & \overline{b_2} & \overline{c_2} & \overline{d_2} \\ \overline{a_3} & \overline{b_3} & \overline{c_3} & \overline{d_3} \\ \overline{a_4} & \overline{b_4} & \overline{c_4} & \overline{d_4} \end{bmatrix}$

■ 例 1.25

$A = \begin{bmatrix} 1 & 1+i \\ 2-3i & 4i \end{bmatrix}$ のとき, $A^* = \begin{bmatrix} 1 & 2+3i \\ 1-i & -4i \end{bmatrix}$ です. ∎

■ 例 1.26

$B = \begin{bmatrix} 1-2i & 3+i & i \\ -3 & -2i & 5+2i \\ 4 & -2-2i & 8+5i \end{bmatrix}$ のとき, $B^* = \begin{bmatrix} 1+2i & -3 & 4 \\ 3-i & 2i & -2+2i \\ -i & 5-2i & 8-5i \end{bmatrix}$ です. ∎

■ 例 1.27

$C = \begin{bmatrix} 1 & 2i & 3 & 4i \\ 5i & 6i & 7 & 8 \\ 9 & 10 & 11i & 12i \\ 13i & 14 & 15 & 16i \end{bmatrix}$ のとき, $C^* = \begin{bmatrix} 1 & -5i & 9 & -13i \\ -2i & -6i & 10 & 14 \\ 3 & 7 & -11i & 15 \\ -4i & 8 & -12i & -16i \end{bmatrix}$ です. ∎

ユニタリ行列

2×2 の行列 A が, その共役転置行列 A^* との掛け算により,

$$A^* A = A A^* = 2 \times 2 \text{ の単位行列}$$

の条件を満たすとき, 行列 A はユニタリ行列とよばれます. 同様に, 3×3 の行列 B, 4×4 の行列 C が, それぞれの共役転置行列 B^*, C^* との掛け算により,

$$B^* B = B B^* = 3 \times 3 \text{ の単位行列}$$

$$C^* C = C C^* = 4 \times 4 \text{ の単位行列}$$

の条件を満たすとき, 行列 B, C もユニタリ行列とよばれます.

■ 例 1.28

$A = \begin{bmatrix} 1 & 0 \\ 0 & 1 \end{bmatrix}$ のとき,

$$A^*A = \begin{bmatrix} 1 & 0 \\ 0 & 1 \end{bmatrix} \begin{bmatrix} 1 & 0 \\ 0 & 1 \end{bmatrix} = \begin{bmatrix} 1 & 0 \\ 0 & 1 \end{bmatrix}, \quad AA^* = \begin{bmatrix} 1 & 0 \\ 0 & 1 \end{bmatrix} \begin{bmatrix} 1 & 0 \\ 0 & 1 \end{bmatrix} = \begin{bmatrix} 1 & 0 \\ 0 & 1 \end{bmatrix}$$

となります．よって，行列 A はユニタリ行列です．

■ 例 1.29

$A = \begin{bmatrix} \dfrac{1}{\sqrt{2}} & \dfrac{1}{\sqrt{2}} \\ \dfrac{1}{\sqrt{2}} & -\dfrac{1}{\sqrt{2}} \end{bmatrix}$ のとき，

$$A^*A = \begin{bmatrix} \dfrac{1}{\sqrt{2}} & \dfrac{1}{\sqrt{2}} \\ \dfrac{1}{\sqrt{2}} & -\dfrac{1}{\sqrt{2}} \end{bmatrix} \begin{bmatrix} \dfrac{1}{\sqrt{2}} & \dfrac{1}{\sqrt{2}} \\ \dfrac{1}{\sqrt{2}} & -\dfrac{1}{\sqrt{2}} \end{bmatrix} = \begin{bmatrix} 1 & 0 \\ 0 & 1 \end{bmatrix},$$

$$AA^* = \begin{bmatrix} \dfrac{1}{\sqrt{2}} & \dfrac{1}{\sqrt{2}} \\ \dfrac{1}{\sqrt{2}} & -\dfrac{1}{\sqrt{2}} \end{bmatrix} \begin{bmatrix} \dfrac{1}{\sqrt{2}} & \dfrac{1}{\sqrt{2}} \\ \dfrac{1}{\sqrt{2}} & -\dfrac{1}{\sqrt{2}} \end{bmatrix} = \begin{bmatrix} 1 & 0 \\ 0 & 1 \end{bmatrix}$$

となります．よって，行列 A はユニタリ行列です．

■ 例 1.30

$A = \begin{bmatrix} 1 & 2 \\ 3 & 4 \end{bmatrix}$ のとき，

$$A^*A = \begin{bmatrix} 1 & 3 \\ 2 & 4 \end{bmatrix} \begin{bmatrix} 1 & 2 \\ 3 & 4 \end{bmatrix} = \begin{bmatrix} 10 & 14 \\ 14 & 20 \end{bmatrix}, \quad AA^* = \begin{bmatrix} 1 & 2 \\ 3 & 4 \end{bmatrix} \begin{bmatrix} 1 & 3 \\ 2 & 4 \end{bmatrix} = \begin{bmatrix} 5 & 11 \\ 11 & 25 \end{bmatrix}$$

となります．よって，行列 A はユニタリ行列では <u>ありません</u>．

■ 例 1.31

$B = \begin{bmatrix} -\dfrac{1}{3} & \dfrac{2}{3} & \dfrac{2}{3} \\ \dfrac{2}{3} & -\dfrac{1}{3} & \dfrac{2}{3} \\ \dfrac{2}{3} & \dfrac{2}{3} & -\dfrac{1}{3} \end{bmatrix}$ のとき，

$$B^*B = \begin{bmatrix} -\dfrac{1}{3} & \dfrac{2}{3} & \dfrac{2}{3} \\ \dfrac{2}{3} & -\dfrac{1}{3} & \dfrac{2}{3} \\ \dfrac{2}{3} & \dfrac{2}{3} & -\dfrac{1}{3} \end{bmatrix} \begin{bmatrix} -\dfrac{1}{3} & \dfrac{2}{3} & \dfrac{2}{3} \\ \dfrac{2}{3} & -\dfrac{1}{3} & \dfrac{2}{3} \\ \dfrac{2}{3} & \dfrac{2}{3} & -\dfrac{1}{3} \end{bmatrix} = \begin{bmatrix} 1 & 0 & 0 \\ 0 & 1 & 0 \\ 0 & 0 & 1 \end{bmatrix},$$

$$BB^* = \begin{bmatrix} -\dfrac{1}{3} & \dfrac{2}{3} & \dfrac{2}{3} \\ \dfrac{2}{3} & -\dfrac{1}{3} & \dfrac{2}{3} \\ \dfrac{2}{3} & \dfrac{2}{3} & -\dfrac{1}{3} \end{bmatrix} \begin{bmatrix} -\dfrac{1}{3} & \dfrac{2}{3} & \dfrac{2}{3} \\ \dfrac{2}{3} & -\dfrac{1}{3} & \dfrac{2}{3} \\ \dfrac{2}{3} & \dfrac{2}{3} & -\dfrac{1}{3} \end{bmatrix} = \begin{bmatrix} 1 & 0 & 0 \\ 0 & 1 & 0 \\ 0 & 0 & 1 \end{bmatrix}$$

となります．よって，行列 B はユニタリ行列です．

■ 例 1.32

$C = \begin{bmatrix} 0 & i & 0 & 0 \\ i & 0 & 0 & 0 \\ 0 & 0 & 1 & 0 \\ 0 & 0 & 0 & 1 \end{bmatrix}$ のとき，

$$C^*C = \begin{bmatrix} 0 & -i & 0 & 0 \\ -i & 0 & 0 & 0 \\ 0 & 0 & 1 & 0 \\ 0 & 0 & 0 & 1 \end{bmatrix} \begin{bmatrix} 0 & i & 0 & 0 \\ i & 0 & 0 & 0 \\ 0 & 0 & 1 & 0 \\ 0 & 0 & 0 & 1 \end{bmatrix} = \begin{bmatrix} 1 & 0 & 0 & 0 \\ 0 & 1 & 0 & 0 \\ 0 & 0 & 1 & 0 \\ 0 & 0 & 0 & 1 \end{bmatrix},$$

$$CC^* = \begin{bmatrix} 0 & i & 0 & 0 \\ i & 0 & 0 & 0 \\ 0 & 0 & 1 & 0 \\ 0 & 0 & 0 & 1 \end{bmatrix} \begin{bmatrix} 0 & -i & 0 & 0 \\ -i & 0 & 0 & 0 \\ 0 & 0 & 1 & 0 \\ 0 & 0 & 0 & 1 \end{bmatrix} = \begin{bmatrix} 1 & 0 & 0 & 0 \\ 0 & 1 & 0 & 0 \\ 0 & 0 & 1 & 0 \\ 0 & 0 & 0 & 1 \end{bmatrix}$$

となります．よって，行列 C はユニタリ行列です．

Chapter 2

標準型の量子ウォーク

この章では,はじめに,量子ウォークの背景にあるランダムウォークを説明します.その後,量子ウォークの標準的なモデルと,その確率分布の性質を見ていきます.本書では,モデルの定義を数学的に厳密には書きませんが,数式で記述される量子ウォークのモデルは,ランダムウォークにとても似ています.しかし,驚くことに,得られる性質はランダムウォークのものとは大きく異なります.

Key Word　1次元格子上の量子ウォーク

■ 2.1　ランダムウォークから量子ウォークへ

量子ウォークとは,そもそも何なのでしょうか.この質問に対しては,いくつかの角度からの回答があるのですが,筆者が専門とする数学の確率論的視点からは,「量子ウォークは,ランダムウォークの量子版と考えることができる」と答えられます(その理由は,69 ページのコラム「量子ウォークの名前の由来,物理学的な解釈」にて説明します).確率論的な解釈から,量子ウォークの研究が盛んになり始めた 2000 年頃には,量子ウォークは量子ランダムウォークともよばれていました.しかし,現在は,「量子ウォーク」の用語を使用するほうが一般的です[1].量子ウォークを初めて学ぶ方にとって,ランダムウォークのイメージをもっておくと,量子ウォークのモデルを理解するのによいかと思います.本書では,おもに1次元格子上の量子ウォークについて解説していくので,1次元格子上のランダムウォークの代表的なモデルについて,これから短く触れます.ランダムウォークに関しては,これまでに数多くの文献や本が出版されているので,詳細な説明は,そのような良書に預けたいと思います.

ランダムウォークでは,左右に無限に広がる1次元格子上の格子点にいる粒子が,

---

[1] その理由の一つとしては,「量子」という言葉を使うときは,そもそもランダムという概念がその言葉にすでに含まれているからです.つまり,ランダムという言葉を重複して使用する必要はないので,「ランダム」の言葉が省略されることがあるのです.

ランダムに（確率的に）場所を移動します．この粒子は，しばしばランダムウォーカーとよばれます．ここでは，ランダムウォーカーは，現在いる格子点の左右隣の格子点にのみ移動することにして，左に移動する確率をp，右に移動する確率をqとします（図 2.1 参照）．ただし，p, qは確率なので，$0 \leq p, q \leq 1$であり（確率という数は必ず0以上1以下の値となります），かつ，$p+q=1$の条件を満たさなければなりません．たとえば，$p=q=1/2$です．また，$p+q=1$という条件より，$q=1-p, p=1-q$の関係式が導かれるので，p, qいずれか一方の値が決まれば，同時に他方の値も決まることに注意しましょう．

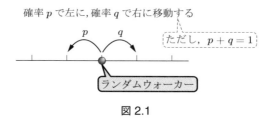

図 2.1

ランダムウォーカーは，この確率的な移動を繰り返します．ランダムウォークが始まる時刻を0，移動が起こる時間間隔を1とすると，ランダムウォーカーの動きの例として，図 2.2 のような移動の図が描けます．

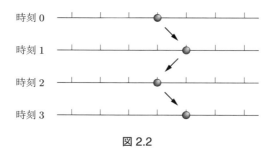

図 2.2

さて，移動を何回も繰り返した後，どの場所にランダムウォーカーは到達するのでしょうか．左右に移動する確率が$p=1, q=0$のときは，図 2.3(a) のように，左にしか移動しません[2]．同様に，$p=0, q=1$のときは，図 2.3(b) のように，右にしか移動しません．したがって，これら二つの場合に限り，ランダムウォーカーが到達する位置は特定できます．しかし，このようなランダムウォークは自明な挙動となるので，一般には研究の対象にされません．一方，$p \neq 0, 1$ ($q \neq 1, 0$)の場合は，どの場所にランダムウォーカーが到達す

---

[2] 確率1で，ある事柄が生じるとは，その事柄が絶対に生じることを意味します．同様に，確率0で，ある事柄が生じるとは，その事柄が絶対に生じないことを意味します．

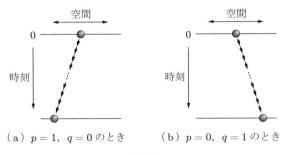

(a) $p=1$, $q=0$ のとき　　(b) $p=0$, $q=1$ のとき

図 2.3

るのかは，はっきりと答えることができません．なぜなら，ランダムウォーカーはランダムな移動を繰り返しており，その位置は確率的に決まるからです．しかしながら，各場所にランダムウォーカーが到達する確率は，計算することができます（図 2.4 参照）．数学では，この確率を計算することが，ランダムウォークの研究目的の一つになっています．

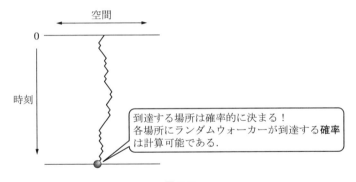

図 2.4

各時刻において各場所にランダムウォーカーが到達する確率を計算するには，ランダムウォークを数学的に表現する必要があります．その表現を簡単に紹介します．まず，1 次元格子の各格子点を $x = 0, \pm 1, \pm 2, \ldots$ とします．このとき，時刻 $t\ (= 0, 1, 2, \ldots)$ において，場所 x にランダムウォーカーが到達する確率を $\nu_t(x)$ で表します（図 2.5 参照）[3]．

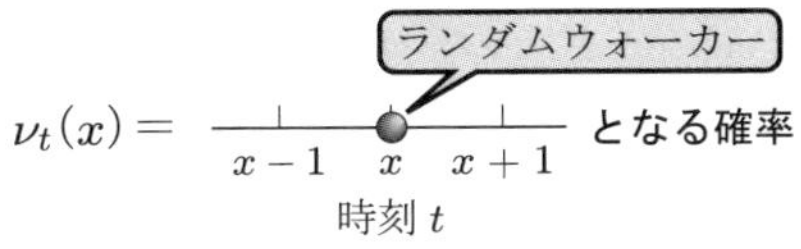

図 2.5

---

[3] ν はギリシャ文字で，「ニュー」と読みます．

もう少し数学的にイメージするのであれば，図 2.6 のように，時刻 t において場所 x に確率 $\nu_t(x)$ が置かれている状況を考えるとよいかもしれません．

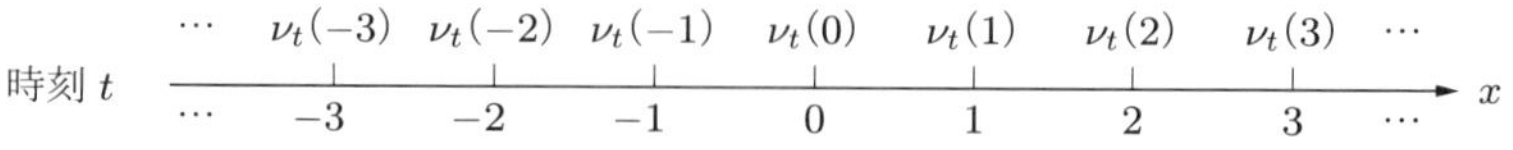

```
         …  ν_t(-3) ν_t(-2) ν_t(-1) ν_t(0) ν_t(1) ν_t(2) ν_t(3) …
時刻 t  ─────┼───────┼───────┼───────┼──────┼──────┼──────┼────→ x
         …   -3      -2      -1      0      1      2      3    …
```

図 2.6

各時刻において各場所にランダムウォーカーが到達する確率は，以下の時間発展の式を繰り返し用いることで計算できます．

$$\nu_{t+1}(x) = p\,\nu_t(x+1) + q\,\nu_t(x-1) \tag{2.1}$$

ランダムウォークの時間発展を表す式 (2.1) は，「時刻 t において，場所 $x+1$ にランダムウォーカーが到達する確率 $\nu_t(x+1)$ に確率 p を，場所 $x-1$ にランダムウォーカーが到達する確率 $\nu_t(x-1)$ に確率 q を掛けて，その二つの掛け算の結果を足し算することで（右辺），次の時刻 $t+1$ において場所 x にランダムウォーカーが到達する確率 $\nu_{t+1}(x)$ が計算できる（左辺）」ことを意味しています（図 2.7 参照）．

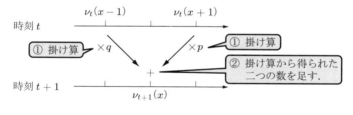

図 2.7

式 (2.1) に従って計算した確率 $\nu_t(x)$ の空間的分布（確率分布）の例を，これから挙げます．左右に移動する確率は，$p=q=1/2$ とします．また，ランダムウォーカーは，時刻 0 において原点 $x=0$ から出発するものとします．つまり，初期時刻における確率は，$\nu_0(0)=1$, $\nu_0(x)=0$ ($x \neq 0$) と設定します．図 2.8 は，初期時刻の確率 $\nu_0(x)$ のイメージです．

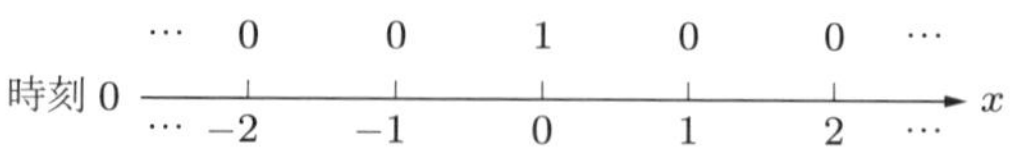

```
         …  0    0    1    0    0   …
時刻 0  ────┼────┼────┼────┼────┼────→ x
         … -2   -1    0    1    2   …
```

図 2.8

このとき，500 回移動を繰り返した後のランダムウォーカーの確率分布 $\nu_{500}(x)$ は，正の確率のみを線で結んで図示すると，図 2.9 のようになります．図 2.9 からわかる

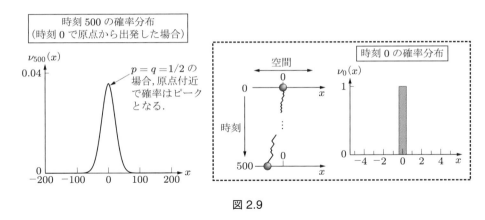

図 2.9

ように，左右に移動する確率が $p = q = 1/2$ の場合，ランダムな移動を何回も繰り返した後のランダムウォーカーの確率分布は，出発地点でもある原点付近の場所にて，確率がピークとなります．これは，数学的にも厳密に証明されている事実です．確率分布 $\nu_t(x)$ の時間発展がわかるように，図 2.10 を挙げておきます．なお，本書に掲載されている確率分布の図では，見やすくするために，確率 0 の点はプロットから除外してあります．また，第 6 章以外では，時刻 0 から 5 までは棒グラフで，それ以降の

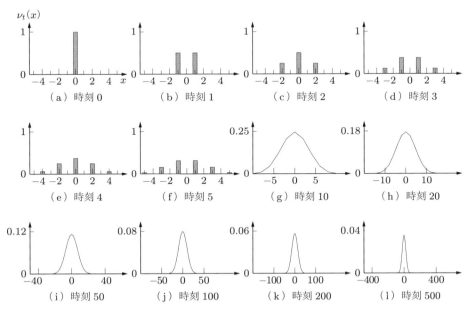

図 2.10

時刻に対してはプロットした点を線で結んだ形で確率分布を図示してあります．数値的には，時刻 0 から 5 までの確率 $\nu_t(x)$ は，表 2.1 のようになっています．表の空欄は，確率 0 を意味します（以降も同様です）．

表 2.1

時刻＼場所	−5	−4	−3	−2	−1	0	1	2	3	4	5
0						1					
1					1/2		1/2				
2				1/4		2/4		1/4			
3			1/8		3/8		3/8		1/8		
4		1/16		4/16		6/16		4/16		1/16	
5	1/32		5/32		10/32		10/32		5/32		1/32

表 2.1 の値が，実際にどのように計算されているのかがわかるように，時刻 $t=1,2$ における場所 $x=0,\pm1,\pm2$ の確率に注目した計算例を，以下に挙げます．

- 時刻 1

$$\nu_1(-2) = p\,\nu_0(-1) + q\,\nu_0(-3) = \frac{1}{2}\cdot 0 + \frac{1}{2}\cdot 0 = 0$$

$$\nu_1(-1) = p\,\nu_0(0) + q\,\nu_0(-2) = \frac{1}{2}\cdot 1 + \frac{1}{2}\cdot 0 = \frac{1}{2}$$

$$\nu_1(0) = p\,\nu_0(1) + q\,\nu_0(-1) = \frac{1}{2}\cdot 0 + \frac{1}{2}\cdot 0 = 0$$

$$\nu_1(1) = p\,\nu_0(2) + q\,\nu_0(0) = \frac{1}{2}\cdot 0 + \frac{1}{2}\cdot 1 = \frac{1}{2}$$

$$\nu_1(2) = p\,\nu_0(3) + q\,\nu_0(1) = \frac{1}{2}\cdot 0 + \frac{1}{2}\cdot 0 = 0$$

これらの数値を各場所に図示すると，図 2.11 のようになります．

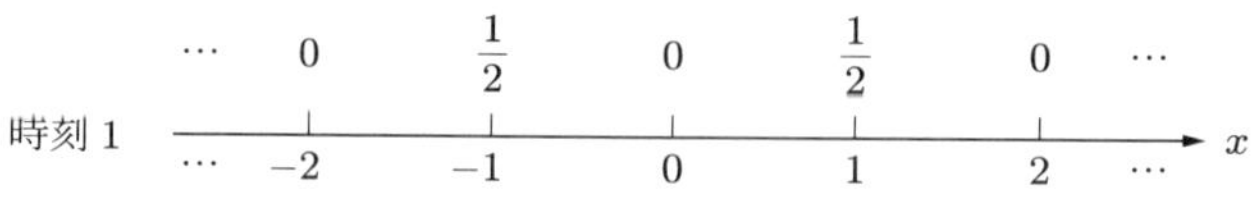

図 2.11

- 時刻 2

$$\nu_2(-2) = p\,\nu_1(-1) + q\,\nu_1(-3) = \frac{1}{2}\cdot\frac{1}{2} + \frac{1}{2}\cdot 0 = \frac{1}{4}$$

$$\nu_2(-1) = p\,\nu_1(0) + q\,\nu_1(-2) = \frac{1}{2}\cdot 0 + \frac{1}{2}\cdot 0 = 0$$

$$\nu_2(0) = p\,\nu_1(1) + q\,\nu_1(-1) = \frac{1}{2}\cdot\frac{1}{2} + \frac{1}{2}\cdot\frac{1}{2} = \frac{2}{4}$$

$$\nu_2(1) = p\,\nu_1(2) + q\,\nu_1(0) = \frac{1}{2}\cdot 0 + \frac{1}{2}\cdot 0 = 0$$

$$\nu_2(2) = p\,\nu_1(3) + q\,\nu_1(1) = \frac{1}{2}\cdot 0 + \frac{1}{2}\cdot\frac{1}{2} = \frac{1}{4}$$

これらの数値を各場所に図示すると，図 2.12 のようになります．

図 2.12

この計算例を見てもわかるように，ある時刻の確率分布を計算するには，時間発展の式を繰り返し用いて，時刻 0 から時刻を一つずつ増やしていかなければなりません．

参考として，自明な挙動となるランダムウォーク ($p=1, q=0$ あるいは $p=0, q=1$ の場合) の確率分布の図と表を，挙げておきます．ランダムウォーカーは，先に挙げた例 ($p=q=1/2$ の場合) と同じく，時刻 0 で原点 $x=0$ から出発するものとします．つまり，時刻 0 で与える初期確率分布は，$\nu_0(0)=1, \nu_0(x)=0\ (x\neq 0)$ です．

左にのみ移動する自明なランダムウォーク ($p=1, q=0$) の時刻 0 から 5 までの確率分布 $\nu_t(x)$ は，図 2.13 および表 2.2 のようになります．

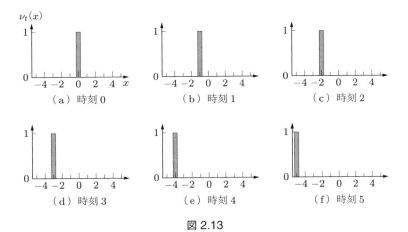

図 2.13

表 2.2

時刻＼場所	−5	−4	−3	−2	−1	0	1	2	3	4	5
0						1					
1					1						
2				1							
3			1								
4		1									
5	1										

同様に，右にのみ移動する自明なランダムウォーク $(p=0, q=1)$ の時刻 0 から 5 までの確率分布 $\nu_t(x)$ は，図 2.14 および表 2.3 のようになります．

さらに，時刻 500 の確率分布 $\nu_t(x)$ の確率 p への依存性は，図 2.15 のようになります．

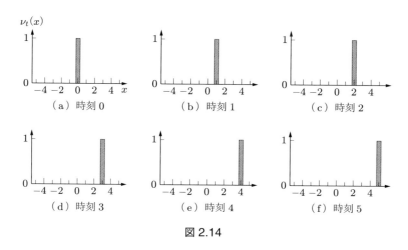

図 2.14

表 2.3

時刻＼場所	−5	−4	−3	−2	−1	0	1	2	3	4	5
0						1					
1							1				
2								1			
3									1		
4										1	
5											1

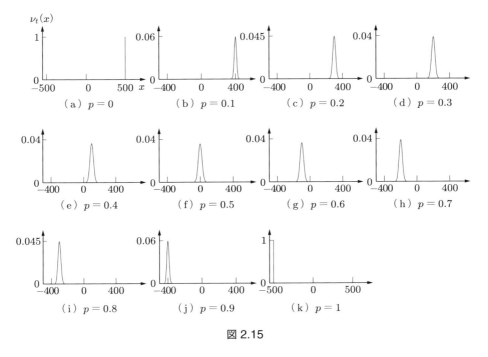

図 2.15

また，時刻 0 において原点 $x = 0$ からランダムウォーカーが出発した場合，時刻 t において確率が正となり得る場所は，$-t \leq x \leq t$ の範囲です（図 2.16(a) 参照）．つまり，時刻 t でこの範囲の外側にランダムウォーカーが到達する確率は必ず 0 です．これは，図 2.16(b) のように，ランダムウォーカーが一方向のみに偶然進み続けた場合を考えれば理解できます．偶然ひたすら左方向のみに移動し続ければ，時刻 t に到達する場所は $x = -t$ であり，同様に，偶然ひたすら右方向のみに移動し続ければ，到

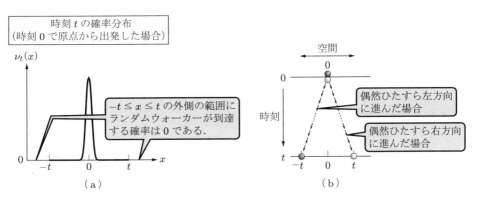

図 2.16

達する場所は $x=t$ であるからです．つまり，その二つの場合の到達点よりさらに遠くに到達することはあり得ないので，時刻 t では $-t \leq x \leq t$ の外側にランダムウォーカーが到達する確率は必ず 0 になります．

模式的ではありますが，ランダムウォークと量子ウォークの関係を図 2.17 にまとめて，量子ウォークの話に移りたいと思います．

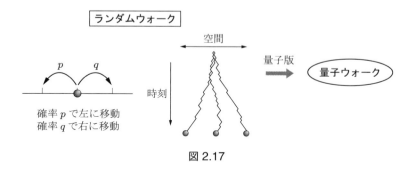

図 2.17

■ 2.2 モデルの説明

これから説明する量子ウォークは，1 次元格子上の量子ウォークです．つまり，図 2.18 のような，左右に無限に広がる 1 次元格子に焦点を当てて，その格子上の量子ウォーカーの動きに注目します[4]．量子ウォークのモデルを理解するには，これから説明する三つのポイント，「確率振幅ベクトル」，「時間発展ルール」，「確率」をおさえておけば十分です．確率振幅ベクトルと確率という似た言葉が出てきましたが，これら二つは異なるものです．確率振幅ベクトルは複素数を成分にもつ "ベクトル" で，確率は 0 以上 1 以下の "値" です．では，早速これら三つのポイントを説明します．

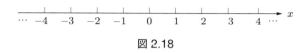

図 2.18

1. 確率振幅ベクトル

   この章で説明する 1 次元格子上の量子ウォークでは，1 次元格子上の各場所に，二つの複素数を成分にもつ 2 次の縦ベクトルを考えます（図 2.19 参照）．本書では，これらのベクトルを「確率振幅ベクトル」とよぶことにします．

---

[4] 量子ウォーカーとは，量子ウォークにおけるランダムウォーカーの対応物です．

2.2 モデルの説明　27

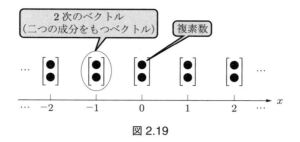

図 2.19

■ 例 2.1

■ 例 2.2

$$\cdots \quad \begin{bmatrix} 0 \\ 0 \end{bmatrix} \quad \begin{bmatrix} 0 \\ 0 \end{bmatrix} \quad \begin{bmatrix} \frac{1}{\sqrt{2}} \\ \frac{i}{\sqrt{2}} \end{bmatrix} \quad \begin{bmatrix} 0 \\ 0 \end{bmatrix} \quad \begin{bmatrix} 0 \\ 0 \end{bmatrix} \quad \cdots$$
$$\cdots \quad -2 \quad\quad -1 \quad\quad 0 \quad\quad 1 \quad\quad 2 \quad \cdots \quad x$$

■ 例 2.3

$$\cdots \quad \begin{bmatrix} \frac{-1-i}{4\sqrt{2}} \\ \frac{-1+i}{4\sqrt{2}} \end{bmatrix} \quad \begin{bmatrix} \frac{1}{2} \\ 0 \end{bmatrix} \quad \begin{bmatrix} \frac{1}{2} \\ \frac{i}{2} \end{bmatrix} \quad \begin{bmatrix} \frac{1-i}{2\sqrt{2}} \\ 0 \end{bmatrix} \quad \begin{bmatrix} 0 \\ \frac{1+i}{4} \end{bmatrix} \quad \cdots$$
$$\cdots \quad -2 \quad\quad -1 \quad\quad 0 \quad\quad 1 \quad\quad 2 \quad \cdots \quad x$$

2. **時間発展ルール**

　　量子ウォークの時間発展とは，確率振幅ベクトルの時間発展のことです．すべての場所に初期確率振幅ベクトルが与えられた後，その確率振幅ベクトルが，これから説明するルールで時間発展します．初期確率振幅ベクトルの設定は，我々が行わなければなりませんが，その設定には，ある制限が設けられます．それについては，モデルの説明をすべて終えた後に触れることにします．便宜上，初期確率振幅ベクトルが与えられた時刻を 0 とします．その後，t 回 ($t = 0, 1, 2, \ldots$) 時間発展させた量子ウォークを，時刻 t の量子ウォークとよぶことにします[5]．そして，時刻 t で場所 $x (= 0, \pm 1, \pm 2, \ldots)$ に置かれている確率振幅ベクトルを，$\vec{\psi}_t(x)$ で表すことにします（図 2.20 参照）[6]．

---

[5] 初期確率振幅ベクトルを与えられた量子ウォークは，時刻 0 の量子ウォークとなります．
[6] ψ はギリシャ文字で，「プサイ」と読みます．

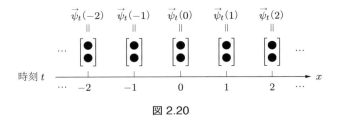

図 2.20

以上の設定のもとで，量子ウォークの時間発展は，以下の式で与えられます．

$$\vec{\psi}_{t+1}(x) = P\vec{\psi}_t(x+1) + Q\vec{\psi}_t(x-1) \qquad (2.2)$$

ただし，P, Q は 2×2 の行列

$$P = \begin{bmatrix} a & b \\ 0 & 0 \end{bmatrix}, \quad Q = \begin{bmatrix} 0 & 0 \\ c & d \end{bmatrix}$$

であり，$P + Q$ はユニタリ行列（14 ページ参照）と仮定します．この仮定が必要な理由は，初期確率振幅ベクトルの設定制限と併せて，モデルの説明が終わった後に述べます．また，「$P + Q =$ ユニタリ行列」という条件は，ランダムウォークの説明で登場した「$p + q = 1$」という条件に相当するものです（18 ページ参照）．時間発展の式は，「（左辺にある）時刻 $t+1$ における場所 x の確率振幅ベクトルは，（右辺にある）時刻 t における場所 $x-1, x+1$ の二つの確率振幅ベクトルで決まる」ことを意味しています．つまり，行列 P を $\vec{\psi}_t(x+1)$ に，行列 Q を $\vec{\psi}_t(x-1)$ にそれぞれ左から掛け，その掛け算から得られる二つのベクトルを足すことで，次の時刻 $t+1$ における場所 x の確率振幅ベクトル $\vec{\psi}_{t+1}(x)$ が得られます（図 2.21 参照）．

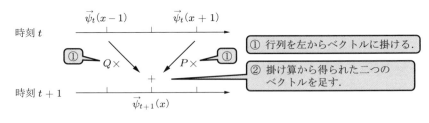

図 2.21

3. 確率

量子ウォークでは，量子ウォーカーがいる場所は確率的に決まります．時刻 t において場所 x に量子ウォーカーの位置が決まる確率を $\mathbb{P}_t(x)$ で表すと，その

確率は，時刻 t において場所 x にある，確率振幅ベクトルの大きさの 2 乗で定義されます．つまり，数式で書けば，

$$\mathbb{P}_t(x) = \left|\left|\vec{\psi}_t(x)\right|\right|^2 \tag{2.3}$$

であり，図で説明すれば，図 2.22 のようになります．ランダムウォークと同様に，量子ウォークでも，量子ウォーカーの位置を決める確率を計算することが，一つの研究テーマになっています．本書では，この確率の空間的分布，つまり，確率分布の性質に着目して，量子ウォークの挙動を観察していきます．

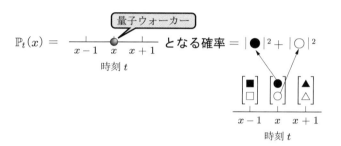

図 2.22

[注]「3. 確率」における，確率の定義の手続きは，数学的には整然としたものではありません．確率論の定義に基づいて量子ウォーカーの位置を決めるための確率分布を定義するのであれば，すべての時刻 t に対して，場所 x の関数 $||\vec{\psi}_t(x)||^2$ が確率分布になっていることを証明した後に，その関数をもって時刻 t において場所 x に量子ウォーカーの位置が決まる確率 $\mathbb{P}_t(x)$ を定義するという手続きになります．本書で扱う量子ウォークでは，その証明の前提として，初期確率振幅ベクトルが $\sum_{x=-\infty}^{\infty} ||\vec{\psi}_0(x)||^2 = 1$ を満たし，かつ，$P+Q$ がユニタリ行列という条件が必要になります[7]．

モデルの説明は以上になります．ここで，初期確率振幅ベクトルの設定制限と $P+Q$ がユニタリ行列でなければならない理由について触れます．まず，初期状態に関して，$\sum_{x=-\infty}^{\infty} ||\vec{\psi}_0(x)||^2 = 1$ が成立するように，我々は初期確率振幅ベクトルを設定しな

---

[7] $\sum_{x=-\infty}^{\infty} \left|\left|\vec{\psi}_t(x)\right|\right|^2 = \cdots + \left|\left|\vec{\psi}_t(-2)\right|\right|^2 + \left|\left|\vec{\psi}_t(-1)\right|\right|^2 + \left|\left|\vec{\psi}_t(0)\right|\right|^2 + \left|\left|\vec{\psi}_t(1)\right|\right|^2 + \left|\left|\vec{\psi}_t(2)\right|\right|^2 + \cdots$

なお，∞ は無限大を表す数学的な記号ですが，本書では上記のように無限和を略記するためだけに使用するので，読み進めるうえで ∞ の意味や概念を知っておく必要はありません．左辺の意味は，右辺の総和で与えられることだけを理解しておけば十分です．また，Σ はギリシャ文字（σ の大文字）で，「シグマ」と読みます．数学では総和をとる記号としてよく使われ，その意味では「サメイション (summation)」ともよばれます．

ければなりません．この初期状態に関する条件と，時間発展ルールの説明で登場した「$P+Q$ はユニタリ行列」という仮定は，確率を定義するうえで非常に重要な役割を果たしています．初期確率振幅ベクトルの設定制限のもとで，ユニタリ行列という特殊な行列をとることで，じつは，すべての時刻 t に対して，$\sum_{x=-\infty}^{\infty} \|\vec{\psi}_t(x)\|^2 = 1$ となることが，計算により確かめられます．これは同時に，$\|\vec{\psi}_t(x)\|^2$ が確率分布になっていることを意味します[8]．よって，時刻 t における量子ウォークの位置を決めるための確率分布を，$\mathbb{P}_t(x) = \|\vec{\psi}_t(x)\|^2$ と定義できるのです．数学的にやや細かいことを述べましたが，要するに，すべての時刻 t に対して，$\|\vec{\psi}_t(x)\|^2$ を確率分布にするために，初期確率振幅ベクトルと行列 P, Q に条件を課しています．

■ 例 2.4（量子ウォークに適した例）

時刻 0 における各位置の確率振幅ベクトル：
$\cdots \begin{bmatrix} 0 \\ 0 \end{bmatrix} \begin{bmatrix} 0 \\ 0 \end{bmatrix} \begin{bmatrix} 1 \\ 0 \end{bmatrix} \begin{bmatrix} 0 \\ 0 \end{bmatrix} \begin{bmatrix} 0 \\ 0 \end{bmatrix} \cdots$（位置 $-2, -1, 0, 1, 2$）

& $P + Q = \begin{bmatrix} 1 & 0 \\ 0 & 1 \end{bmatrix}$（ユニタリ行列）

$\Longrightarrow \sum_{x=-\infty}^{\infty} \|\vec{\psi}_0(x)\|^2 = 1$

■ 例 2.5（量子ウォークに適さない例）

時刻 0 における各位置の確率振幅ベクトル：
$\cdots \begin{bmatrix} 0 \\ 0 \end{bmatrix} \begin{bmatrix} 0 \\ 0 \end{bmatrix} \begin{bmatrix} 1 \\ 0 \end{bmatrix} \begin{bmatrix} 0 \\ 0 \end{bmatrix} \begin{bmatrix} 0 \\ 0 \end{bmatrix} \cdots$

& $P + Q = \begin{bmatrix} 1 & 2 \\ 3 & 4 \end{bmatrix}$（ユニタリ行列ではない）

$\Longrightarrow \sum_{x=-\infty}^{\infty} \|\vec{\psi}_0(x)\|^2 = 1$

■ 例 2.6（量子ウォークに適さない例）

時刻 0 における各位置の確率振幅ベクトル：
$\cdots \begin{bmatrix} 0 \\ 0 \end{bmatrix} \begin{bmatrix} 0 \\ 0 \end{bmatrix} \begin{bmatrix} 1 \\ 2 \end{bmatrix} \begin{bmatrix} 0 \\ 0 \end{bmatrix} \begin{bmatrix} 0 \\ 0 \end{bmatrix} \cdots$

& $P + Q = \begin{bmatrix} \frac{1}{\sqrt{2}} & \frac{1}{\sqrt{2}} \\ \frac{1}{\sqrt{2}} & -\frac{1}{\sqrt{2}} \end{bmatrix}$（ユニタリ行列）

$\Longrightarrow \sum_{x=-\infty}^{\infty} \|\vec{\psi}_0(x)\|^2 \neq 1$

---

[8] 確率分布は，その値を 0 以上 1 以下の範囲にとり，全確率 = 1 という性質をもちます．

> **Point** モデルに必要な条件
> 1. $\sum_{x=-\infty}^{\infty} ||\vec{\psi}_0(x)||^2 = 1$ が成立するように初期確率振幅ベクトルを設定する．
> 2. $P+Q$ はユニタリ行列である．

量子ウォークのモデルには，さまざまな種類があるのですが，ここで紹介したモデルは，最も基本的な量子ウォークの一つです．よって，本書では，このモデルを「標準型の量子ウォーク」あるいは簡単に「標準型モデル」とよぶことにします．

さて，量子ウォークの確率振幅ベクトルおよび，それに伴う確率の時間発展を，例で見ていきましょう．それぞれの例では時間発展は 2 回行われ，各時刻に対していくつかの計算が具体的に挙げられています．

■ 例 2.7

初期確率振幅ベクトルを

$$\vec{\psi}_0(0) = \begin{bmatrix} 1 \\ 0 \end{bmatrix}, \quad \vec{\psi}_0(x) = \begin{bmatrix} 0 \\ 0 \end{bmatrix} \ (x \neq 0)$$

と設定します．この初期状態を図示すると，図 2.23 のようになります．

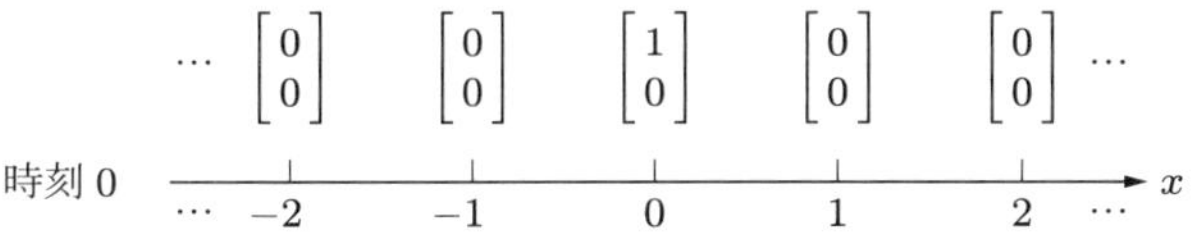

図 2.23

時刻 0 における確率分布は，

$$\mathbb{P}_0(0) = \left|\left|\vec{\psi}_0(0)\right|\right|^2 = \left|\left|\begin{bmatrix} 1 \\ 0 \end{bmatrix}\right|\right|^2 = |1|^2 + |0|^2 = 1$$

$$\mathbb{P}_0(x) = \left|\left|\vec{\psi}_0(x)\right|\right|^2 = \left|\left|\begin{bmatrix} 0 \\ 0 \end{bmatrix}\right|\right|^2 = |0|^2 + |0|^2 = 0 \quad (x \neq 0)$$

となっています．また，この例では

$$P = \begin{bmatrix} 1 & 0 \\ 0 & 0 \end{bmatrix}, \quad Q = \begin{bmatrix} 0 & 0 \\ 0 & 1 \end{bmatrix}$$

ととりましょう．このとき，時刻 1 と時刻 2 における確率振幅ベクトルを，場所 $x=0$, ± 1 に焦点を当てて計算してみましょう．

- 時刻 1

$$\vec{\psi}_1(-1) = P\vec{\psi}_0(0) + Q\vec{\psi}_0(-2) = \begin{bmatrix} 1 & 0 \\ 0 & 0 \end{bmatrix}\begin{bmatrix} 1 \\ 0 \end{bmatrix} + \begin{bmatrix} 0 & 0 \\ 0 & 1 \end{bmatrix}\begin{bmatrix} 0 \\ 0 \end{bmatrix} = \begin{bmatrix} 1 \\ 0 \end{bmatrix}$$

$$\vec{\psi}_1(0) = P\vec{\psi}_0(1) + Q\vec{\psi}_0(-1) = \begin{bmatrix} 1 & 0 \\ 0 & 0 \end{bmatrix}\begin{bmatrix} 0 \\ 0 \end{bmatrix} + \begin{bmatrix} 0 & 0 \\ 0 & 1 \end{bmatrix}\begin{bmatrix} 0 \\ 0 \end{bmatrix} = \begin{bmatrix} 0 \\ 0 \end{bmatrix}$$

$$\vec{\psi}_1(1) = P\vec{\psi}_0(2) + Q\vec{\psi}_0(0) = \begin{bmatrix} 1 & 0 \\ 0 & 0 \end{bmatrix}\begin{bmatrix} 0 \\ 0 \end{bmatrix} + \begin{bmatrix} 0 & 0 \\ 0 & 1 \end{bmatrix}\begin{bmatrix} 1 \\ 0 \end{bmatrix} = \begin{bmatrix} 0 \\ 0 \end{bmatrix}$$

ほかも同様に計算すると，図 2.24 のようになります．

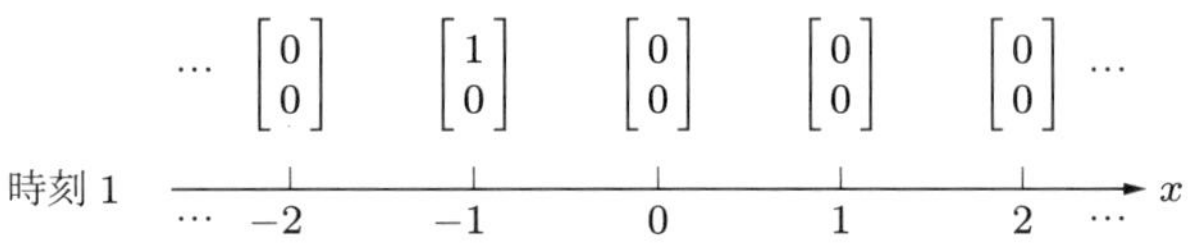

図 2.24

- 時刻 2

$$\vec{\psi}_2(-1) = P\vec{\psi}_1(0) + Q\vec{\psi}_1(-2) = \begin{bmatrix} 1 & 0 \\ 0 & 0 \end{bmatrix}\begin{bmatrix} 0 \\ 0 \end{bmatrix} + \begin{bmatrix} 0 & 0 \\ 0 & 1 \end{bmatrix}\begin{bmatrix} 0 \\ 0 \end{bmatrix} = \begin{bmatrix} 0 \\ 0 \end{bmatrix}$$

$$\vec{\psi}_2(0) = P\vec{\psi}_1(1) + Q\vec{\psi}_1(-1) = \begin{bmatrix} 1 & 0 \\ 0 & 0 \end{bmatrix}\begin{bmatrix} 0 \\ 0 \end{bmatrix} + \begin{bmatrix} 0 & 0 \\ 0 & 1 \end{bmatrix}\begin{bmatrix} 1 \\ 0 \end{bmatrix} = \begin{bmatrix} 0 \\ 0 \end{bmatrix}$$

$$\vec{\psi}_2(1) = P\vec{\psi}_1(2) + Q\vec{\psi}_1(0) = \begin{bmatrix} 1 & 0 \\ 0 & 0 \end{bmatrix}\begin{bmatrix} 0 \\ 0 \end{bmatrix} + \begin{bmatrix} 0 & 0 \\ 0 & 1 \end{bmatrix}\begin{bmatrix} 0 \\ 0 \end{bmatrix} = \begin{bmatrix} 0 \\ 0 \end{bmatrix}$$

ほかも同様に計算すると，図 2.25 のようになります．

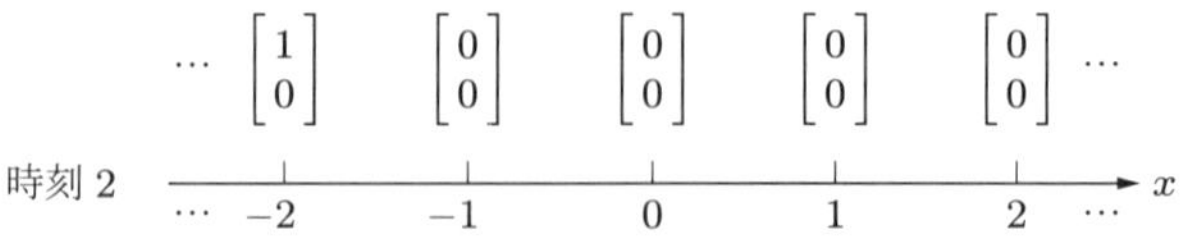

図 2.25

時刻 2 まで確率振幅ベクトルが計算されたので，次は各時刻 $t = 1, 2$ に対して，$x = 0, \pm 1$ に焦点を当てて，各々の場所に量子ウォーカーの位置が決まる確率を計算してみましょう．

- 時刻 1

$$\mathbb{P}_1(-1) = \left|\left|\overrightarrow{\psi_1}(-1)\right|\right|^2 = \left|\left|\begin{bmatrix} 1 \\ 0 \end{bmatrix}\right|\right|^2 = |1|^2 + |0|^2 = 1$$

$$\mathbb{P}_1(0) = \left|\left|\overrightarrow{\psi_1}(0)\right|\right|^2 = \left|\left|\begin{bmatrix} 0 \\ 0 \end{bmatrix}\right|\right|^2 = |0|^2 + |0|^2 = 0$$

$$\mathbb{P}_1(1) = \left|\left|\overrightarrow{\psi_1}(1)\right|\right|^2 = \left|\left|\begin{bmatrix} 0 \\ 0 \end{bmatrix}\right|\right|^2 = |0|^2 + |0|^2 = 0$$

- 時刻 2

$$\mathbb{P}_2(-1) = \left|\left|\overrightarrow{\psi_2}(-1)\right|\right|^2 = \left|\left|\begin{bmatrix} 0 \\ 0 \end{bmatrix}\right|\right|^2 = |0|^2 + |0|^2 = 0$$

$$\mathbb{P}_2(0) = \left|\left|\overrightarrow{\psi_2}(0)\right|\right|^2 = \left|\left|\begin{bmatrix} 0 \\ 0 \end{bmatrix}\right|\right|^2 = |0|^2 + |0|^2 = 0$$

$$\mathbb{P}_2(1) = \left|\left|\overrightarrow{\psi_2}(1)\right|\right|^2 = \left|\left|\begin{bmatrix} 0 \\ 0 \end{bmatrix}\right|\right|^2 = |0|^2 + |0|^2 = 0$$

ほかの場所も同様に計算して，得られた確率 $\mathbb{P}_t(x)$ を表 2.4 にまとめます（ただし，空欄は確率 0 を意味します）．

表 2.4

時刻 \ 場所	-2	-1	0	1	2	$\mathbb{P}_t(x)$ の総和
0			1			1
1		1				1
2	1					1

∎

■ 例 2.8

例 2.7 において，初期確率振幅ベクトルはそのままで，行列 P, Q を以下のように変えてみます．

$$P = \begin{bmatrix} 0 & i \\ 0 & 0 \end{bmatrix}, \quad Q = \begin{bmatrix} 0 & 0 \\ i & 0 \end{bmatrix}$$

例 2.7 と同じく，まずは確率振幅ベクトルをいくつか計算してみます．

- 時刻 1

$$\vec{\psi}_1(-1) = P\vec{\psi}_0(0) + Q\vec{\psi}_0(-2) = \begin{bmatrix} 0 & i \\ 0 & 0 \end{bmatrix}\begin{bmatrix} 1 \\ 0 \end{bmatrix} + \begin{bmatrix} 0 & 0 \\ i & 0 \end{bmatrix}\begin{bmatrix} 0 \\ 0 \end{bmatrix} = \begin{bmatrix} 0 \\ 0 \end{bmatrix}$$

$$\vec{\psi}_1(0) = P\vec{\psi}_0(1) + Q\vec{\psi}_0(-1) = \begin{bmatrix} 0 & i \\ 0 & 0 \end{bmatrix}\begin{bmatrix} 0 \\ 0 \end{bmatrix} + \begin{bmatrix} 0 & 0 \\ i & 0 \end{bmatrix}\begin{bmatrix} 0 \\ 0 \end{bmatrix} = \begin{bmatrix} 0 \\ 0 \end{bmatrix}$$

$$\vec{\psi}_1(1) = P\vec{\psi}_0(2) + Q\vec{\psi}_0(0) = \begin{bmatrix} 0 & i \\ 0 & 0 \end{bmatrix}\begin{bmatrix} 0 \\ 0 \end{bmatrix} + \begin{bmatrix} 0 & 0 \\ i & 0 \end{bmatrix}\begin{bmatrix} 1 \\ 0 \end{bmatrix} = \begin{bmatrix} 0 \\ i \end{bmatrix}$$

ほかも同様に計算すると，図 2.26 のようになります．

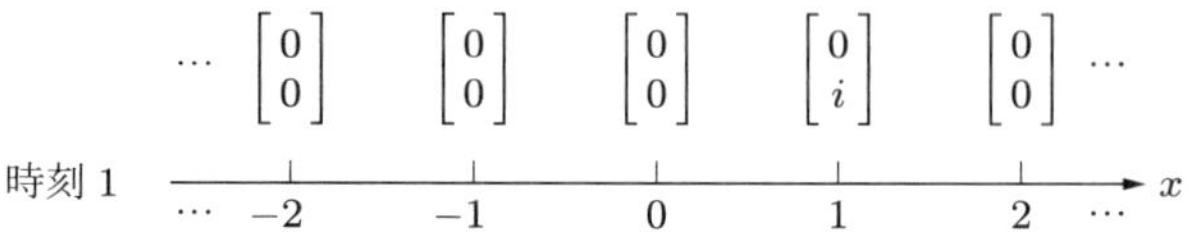

```
時刻 1   ... [0]  [0]  [0]  [0]  [0] ...
             [0]  [0]  [0]  [i]  [0]
           ——————————————————————————→ x
           ... -2   -1    0    1    2 ...
```

図 2.26

- 時刻 2

$$\vec{\psi}_2(-1) = P\vec{\psi}_1(0) + Q\vec{\psi}_1(-2) = \begin{bmatrix} 0 & i \\ 0 & 0 \end{bmatrix}\begin{bmatrix} 0 \\ 0 \end{bmatrix} + \begin{bmatrix} 0 & 0 \\ i & 0 \end{bmatrix}\begin{bmatrix} 0 \\ 0 \end{bmatrix} = \begin{bmatrix} 0 \\ 0 \end{bmatrix}$$

$$\vec{\psi}_2(0) = P\vec{\psi}_1(1) + Q\vec{\psi}_1(-1) = \begin{bmatrix} 0 & i \\ 0 & 0 \end{bmatrix}\begin{bmatrix} 0 \\ i \end{bmatrix} + \begin{bmatrix} 0 & 0 \\ i & 0 \end{bmatrix}\begin{bmatrix} 0 \\ 0 \end{bmatrix} = \begin{bmatrix} -1 \\ 0 \end{bmatrix}$$

$$\vec{\psi}_2(1) = P\vec{\psi}_1(2) + Q\vec{\psi}_1(0) = \begin{bmatrix} 0 & i \\ 0 & 0 \end{bmatrix}\begin{bmatrix} 0 \\ 0 \end{bmatrix} + \begin{bmatrix} 0 & 0 \\ i & 0 \end{bmatrix}\begin{bmatrix} 0 \\ 0 \end{bmatrix} = \begin{bmatrix} 0 \\ 0 \end{bmatrix}$$

ほかも同様に計算すると，図 2.27 のようになります．

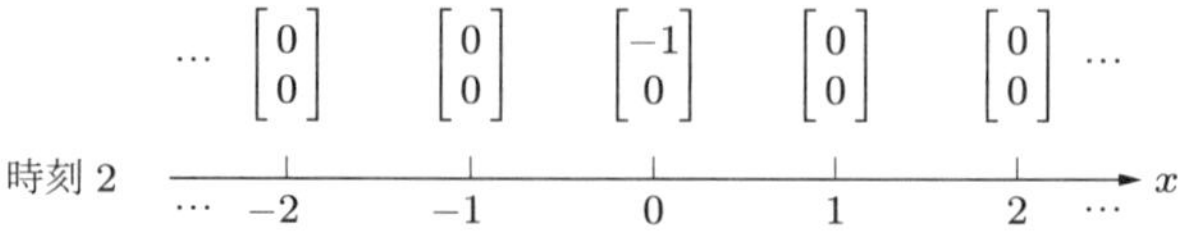

```
時刻 2   ... [0]  [0]  [-1] [0]  [0] ...
             [0]  [0]  [0]  [0]  [0]
           ——————————————————————————→ x
           ... -2   -1    0    1    2 ...
```

図 2.27

次に，各時刻 $t = 1, 2$ に対して，$x = 0, \pm 1$ に焦点を当てて，各々の場所に量子ウォーカーの位置が決まる確率を計算してみます．

2.2 モデルの説明

- 時刻 1

$$\mathbb{P}_1(-1) = \left\|\overrightarrow{\psi_1}(-1)\right\|^2 = \left\|\begin{bmatrix} 0 \\ 0 \end{bmatrix}\right\|^2 = |0|^2 + |0|^2 = 0$$

$$\mathbb{P}_1(0) = \left\|\overrightarrow{\psi_1}(0)\right\|^2 = \left\|\begin{bmatrix} 0 \\ 0 \end{bmatrix}\right\|^2 = |0|^2 + |0|^2 = 0$$

$$\mathbb{P}_1(1) = \left\|\overrightarrow{\psi_1}(1)\right\|^2 = \left\|\begin{bmatrix} 0 \\ i \end{bmatrix}\right\|^2 = |0|^2 + |i|^2 = 1$$

- 時刻 2

$$\mathbb{P}_2(-1) = \left\|\overrightarrow{\psi_2}(-1)\right\|^2 = \left\|\begin{bmatrix} 0 \\ 0 \end{bmatrix}\right\|^2 = |0|^2 + |0|^2 = 0$$

$$\mathbb{P}_2(0) = \left\|\overrightarrow{\psi_2}(0)\right\|^2 = \left\|\begin{bmatrix} -1 \\ 0 \end{bmatrix}\right\|^2 = |-1|^2 + |0|^2 = 1$$

$$\mathbb{P}_2(1) = \left\|\overrightarrow{\psi_2}(1)\right\|^2 = \left\|\begin{bmatrix} 0 \\ 0 \end{bmatrix}\right\|^2 = |0|^2 + |0|^2 = 0$$

ほかの場所も同様に計算して，得られた確率 $\mathbb{P}_t(x)$ を表 2.5 にまとめます（ただし，空欄は確率 0 を意味します）．

表 2.5

時刻＼場所	-2	-1	0	1	2	$\mathbb{P}_t(x)$ の総和
0			1			1
1				1		1
2			1			1

∎

■ 例 2.9

初期確率振幅ベクトルは，例 2.7, 2.8 と同じものをとることにします．この例では，少し複雑な行列 P, Q を扱ってみましょう．

$$P = \begin{bmatrix} \frac{1}{\sqrt{2}} & \frac{1}{\sqrt{2}} \\ 0 & 0 \end{bmatrix}, \quad Q = \begin{bmatrix} 0 & 0 \\ \frac{1}{\sqrt{2}} & -\frac{1}{\sqrt{2}} \end{bmatrix}$$

まずは，確率振幅ベクトルをいくつか計算してみます．

- 時刻 1

$$\vec{\psi}_1(-1) = P\vec{\psi}_0(0) + Q\vec{\psi}_0(-2) = \begin{bmatrix} \frac{1}{\sqrt{2}} & \frac{1}{\sqrt{2}} \\ 0 & 0 \end{bmatrix} \begin{bmatrix} 1 \\ 0 \end{bmatrix} + \begin{bmatrix} 0 & 0 \\ \frac{1}{\sqrt{2}} & -\frac{1}{\sqrt{2}} \end{bmatrix} \begin{bmatrix} 0 \\ 0 \end{bmatrix} = \begin{bmatrix} \frac{1}{\sqrt{2}} \\ 0 \end{bmatrix}$$

$$\vec{\psi}_1(0) = P\vec{\psi}_0(1) + Q\vec{\psi}_0(-1) = \begin{bmatrix} \frac{1}{\sqrt{2}} & \frac{1}{\sqrt{2}} \\ 0 & 0 \end{bmatrix} \begin{bmatrix} 0 \\ 0 \end{bmatrix} + \begin{bmatrix} 0 & 0 \\ \frac{1}{\sqrt{2}} & -\frac{1}{\sqrt{2}} \end{bmatrix} \begin{bmatrix} 0 \\ 0 \end{bmatrix} = \begin{bmatrix} 0 \\ 0 \end{bmatrix}$$

$$\vec{\psi}_1(1) = P\vec{\psi}_0(2) + Q\vec{\psi}_0(0) = \begin{bmatrix} \frac{1}{\sqrt{2}} & \frac{1}{\sqrt{2}} \\ 0 & 0 \end{bmatrix} \begin{bmatrix} 0 \\ 0 \end{bmatrix} + \begin{bmatrix} 0 & 0 \\ \frac{1}{\sqrt{2}} & -\frac{1}{\sqrt{2}} \end{bmatrix} \begin{bmatrix} 1 \\ 0 \end{bmatrix} = \begin{bmatrix} 0 \\ \frac{1}{\sqrt{2}} \end{bmatrix}$$

ほかも同様に計算すると，図 2.28 のようになります．

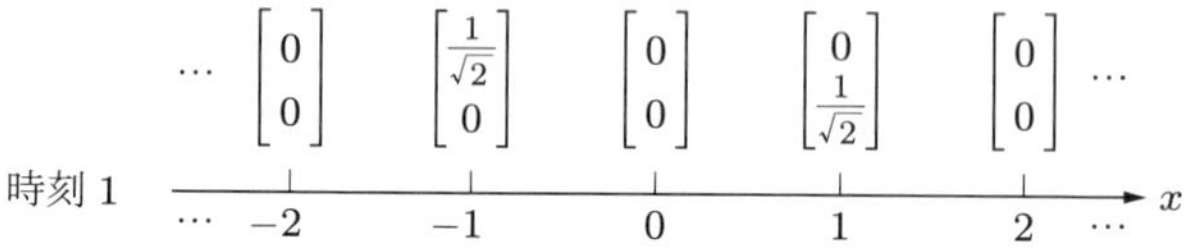

図 2.28

- 時刻 2

$$\vec{\psi}_2(-1) = P\vec{\psi}_1(0) + Q\vec{\psi}_1(-2) = \begin{bmatrix} \frac{1}{\sqrt{2}} & \frac{1}{\sqrt{2}} \\ 0 & 0 \end{bmatrix} \begin{bmatrix} 0 \\ 0 \end{bmatrix} + \begin{bmatrix} 0 & 0 \\ \frac{1}{\sqrt{2}} & -\frac{1}{\sqrt{2}} \end{bmatrix} \begin{bmatrix} 0 \\ 0 \end{bmatrix} = \begin{bmatrix} 0 \\ 0 \end{bmatrix}$$

$$\vec{\psi}_2(0) = P\vec{\psi}_1(1) + Q\vec{\psi}_1(-1)$$

$$= \begin{bmatrix} \frac{1}{\sqrt{2}} & \frac{1}{\sqrt{2}} \\ 0 & 0 \end{bmatrix} \begin{bmatrix} 0 \\ \frac{1}{\sqrt{2}} \end{bmatrix} + \begin{bmatrix} 0 & 0 \\ \frac{1}{\sqrt{2}} & -\frac{1}{\sqrt{2}} \end{bmatrix} \begin{bmatrix} \frac{1}{\sqrt{2}} \\ 0 \end{bmatrix} = \begin{bmatrix} \frac{1}{2} \\ \frac{1}{2} \end{bmatrix}$$

$$\vec{\psi}_2(1) = P\vec{\psi}_1(2) + Q\vec{\psi}_1(0) = \begin{bmatrix} \frac{1}{\sqrt{2}} & \frac{1}{\sqrt{2}} \\ 0 & 0 \end{bmatrix} \begin{bmatrix} 0 \\ 0 \end{bmatrix} + \begin{bmatrix} 0 & 0 \\ \frac{1}{\sqrt{2}} & -\frac{1}{\sqrt{2}} \end{bmatrix} \begin{bmatrix} 0 \\ 0 \end{bmatrix} = \begin{bmatrix} 0 \\ 0 \end{bmatrix}$$

ほかも同様に計算すると，図 2.29 のようになります．

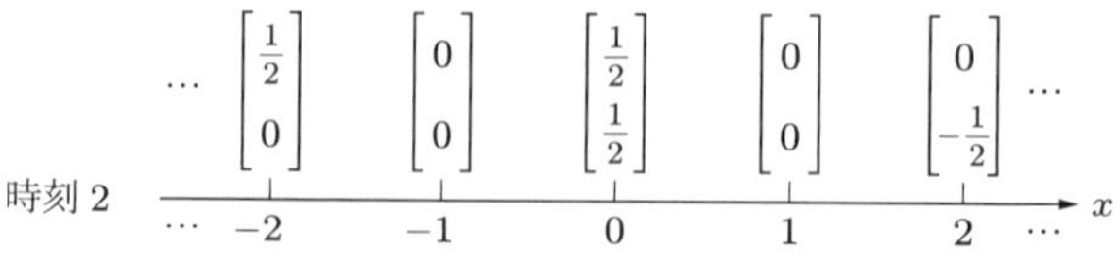

図 2.29

次に，各時刻 $t = 1, 2$ に対して，$x = 0, \pm 1$ に焦点を当てて，各々の場所に量子ウォーカーの位置が決まる確率を計算してみます．

- 時刻 1

$$\mathbb{P}_1(-1) = \left\|\overrightarrow{\psi_1}(-1)\right\|^2 = \left\|\begin{bmatrix}\frac{1}{\sqrt{2}} \\ 0\end{bmatrix}\right\|^2 = \left|\frac{1}{\sqrt{2}}\right|^2 + |0|^2 = \frac{1}{2}$$

$$\mathbb{P}_1(0) = \left\|\overrightarrow{\psi_1}(0)\right\|^2 = \left\|\begin{bmatrix}0 \\ 0\end{bmatrix}\right\|^2 = |0|^2 + |0|^2 = 0$$

$$\mathbb{P}_1(1) = \left\|\overrightarrow{\psi_1}(1)\right\|^2 = \left\|\begin{bmatrix}0 \\ \frac{1}{\sqrt{2}}\end{bmatrix}\right\|^2 = |0|^2 + \left|\frac{1}{\sqrt{2}}\right|^2 = \frac{1}{2}$$

- 時刻 2

$$\mathbb{P}_2(-1) = \left\|\overrightarrow{\psi_2}(-1)\right\|^2 = \left\|\begin{bmatrix}0 \\ 0\end{bmatrix}\right\|^2 = |0|^2 + |0|^2 = 0$$

$$\mathbb{P}_2(0) = \left\|\overrightarrow{\psi_2}(0)\right\|^2 = \left\|\begin{bmatrix}\frac{1}{2} \\ \frac{1}{2}\end{bmatrix}\right\|^2 = \left|\frac{1}{2}\right|^2 + \left|\frac{1}{2}\right|^2 = \frac{2}{4}$$

$$\mathbb{P}_2(1) = \left\|\overrightarrow{\psi_2}(1)\right\|^2 = \left\|\begin{bmatrix}0 \\ 0\end{bmatrix}\right\|^2 = |0|^2 + |0|^2 = 0$$

ほかの場所も同様に計算して，得られた確率 $\mathbb{P}_t(x)$ を表 2.6 にまとめます（ただし，空欄は確率 0 を意味します）．

表 2.6

時刻＼場所	-2	-1	0	1	2	$\mathbb{P}_t(x)$ の総和
0			1			1
1		1/2		1/2		1
2	1/4		2/4		1/4	1

以上，三つの簡単な例で，量子ウォークの時間発展を見てきました．各々の例の中で，時刻 $t = 0, 1, 2$ における確率の総和について，$\sum_{x=-\infty}^{\infty} \mathbb{P}_t(x) = 1$ が成り立って

おり，確率分布の満たすべき条件の一つである「全確率 = 1」も確認できます[9]．また，留意となりますが，ランダムウォークと同様に，ある時刻の確率振幅ベクトルと確率分布を得るには，時刻 0 から目的の時刻までの間の確率振幅ベクトルをすべて計算しなければなりません．

以下に，量子ウォークに適さない初期確率振幅ベクトルと行列 P, Q の組合せの例を二つ挙げます．

■ 例 2.10

初期確率振幅ベクトルは，これまでの例と同じものをとりますが，行列 P, Q は，

$$P = \begin{bmatrix} 1 & 2 \\ 0 & 0 \end{bmatrix}, \quad Q = \begin{bmatrix} 0 & 0 \\ 3 & 4 \end{bmatrix}$$

とします．このとき，$P+Q$ はユニタリ行列では**ありません**．なぜ量子ウォークに適さないのかを，実際の計算で見てみましょう．

まずは，確率振幅ベクトルをいくつか計算してみます．

- 時刻 1

$$\vec{\psi}_1(-1) = P\vec{\psi}_0(0) + Q\vec{\psi}_0(-2) = \begin{bmatrix} 1 & 2 \\ 0 & 0 \end{bmatrix} \begin{bmatrix} 1 \\ 0 \end{bmatrix} + \begin{bmatrix} 0 & 0 \\ 3 & 4 \end{bmatrix} \begin{bmatrix} 0 \\ 0 \end{bmatrix} = \begin{bmatrix} 1 \\ 0 \end{bmatrix}$$

$$\vec{\psi}_1(0) = P\vec{\psi}_0(1) + Q\vec{\psi}_0(-1) = \begin{bmatrix} 1 & 2 \\ 0 & 0 \end{bmatrix} \begin{bmatrix} 0 \\ 0 \end{bmatrix} + \begin{bmatrix} 0 & 0 \\ 3 & 4 \end{bmatrix} \begin{bmatrix} 0 \\ 0 \end{bmatrix} = \begin{bmatrix} 0 \\ 0 \end{bmatrix}$$

$$\vec{\psi}_1(1) = P\vec{\psi}_0(2) + Q\vec{\psi}_0(0) = \begin{bmatrix} 1 & 2 \\ 0 & 0 \end{bmatrix} \begin{bmatrix} 0 \\ 0 \end{bmatrix} + \begin{bmatrix} 0 & 0 \\ 3 & 4 \end{bmatrix} \begin{bmatrix} 1 \\ 0 \end{bmatrix} = \begin{bmatrix} 0 \\ 3 \end{bmatrix}$$

ほかも同様に計算すると，図 2.30 のようになります．

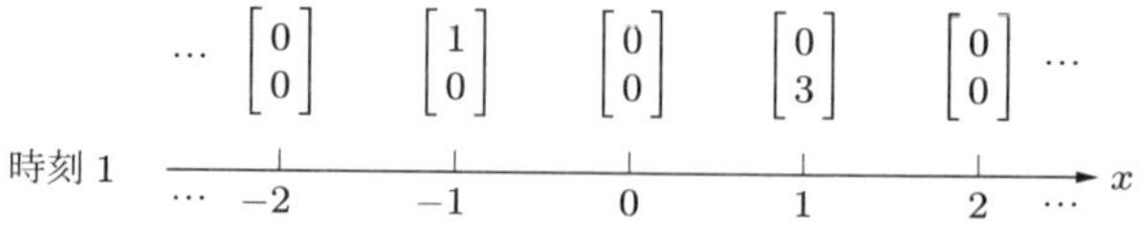

図 2.30

---

[9] $\sum_{x=-\infty}^{\infty} \mathbb{P}_t(x) = \cdots + \mathbb{P}_t(-2) + \mathbb{P}_t(-1) + \mathbb{P}_t(0) + \mathbb{P}_t(1) + \mathbb{P}_t(2) + \cdots$

- 時刻 2

$$\vec{\psi}_2(-1) = P\vec{\psi}_1(0) + Q\vec{\psi}_1(-2) = \begin{bmatrix} 1 & 2 \\ 0 & 0 \end{bmatrix} \begin{bmatrix} 0 \\ 0 \end{bmatrix} + \begin{bmatrix} 0 & 0 \\ 3 & 4 \end{bmatrix} \begin{bmatrix} 0 \\ 0 \end{bmatrix} = \begin{bmatrix} 0 \\ 0 \end{bmatrix}$$

$$\vec{\psi}_2(0) = P\vec{\psi}_1(1) + Q\vec{\psi}_1(-1) = \begin{bmatrix} 1 & 2 \\ 0 & 0 \end{bmatrix} \begin{bmatrix} 0 \\ 3 \end{bmatrix} + \begin{bmatrix} 0 & 0 \\ 3 & 4 \end{bmatrix} \begin{bmatrix} 1 \\ 0 \end{bmatrix} = \begin{bmatrix} 6 \\ 3 \end{bmatrix}$$

$$\vec{\psi}_2(1) = P\vec{\psi}_1(2) + Q\vec{\psi}_1(0) = \begin{bmatrix} 1 & 2 \\ 0 & 0 \end{bmatrix} \begin{bmatrix} 0 \\ 0 \end{bmatrix} + \begin{bmatrix} 0 & 0 \\ 3 & 4 \end{bmatrix} \begin{bmatrix} 0 \\ 0 \end{bmatrix} = \begin{bmatrix} 0 \\ 0 \end{bmatrix}$$

ほかも同様に計算すると，図 2.31 のようになります．

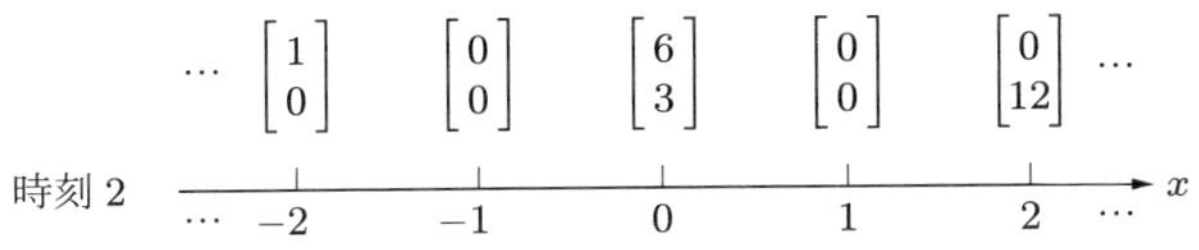

時刻 2　　… $\begin{bmatrix} 1 \\ 0 \end{bmatrix}$　$\begin{bmatrix} 0 \\ 0 \end{bmatrix}$　$\begin{bmatrix} 6 \\ 3 \end{bmatrix}$　$\begin{bmatrix} 0 \\ 0 \end{bmatrix}$　$\begin{bmatrix} 0 \\ 12 \end{bmatrix}$ …
　　　　　… -2　-1　0　1　2 … x

図 2.31

次に，各時刻 $t = 1, 2$ に対して，$x = 0, \pm 1$ に焦点を当てて，$\|\vec{\psi}_t(x)\|^2$ の値を計算してみます．

- 時刻 1

$$\left\|\vec{\psi}_1(-1)\right\|^2 = \left\|\begin{bmatrix} 1 \\ 0 \end{bmatrix}\right\|^2 = |1|^2 + |0|^2 = 1$$

$$\left\|\vec{\psi}_1(0)\right\|^2 = \left\|\begin{bmatrix} 0 \\ 0 \end{bmatrix}\right\|^2 = |0|^2 + |0|^2 = 0$$

$$\left\|\vec{\psi}_1(1)\right\|^2 = \left\|\begin{bmatrix} 0 \\ 3 \end{bmatrix}\right\|^2 = |0|^2 + |3|^2 = 9$$

- 時刻 2

$$\left\|\vec{\psi}_2(-1)\right\|^2 = \left\|\begin{bmatrix} 0 \\ 0 \end{bmatrix}\right\|^2 = |0|^2 + |0|^2 = 0$$

$$\left\|\vec{\psi}_2(0)\right\|^2 = \left\|\begin{bmatrix} 6 \\ 3 \end{bmatrix}\right\|^2 = |6|^2 + |3|^2 = 45$$

$$\left\|\vec{\psi}_2(1)\right\|^2 = \left\|\begin{bmatrix} 0 \\ 0 \end{bmatrix}\right\|^2 = |0|^2 + |0|^2 = 0$$

ほかの場所も同様に計算して，得られた $||\vec{\psi}_t(x)||^2$ の値を表 2.7 にまとめます（ただし，空欄は $||\vec{\psi}_t(x)||^2 = 0$ を意味します）．

表 2.7

時刻＼場所	-2	-1	0	1	2	$||\vec{\psi}_t(x)||^2$ の総和
0			1			1
1		1		9		10
2	1		45		144	190

この例では，時刻 $t = 1, 2$ において，$\sum_{x=-\infty}^{\infty} ||\vec{\psi}_t(x)||^2 \neq 1$ となっています．つまり，$||\vec{\psi}_t(x)||^2$ は確率分布の満たすべき条件の一つである「全確率 $= 1$」を満たしておらず，少なくとも時刻 $t = 1, 2$ に対しては，$||\vec{\psi}_t(x)||^2$ は確率分布とはよべません．同様な計算を続けると，ほかの時刻 $t = 3, 4, \ldots$ に対しても，$\sum_{x=-\infty}^{\infty} ||\vec{\psi}_t(x)||^2 \neq 1$ がわかります．この関数 $||\vec{\psi}_t(x)||^2$ が確率分布ではないため，$\mathbb{P}_t(x) = ||\vec{\psi}_t(x)||^2$ とは定義できないのです．よって，この例で扱った初期確率振幅ベクトルと行列 P, Q の組合せは，ここで紹介した量子ウォークのモデルには適しません． ■

■例 2.11

初期確率振幅ベクトルを

$$\vec{\psi}_0(0) = \begin{bmatrix} 1 \\ 2 \end{bmatrix}, \quad \vec{\psi}_0(x) = \begin{bmatrix} 0 \\ 0 \end{bmatrix} \ (x \neq 0)$$

と設定します．この初期状態を図示すると，図 2.32 のようになります．

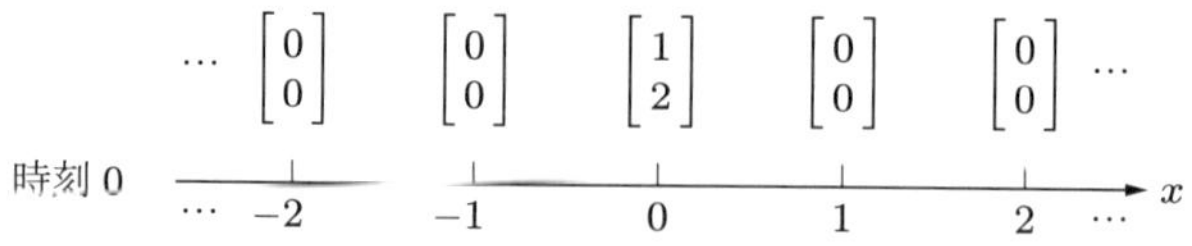

図 2.32

このとき，$\sum_{x=-\infty}^{\infty} ||\vec{\psi}_0(x)||^2 = 1$ は<u>成立しません</u>．なぜなら，時刻 0 における $||\vec{\psi}_0(x)||^2$ の値は，

$$\left|\left|\vec{\psi}_0(0)\right|\right|^2 = \left|\left|\begin{bmatrix} 1 \\ 2 \end{bmatrix}\right|\right|^2 = |1|^2 + |2|^2 = 5$$

$$\left\|\overrightarrow{\psi_0}(x)\right\|^2 = \left\|\begin{bmatrix} 0 \\ 0 \end{bmatrix}\right\|^2 = |0|^2 + |0|^2 = 0 \quad (x \neq 0)$$

となっているからです．そして，行列 P, Q は

$$P = \begin{bmatrix} \frac{1}{\sqrt{2}} & \frac{1}{\sqrt{2}} \\ 0 & 0 \end{bmatrix}, \quad Q = \begin{bmatrix} 0 & 0 \\ \frac{1}{\sqrt{2}} & -\frac{1}{\sqrt{2}} \end{bmatrix}$$

とします．今回の場合，$P + Q$ はユニタリ行列になっています．

まずは，確率振幅ベクトルをいくつか計算してみます．

- 時刻 1

$$\overrightarrow{\psi}_1(-1) = P\overrightarrow{\psi}_0(0) + Q\overrightarrow{\psi}_0(-2)$$

$$= \begin{bmatrix} \frac{1}{\sqrt{2}} & \frac{1}{\sqrt{2}} \\ 0 & 0 \end{bmatrix} \begin{bmatrix} 1 \\ 2 \end{bmatrix} + \begin{bmatrix} 0 & 0 \\ \frac{1}{\sqrt{2}} & -\frac{1}{\sqrt{2}} \end{bmatrix} \begin{bmatrix} 0 \\ 0 \end{bmatrix} = \begin{bmatrix} \frac{3}{\sqrt{2}} \\ 0 \end{bmatrix}$$

$$\overrightarrow{\psi}_1(0) = P\overrightarrow{\psi}_0(1) + Q\overrightarrow{\psi}_0(-1) = \begin{bmatrix} \frac{1}{\sqrt{2}} & \frac{1}{\sqrt{2}} \\ 0 & 0 \end{bmatrix} \begin{bmatrix} 0 \\ 0 \end{bmatrix} + \begin{bmatrix} 0 & 0 \\ \frac{1}{\sqrt{2}} & -\frac{1}{\sqrt{2}} \end{bmatrix} \begin{bmatrix} 0 \\ 0 \end{bmatrix} = \begin{bmatrix} 0 \\ 0 \end{bmatrix}$$

$$\overrightarrow{\psi}_1(1) = P\overrightarrow{\psi}_0(2) + Q\overrightarrow{\psi}_0(0)$$

$$= \begin{bmatrix} \frac{1}{\sqrt{2}} & \frac{1}{\sqrt{2}} \\ 0 & 0 \end{bmatrix} \begin{bmatrix} 0 \\ 0 \end{bmatrix} + \begin{bmatrix} 0 & 0 \\ \frac{1}{\sqrt{2}} & -\frac{1}{\sqrt{2}} \end{bmatrix} \begin{bmatrix} 1 \\ 2 \end{bmatrix} = \begin{bmatrix} 0 \\ -\frac{1}{\sqrt{2}} \end{bmatrix}$$

ほかも同様に計算すると，図 2.33 のようになります．

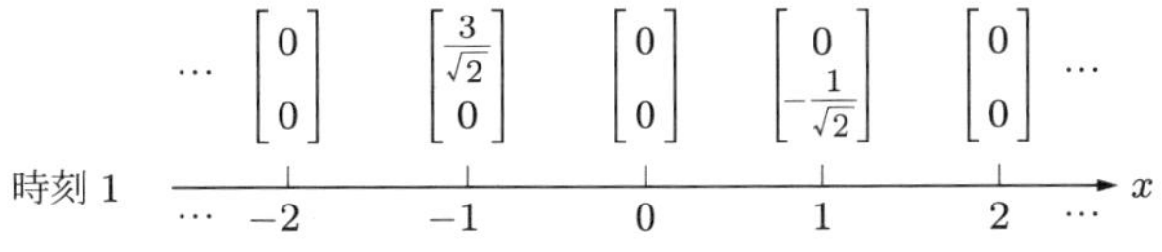

図 2.33

- 時刻 2

$$\overrightarrow{\psi}_2(-1) = P\overrightarrow{\psi}_1(0) + Q\overrightarrow{\psi}_1(-2) = \begin{bmatrix} \frac{1}{\sqrt{2}} & \frac{1}{\sqrt{2}} \\ 0 & 0 \end{bmatrix} \begin{bmatrix} 0 \\ 0 \end{bmatrix} + \begin{bmatrix} 0 & 0 \\ \frac{1}{\sqrt{2}} & -\frac{1}{\sqrt{2}} \end{bmatrix} \begin{bmatrix} 0 \\ 0 \end{bmatrix} = \begin{bmatrix} 0 \\ 0 \end{bmatrix}$$

$$\vec{\psi}_2(0) = P\vec{\psi}_1(1) + Q\vec{\psi}_1(-1)$$

$$= \begin{bmatrix} \dfrac{1}{\sqrt{2}} & \dfrac{1}{\sqrt{2}} \\ 0 & 0 \end{bmatrix} \begin{bmatrix} 0 \\ -\dfrac{1}{\sqrt{2}} \end{bmatrix} + \begin{bmatrix} 0 & 0 \\ \dfrac{1}{\sqrt{2}} & -\dfrac{1}{\sqrt{2}} \end{bmatrix} \begin{bmatrix} \dfrac{3}{\sqrt{2}} \\ 0 \end{bmatrix} = \begin{bmatrix} -\dfrac{1}{2} \\ \dfrac{3}{2} \end{bmatrix}$$

$$\vec{\psi}_2(1) = P\vec{\psi}_1(2) + Q\vec{\psi}_1(0) = \begin{bmatrix} \dfrac{1}{\sqrt{2}} & \dfrac{1}{\sqrt{2}} \\ 0 & 0 \end{bmatrix} \begin{bmatrix} 0 \\ 0 \end{bmatrix} + \begin{bmatrix} 0 & 0 \\ \dfrac{1}{\sqrt{2}} & -\dfrac{1}{\sqrt{2}} \end{bmatrix} \begin{bmatrix} 0 \\ 0 \end{bmatrix} = \begin{bmatrix} 0 \\ 0 \end{bmatrix}$$

ほかも同様に計算すると，図 2.34 のようになります．

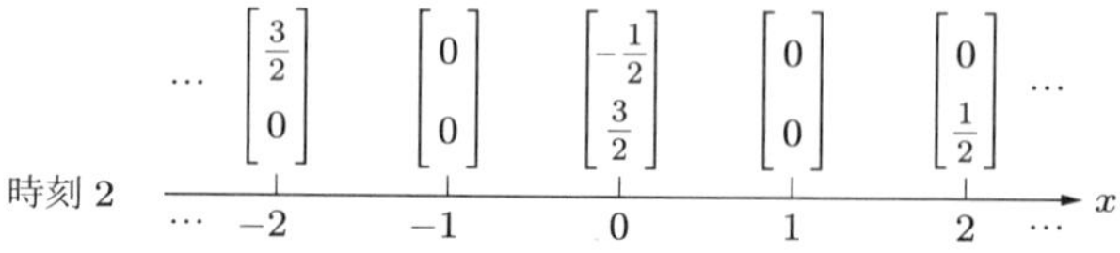

時刻 2

$\cdots \quad \begin{bmatrix} \dfrac{3}{2} \\ 0 \end{bmatrix} \quad \begin{bmatrix} 0 \\ 0 \end{bmatrix} \quad \begin{bmatrix} -\dfrac{1}{2} \\ \dfrac{3}{2} \end{bmatrix} \quad \begin{bmatrix} 0 \\ 0 \end{bmatrix} \quad \begin{bmatrix} 0 \\ \dfrac{1}{2} \end{bmatrix} \quad \cdots$

$\cdots\ -2\quad -1\quad 0\quad 1\quad 2\ \cdots\ x$

図 2.34

次に，各時刻 $t = 1, 2$ に対して，$x = 0, \pm 1$ に焦点を当てて，$\|\vec{\psi}_t(x)\|^2$ の値を計算してみます．

- 時刻 1

$$\left\| \vec{\psi}_1(-1) \right\|^2 = \left\| \begin{bmatrix} \dfrac{3}{\sqrt{2}} \\ 0 \end{bmatrix} \right\|^2 = \left| \dfrac{3}{\sqrt{2}} \right|^2 + |0|^2 = \dfrac{9}{2}$$

$$\left\| \vec{\psi}_1(0) \right\|^2 = \left\| \begin{bmatrix} 0 \\ 0 \end{bmatrix} \right\|^2 = |0|^2 + |0|^2 = 0$$

$$\left\| \vec{\psi}_1(1) \right\|^2 = \left\| \begin{bmatrix} 0 \\ -\dfrac{1}{\sqrt{2}} \end{bmatrix} \right\|^2 = |0|^2 + \left| -\dfrac{1}{\sqrt{2}} \right|^2 = \dfrac{1}{2}$$

- 時刻 2

$$\left\| \vec{\psi}_2(-1) \right\|^2 = \left\| \begin{bmatrix} 0 \\ 0 \end{bmatrix} \right\|^2 = |0|^2 + |0|^2 = 0$$

$$\left\| \vec{\psi}_2(0) \right\|^2 = \left\| \begin{bmatrix} -\dfrac{1}{2} \\ \dfrac{3}{2} \end{bmatrix} \right\|^2 = \left| -\dfrac{1}{2} \right|^2 + \left| \dfrac{3}{2} \right|^2 = \dfrac{10}{4}$$

$$\left\|\overrightarrow{\psi_2}(1)\right\|^2 = \left\|\begin{bmatrix}0\\0\end{bmatrix}\right\|^2 = |0|^2 + |0|^2 = 0$$

ほかの場所も同様に計算して、得られた $\|\overrightarrow{\psi}_t(x)\|^2$ の値を表 2.8 にまとめます（ただし、空欄は $\|\overrightarrow{\psi}_t(x)\|^2 = 0$ を意味します）。

表 2.8

時刻＼場所	−2	−1	0	1	2	$\|\overrightarrow{\psi}_t(x)\|^2$ の総和
0			5			5
1		9/2		1/2		5
2	9/4		10/4		1/4	5

この例でも、時刻 $t = 0, 1, 2$ において、$\sum_{x=-\infty}^{\infty} \|\overrightarrow{\psi}_t(x)\|^2 = 5 \ (\neq 1)$ となるので、例 2.10（38 ページ）と同じ理由で、少なくとも時刻 $t = 0, 1, 2$ に対しては、$\|\overrightarrow{\psi}_t(x)\|^2$ は確率分布ではありません。同様な計算を続けると、ほかの時刻 $t = 3, 4, \ldots$ に対しても、$\sum_{x=-\infty}^{\infty} \|\overrightarrow{\psi}_t(x)\|^2 = 5$ がわかります。よって、この例で与えた初期確率振幅ベクトルと行列 P, Q の組合せも、本書での量子ウォークには適しません。■

以上の例を通じてもわかるように、$P + Q$ がユニタリ行列であるという条件は、すべての時刻 t に対して $\|\overrightarrow{\psi}_t(x)\|^2$ の総和を一定の値に保つために必要な条件となっています。実際、例 2.10（38 ページ）のように、$P + Q$ がユニタリ行列でないと、時間発展に対して $\|\overrightarrow{\psi}_t(x)\|^2$ の総和を一定の値に保つことができず、その総和は変化してしまいます。一方、例 2.10 以外の例では、$P + Q$ はユニタリ行列であり、$\|\overrightarrow{\psi}_t(x)\|^2$ の総和は時間発展に対して一定値を保っています。さらに、その一定値が 1 となるようにすれば、$\|\overrightarrow{\psi}_t(x)\|^2 \ (\geq 0)$ は、0 以上 1 以下の値をとることになるので、確率分布になります[10]。例 2.7〜2.9（31〜35 ページ）では、$\sum_{x=-\infty}^{\infty} \|\overrightarrow{\psi}_0(x)\|^2 = 1$ となるように初期確率振幅ベクトルを設定したために、すべての時刻 t に対して、$\|\overrightarrow{\psi}_t(x)\|^2$ は確率分布になっているのです。

---

[10] すべての $x = 0, \pm 1, \pm 2, \ldots$ に対して、$\|\overrightarrow{\psi}_t(x)\|^2 \geq 0$ なので、たとえば、

$$\left\|\overrightarrow{\psi}_t(0)\right\|^2 \leq \sum_{x=-\infty}^{\infty} \left\|\overrightarrow{\psi}_t(x)\right\|^2$$

の不等式が成り立ちます。上式の左辺を $\|\overrightarrow{\psi}_t(-1)\|^2$, $\|\overrightarrow{\psi}_t(1)\|^2$, $\|\overrightarrow{\psi}_t(-2)\|^2$, $\|\overrightarrow{\psi}_t(2)\|^2$ などに置き換えても、同様の不等式が成立します。よって、$\sum_{x=-\infty}^{\infty} \|\overrightarrow{\psi}_t(x)\|^2 = 1$ のとき、すべての $x = 0, \pm 1, \pm 2, \ldots$ に対して、$0 \leq \|\overrightarrow{\psi}_t(x)\|^2 \leq 1$ がわかります。

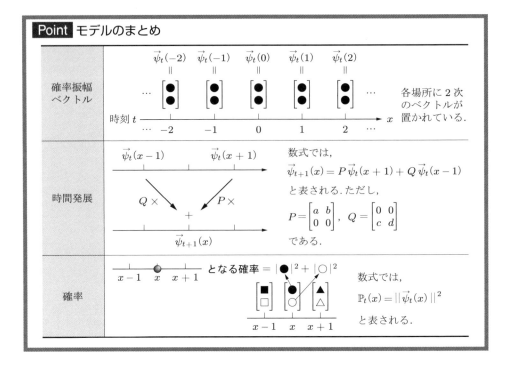

2.3 確率分布の性質

量子ウォークの研究分野でも，ランダムウォークと同様に，各場所に量子ウォーカーの位置が決まる確率を計算することが，一つの研究テーマになっています．本書でも，その確率の挙動について見ていくことにします．はじめに，確率分布の時間発展が自明な挙動となる量子ウォークを紹介して，その後に自明ではない量子ウォークの確率分布の挙動を紹介します．自明ではない量子ウォークの確率分布は，ランダムウォークとは異なる特徴的な確率分布となります．

なお，この章から第 5 章までは，1 次元格子上のモデルを扱っていますが，そこで紹介する結果は，時刻 0 での量子ウォークの確率分布が

$$\mathbb{P}_0(0) = 1, \quad \mathbb{P}_0(x) = 0 \ (x \neq 0)$$

となるような初期確率振幅ベクトルに焦点を当てています（図 2.35 参照）．この設定は，量子ウォーカーが原点 $x = 0$ から出発することに対応します．ランダムウォークでは，ある 1 点（通常は原点）から出発する場合を計算することが多く，それとの比較として，量子ウォークでも 1 点から出発する場合がよく計算されます．

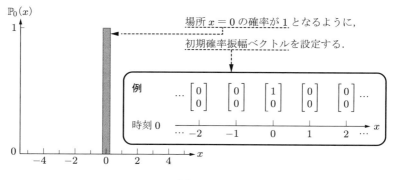

図 2.35

2.3.1 自明な量子ウォークの確率分布

量子ウォークの興味深い挙動を見る前に，確率分布の時間発展が自明となる量子ウォークの例をいくつか紹介します．ここでの「自明」とは，量子ウォークの確率分布の時間発展に（複雑ではなく）簡単な規則性が見られることを意味します．行列 P, Q の成分 a, b, c, d に関して，それら四つの積が 0，つまり，$abcd = 0$ という条件を課すと，量子ウォークの確率分布の挙動は自明になります．

■ 例 2.12（確率分布の時間発展 1）

○ 行列
$$P = \begin{bmatrix} 1 & 0 \\ 0 & 0 \end{bmatrix}, \quad Q = \begin{bmatrix} 0 & 0 \\ 0 & 1 \end{bmatrix}$$

○ 初期確率振幅ベクトル
$$\overrightarrow{\psi}_0(0) = \begin{bmatrix} 1 \\ 0 \end{bmatrix}, \quad \overrightarrow{\psi}_0(x) = \begin{bmatrix} 0 \\ 0 \end{bmatrix} \quad (x \neq 0)$$

このとき，確率分布 $\mathbb{P}_t(x)$ の時間発展は，図 2.36 のようになります．表に確率 $\mathbb{P}_t(x)$ をまとめると，表 2.9 のようになります（空欄は確率 0 を意味します）．

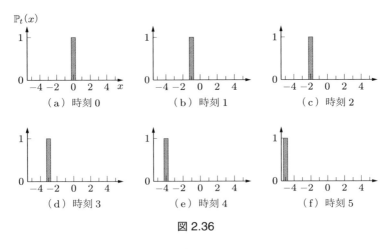

図 2.36

表 2.9

時刻 \ 場所	-5	-4	-3	-2	-1	0	1	2	3	4	5
0						1					
1					1						
2				1							
3			1								
4		1									
5	1										

∎

■ 例 2.13（確率分布の時間発展 2）

○ 行列

$$P = \begin{bmatrix} 1 & 0 \\ 0 & 0 \end{bmatrix}, \quad Q = \begin{bmatrix} 0 & 0 \\ 0 & 1 \end{bmatrix}$$

○ 初期確率振幅ベクトル

$$\vec{\psi}_0(0) = \begin{bmatrix} 0 \\ 1 \end{bmatrix}, \quad \vec{\psi}_0(x) = \begin{bmatrix} 0 \\ 0 \end{bmatrix} \quad (x \neq 0)$$

このとき，確率分布 $\mathbb{P}_t(x)$ の時間発展は，図 2.37 のようになります．表に確率 $\mathbb{P}_t(x)$ をまとめると，表 2.10 のようになります（空欄は確率 0 を意味します）．

2.3 確率分布の性質　47

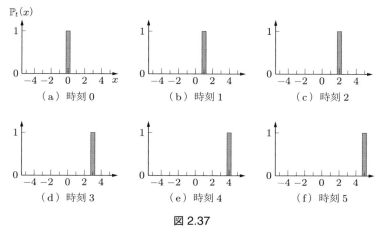

図 2.37

表 2.10

時刻＼場所	-5	-4	-3	-2	-1	0	1	2	3	4	5
0						1					
1							1				
2								1			
3									1		
4										1	
5											1

■ **例 2.14**（確率分布の時間発展 3）

○ 行列

$$P = \begin{bmatrix} 1 & 0 \\ 0 & 0 \end{bmatrix}, \quad Q = \begin{bmatrix} 0 & 0 \\ 0 & 1 \end{bmatrix}$$

○ 初期確率振幅ベクトル

$$\vec{\psi}_0(0) = \begin{bmatrix} \frac{1}{\sqrt{2}} \\ \frac{i}{\sqrt{2}} \end{bmatrix}, \quad \vec{\psi}_0(x) = \begin{bmatrix} 0 \\ 0 \end{bmatrix} \quad (x \neq 0)$$

このとき，確率分布 $\mathbb{P}_t(x)$ の時間発展は，図 2.38 のようになります．表に確率 $\mathbb{P}_t(x)$ をまとめてみると，表 2.11 のようになります（空欄は確率 0 を意味します）．

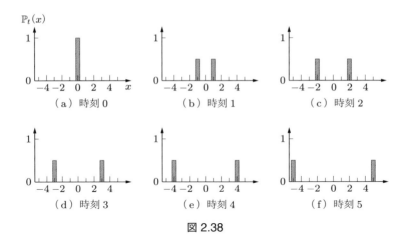

(a) 時刻 0 (b) 時刻 1 (c) 時刻 2
(d) 時刻 3 (e) 時刻 4 (f) 時刻 5

図 2.38

表 2.11

時刻＼場所	-5	-4	-3	-2	-1	0	1	2	3	4	5
0						1					
1					1/2		1/2				
2				1/2				1/2			
3			1/2						1/2		
4		1/2								1/2	
5	1/2										1/2

■ 例 2.15（確率分布の時間発展 4）

○ 行列
$$P = \begin{bmatrix} 0 & 1 \\ 0 & 0 \end{bmatrix}, \quad Q = \begin{bmatrix} 0 & 0 \\ 1 & 0 \end{bmatrix}$$

○ 初期確率振幅ベクトル
$$\vec{\psi}_0(0) = \begin{bmatrix} 1 \\ 0 \end{bmatrix}, \quad \vec{\psi}_0(x) = \begin{bmatrix} 0 \\ 0 \end{bmatrix} \quad (x \neq 0)$$

このとき，確率分布 $\mathbb{P}_t(x)$ の時間発展は，図 2.39 のようになります．表に確率 $\mathbb{P}_t(x)$ をまとめると，表 2.12 のようになります（空欄は確率 0 を意味します）．

2.3 確率分布の性質 49

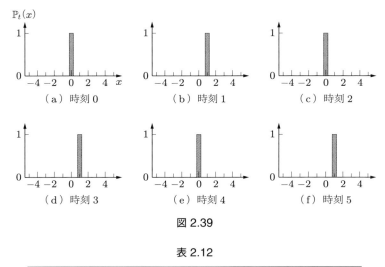

（a）時刻 0　　（b）時刻 1　　（c）時刻 2

（d）時刻 3　　（e）時刻 4　　（f）時刻 5

図 2.39

表 2.12

時刻＼場所	−5	−4	−3	−2	−1	0	1	2	3	4	5
0						1					
1							1				
2						1					
3							1				
4						1					
5							1				

■ **例 2.16**（確率分布の時間発展 5）

○ 行列

$$P = \begin{bmatrix} 0 & 1 \\ 0 & 0 \end{bmatrix}, \quad Q = \begin{bmatrix} 0 & 0 \\ 1 & 0 \end{bmatrix}$$

○ 初期確率振幅ベクトル

$$\vec{\psi}_0(0) = \begin{bmatrix} 0 \\ 1 \end{bmatrix}, \quad \vec{\psi}_0(x) = \begin{bmatrix} 0 \\ 0 \end{bmatrix} \quad (x \neq 0)$$

このとき，確率分布 $\mathbb{P}_t(x)$ の時間発展は，図 2.40 のようになります．表に確率 $\mathbb{P}_t(x)$ をまとめてみると，表 2.13 のようになります（空欄は確率 0 を意味します）．

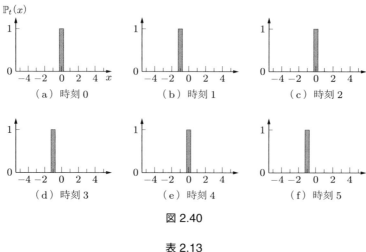

図 2.40

表 2.13

時刻\場所	-5	-4	-3	-2	-1	0	1	2	3	4	5
0						1					
1					1						
2						1					
3					1						
4						1					
5					1						

■ 例 2.17（確率分布の時間発展 6）

○ 行列

$$P = \begin{bmatrix} 0 & 1 \\ 0 & 0 \end{bmatrix}, \quad Q = \begin{bmatrix} 0 & 0 \\ 1 & 0 \end{bmatrix}$$

○ 初期確率振幅ベクトル

$$\vec{\psi}_0(0) = \begin{bmatrix} \dfrac{1}{\sqrt{2}} \\ \dfrac{i}{\sqrt{2}} \end{bmatrix}, \quad \vec{\psi}_0(x) = \begin{bmatrix} 0 \\ 0 \end{bmatrix} \quad (x \neq 0)$$

このとき，確率分布 $\mathbb{P}_t(x)$ の時間発展は，図 2.41 のようになります．表に確率 $\mathbb{P}_t(x)$ をまとめてみると，表 2.14 のようになります（空欄は確率 0 を意味します）．

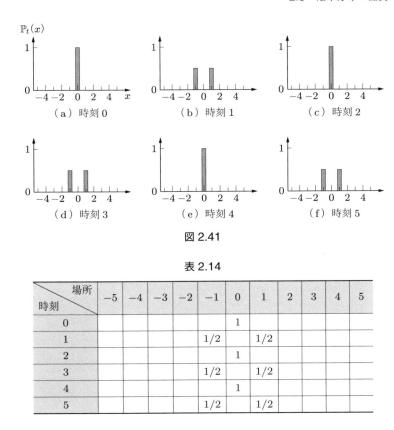

図 2.41

表 2.14

時刻\場所	−5	−4	−3	−2	−1	0	1	2	3	4	5
0						1					
1					1/2		1/2				
2						1					
3					1/2		1/2				
4						1					
5					1/2		1/2				

2.3.2 自明ではない量子ウォークの確率分布

さて，これまでは，自明な量子ウォークの確率分布を見てきました．これからは，おもに $abcd \neq 0$ の場合に着目し，自明ではない量子ウォークの確率分布を見ていきましょう．

まずは，確率分布の時間発展を見てみます．

■ **例 2.18**（確率分布の時間発展 1）

○ 行列

$$P = \begin{bmatrix} \frac{1}{\sqrt{2}} & \frac{1}{\sqrt{2}} \\ 0 & 0 \end{bmatrix}, \quad Q = \begin{bmatrix} 0 & 0 \\ \frac{1}{\sqrt{2}} & -\frac{1}{\sqrt{2}} \end{bmatrix}$$

○ 初期確率振幅ベクトル

$$\vec{\psi}_0(0) = \begin{bmatrix} 1 \\ 0 \end{bmatrix}, \quad \vec{\psi}_0(x) = \begin{bmatrix} 0 \\ 0 \end{bmatrix} \quad (x \neq 0)$$

このとき，確率分布 $\mathbb{P}_t(x)$ の時間発展は，図 2.42 のようになります．参考として，時刻 0 から 5 までの確率 $\mathbb{P}_t(x)$ を表にまとめると，表 2.15 のようになります（空欄は確率 0 を意味します）．

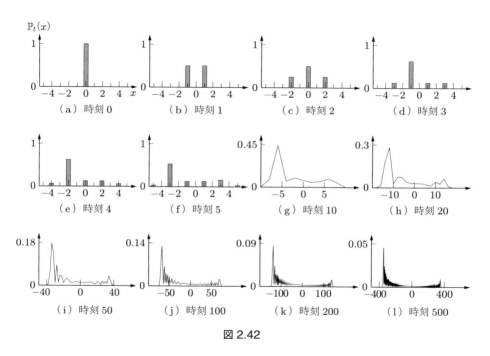

図 2.42

表 2.15

時刻＼場所	-5	-4	-3	-2	-1	0	1	2	3	4	5
0						1					
1					1/2		1/2				
2				1/4		2/4		1/4			
3			1/8		5/8		1/8		1/8		
4		1/16		10/16		2/16		2/16		1/16	
5	1/32		17/32		4/32		4/32		5/32		1/32

■ 例 2.19（確率分布の時間発展 2）
○ 行列

$$P = \begin{bmatrix} \dfrac{1}{\sqrt{2}} & \dfrac{1}{\sqrt{2}} \\ 0 & 0 \end{bmatrix}, \quad Q = \begin{bmatrix} 0 & 0 \\ \dfrac{1}{\sqrt{2}} & -\dfrac{1}{\sqrt{2}} \end{bmatrix}$$

○ 初期確率振幅ベクトル

$$\vec{\psi}_0(0) = \begin{bmatrix} 0 \\ 1 \end{bmatrix}, \quad \vec{\psi}_0(x) = \begin{bmatrix} 0 \\ 0 \end{bmatrix} \quad (x \neq 0)$$

このとき，確率分布 $\mathbb{P}_t(x)$ の時間発展は，図 2.43 のようになります．参考として，時刻 0 から 5 までの確率 $\mathbb{P}_t(x)$ を表にまとめると，表 2.16 のようになります（空欄は確率 0 を意味します）．

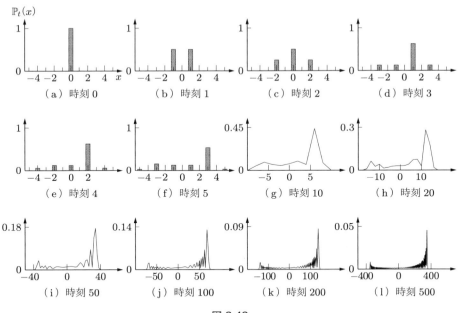

図 2.43

表 2.16

時刻＼場所	-5	-4	-3	-2	-1	0	1	2	3	4	5
0						1					
1					1/2		1/2				
2				1/4		2/4		1/4			
3			1/8		1/8		5/8		1/8		
4		1/16		2/16		2/16		10/16		1/16	
5	1/32		5/32		4/32		4/32		17/32		1/32

■ 例 2.20 （確率分布の時間発展 3）

○ 行列

$$P = \begin{bmatrix} \dfrac{1}{\sqrt{2}} & \dfrac{1}{\sqrt{2}} \\ 0 & 0 \end{bmatrix}, \quad Q = \begin{bmatrix} 0 & 0 \\ \dfrac{1}{\sqrt{2}} & -\dfrac{1}{\sqrt{2}} \end{bmatrix}$$

○ 初期確率振幅ベクトル

$$\vec{\psi}_0(0) = \begin{bmatrix} \dfrac{1}{\sqrt{2}} \\ \dfrac{i}{\sqrt{2}} \end{bmatrix}, \quad \vec{\psi}_0(x) = \begin{bmatrix} 0 \\ 0 \end{bmatrix} \quad (x \neq 0)$$

このとき，確率分布 $\mathbb{P}_t(x)$ の時間発展は，図 2.44 のようになります．参考として，時刻 0 から 5 までの確率 $\mathbb{P}_t(x)$ を表にまとめると，表 2.17 のようになります（空欄は確率 0 を意味します）．

2.3 確率分布の性質

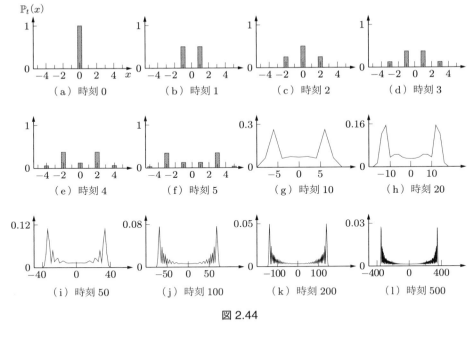

図 2.44

表 2.17

時刻＼場所	−5	−4	−3	−2	−1	0	1	2	3	4	5
0						1					
1					1/2		1/2				
2				1/4		2/4		1/4			
3			1/8		3/8		3/8		1/8		
4		1/16		6/16		2/16		6/16		1/16	
5	1/32		11/32		4/32		4/32		11/32		1/32

次に，行列 P, Q にパラメタ θ を導入して，そのパラメタに時刻 500 の確率分布がどのように依存するのかを見てみましょう．

▮ **例 2.21**（確率分布の行列依存性 1）

○ 行列

$$P = \begin{bmatrix} \cos\theta & \sin\theta \\ 0 & 0 \end{bmatrix}, \quad Q = \begin{bmatrix} 0 & 0 \\ \sin\theta & -\cos\theta \end{bmatrix}$$

○ 初期確率振幅ベクトル

$$\vec{\psi}_0(0) = \begin{bmatrix} 1 \\ 0 \end{bmatrix}, \quad \vec{\psi}_0(x) = \begin{bmatrix} 0 \\ 0 \end{bmatrix} \quad (x \neq 0)$$

このとき，時刻 500 の確率分布 $\mathbb{P}_t(x)$ の θ 依存性は，図 2.45 のようになります．

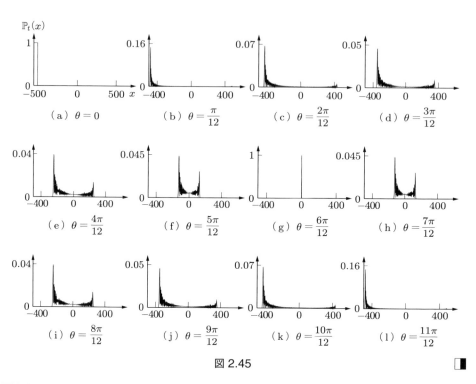

図 2.45

■ 例 2.22（確率分布の行列依存性 2）
○ 行列

$$P = \begin{bmatrix} \cos\theta & \sin\theta \\ 0 & 0 \end{bmatrix}, \quad Q = \begin{bmatrix} 0 & 0 \\ \sin\theta & -\cos\theta \end{bmatrix}$$

○ 初期確率振幅ベクトル

$$\vec{\psi}_0(0) = \begin{bmatrix} 0 \\ 1 \end{bmatrix}, \quad \vec{\psi}_0(x) = \begin{bmatrix} 0 \\ 0 \end{bmatrix} \quad (x \neq 0)$$

このとき，時刻 500 の確率分布 $\mathbb{P}_t(x)$ の θ 依存性は，図 2.46 のようになります．

2.3 確率分布の性質 57

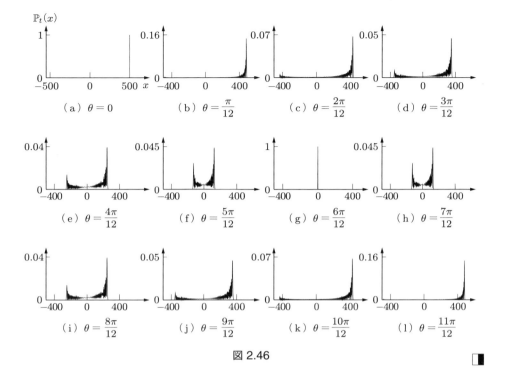

図 2.46

■ **例 2.23**（確率分布の行列依存性 3）

○ 行列

$$P = \begin{bmatrix} \cos\theta & \sin\theta \\ 0 & 0 \end{bmatrix}, \quad Q = \begin{bmatrix} 0 & 0 \\ \sin\theta & -\cos\theta \end{bmatrix}$$

○ 初期確率振幅ベクトル

$$\vec{\psi}_0(0) = \begin{bmatrix} \dfrac{1}{\sqrt{2}} \\ \dfrac{i}{\sqrt{2}} \end{bmatrix}, \quad \vec{\psi}_0(x) = \begin{bmatrix} 0 \\ 0 \end{bmatrix} \quad (x \neq 0)$$

このとき，時刻 500 の確率分布 $\mathbb{P}_t(x)$ の θ 依存性は，図 2.47 のようになります．

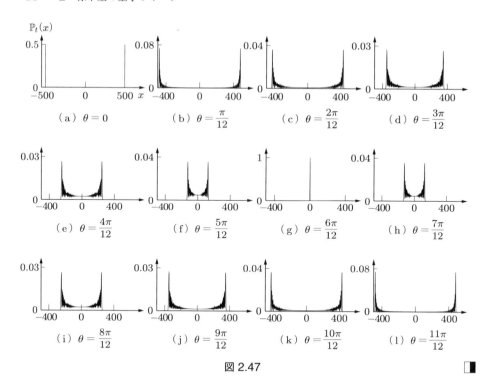

図 2.47

数学的な結果からわかる確率分布の性質 (⇒参考文献 [3])

いくつかの例で，自明ではない量子ウォーク（$abcd \neq 0$ のとき）の確率分布の時間発展を見てきました．自明ではない量子ウォークに対しては，時間発展を十分多くの回数繰り返した後の確率分布の性質が明らかにされています．ここでは，その性質のいくつかを紹介します．確率分布の性質を数式で理解するには，数学の専門知識や煩雑な計算が必要となるため，ここでの数学的な説明は控えます．興味のある方は，参考文献 [3] を見てください．

さて，量子ウォーカーが原点 $x = 0$ から出発する（つまり，$\mathbb{P}_0(0) = 1$，$\mathbb{P}_0(x) = 0 \, (x \neq 0)$）ように初期確率振幅ベクトルを設定したとき，長時間後の自明ではない量子ウォークの確率分布は，以下の性質をもつことが知られています．

性質 1 原点付近に量子ウォーカーの位置が決まる確率は小さい．

性質 2 座標 $x = \pm |a| t$ 付近の場所で，確率分布はピークとなる．つまり，$x = \pm |a| t$ の付近に量子ウォーカーの位置が決まる確率が大きい[11]．

---

[11] 行列 $P + Q$ がユニタリ行列であるという条件から，$abcd \neq 0$ のときは，$|a| < 1$ となります．

性質3 ピークの外側の場所に量子ウォーカーの位置が決まる確率は，ほとんど0である．

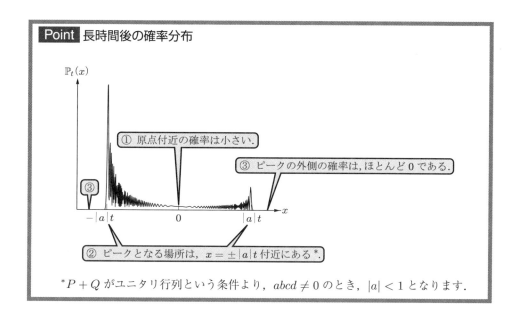

冒頭でも述べたように，量子ウォークのモデルは，ランダムウォークのモデルに，よく似ています（72ページのコラム「ランダムウォークと量子ウォークの比較」も参照）．しかし，図2.48のように，そこから出てくる確率分布が，ランダムウォークの

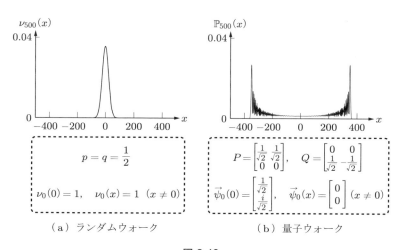

図2.48

ものと大きく異なることには驚かされます．また，性質3は興味深い性質です．なぜなら，ランダムウォークと同様に，時刻0で原点から出発した場合，時刻tにおいて量子ウォーカーは，$-t \leq x \leq t$の範囲に分布しますが，時間発展を十分多く繰り返した後では，$-t \leq x \leq -|a|t$, $|a|t \leq x \leq t$の範囲には，その位置がほとんど決まらないからです．つまり，長時間後においては，量子ウォーカーが分布しているはずの領域の一部では確率がほとんど0になります．69ページのコラムでも述べるように，量子ウォークは量子物理学に強く結びついた数理モデルですが，このような確率分布が生じる物理学的な理由は未だにはっきりしておらず，ここで紹介した性質は，数学的に計算して初めてわかることです．量子物理学の背景をもつ量子ウォークの確率分布に，物理学の視点から説明を与えることは意義ある研究テーマとして考えられます．

一般に，量子ウォークの確率分布を手計算で求めるには，自明な量子ウォークを除いて，非常に煩雑な計算を必要とします．とくに，長時間後の確率分布の計算は，手計算ではとても難しいです．これまでの例でも挙げたように，コンピュータを用いて数値的に計算することは可能ですが，コンピュータのメモリの関係上，扱える時刻にも制限があります．コンピュータで計算する際には数値誤差の問題もあります．また，無限にあるユニタリ行列や初期確率振幅ベクトルすべてに対して計算することは，有限の時間内では不可能です．一方，ここで紹介した確率分布の性質は，数学の理論に基づいて厳密に計算された結果から得られるもので，パラメタ（行列成分のa, b, c, d）を含んだままでの一般的な設定のもとでの量子ウォークの性質を表しています．コンピュータによる数値計算で，これら三つの性質を正確に得ることは難しく，数学的な結果は量子ウォークの長時間後の挙動を理解するうえで役に立っています．

アルゴリズム

時刻$T(=0, 1, 2, \ldots)$の確率分布$\mathbb{P}_T(x)$をシミュレーションするためのアルゴリズムを紹介します[12]．

Algorithm 1　標準型モデル

```
/* 初期確率振幅ベクトルの設定 */
for all x ∈ {0, ±1, ±2, ...} do
    ψ⃗₀(x) を設定
end for
```

---

[12] 本書では，アルゴリズムの読み方は解説しません．一般的なアルゴリズム関連の書籍で，その読み方を知ることができます．また，アルゴリズムとは問題を解くための手続き（解法の手順）のことです．

2.3 確率分布の性質

```
/* 時間発展 */
for t = 0 to T − 1 do
  for all x ∈ {0, ±1, ±2, ...} do
```
$$\vec{\psi}_{t+1}(x) = P\vec{\psi}_t(x+1) + Q\vec{\psi}_t(x-1)$$
```
  end for
end for

/* 確率の計算 */
for all x ∈ {0, ±1, ±2, ...} do
```
$$\mathbb{P}_T(x) = \left|\left|\vec{\psi}_T(x)\right|\right|^2$$
```
end for
```

[注] 量子ウォーカーが原点 $x=0$ から出発する場合 ($\mathbb{P}_0(0)=1$, $\mathbb{P}_0(x)=0$ $(x \neq 0)$)，時刻 $t=0,1,2,\ldots,T$ においては，場所 $x=\pm(T+1), \pm(T+2), \ldots$ の確率振幅ベクトルは

$$\vec{\psi}_t(x) = \begin{bmatrix} 0 \\ 0 \end{bmatrix}$$

となるので，時間発展パートは以下のアルゴリズムに置き換えることができます．

```
/* 時間発展 */
for t = 0 to T − 1 do
  for all x ∈ {0, ±1, ±2, ..., ±T} do
```
$$\vec{\psi}_{t+1}(x) = P\vec{\psi}_t(x+1) + Q\vec{\psi}_t(x-1)$$
```
  end for

  for all x ∈ {±(T+1), ±(T+2), ...} do
```
$$\vec{\psi}_{t+1}(x) = \begin{bmatrix} 0 \\ 0 \end{bmatrix}$$
```
  end for
end for
```

なお，以降に紹介する 1 次元格子上の量子ウォークに対するアルゴリズムでも，同様の考え方で類似の置き換えが適用できます．

比較参考のため，時刻 $T (=0,1,2,\ldots)$ におけるランダムウォークの確率分布 $\nu_T(x)$ をシミュレーションするためのアルゴリズムも挙げておきます．

Algorithm 2 ランダムウォーク

```
/* 初期確率分布の設定 */
for all x ∈ {0, ±1, ±2, . . .} do
  ν₀(x) を設定
end for

/* 時間発展 */
for t = 0 to T − 1 do
  for all x ∈ {0, ±1, ±2, . . .} do
                    ν_{t+1}(x) = p ν_t(x + 1) + q ν_t(x − 1)
  end for
end for
```

上記のランダムウォークのアルゴリズムでは，時間発展が終了次第，確率分布 $\nu_T(x)$ が得られるので，量子ウォークのような確率の計算パート ($\mathbb{P}_T(x) = ||\vec{\psi}_T(x)||^2$) を考慮する必要はありません．

[注] ランダムウォーカーが原点 $x = 0$ から出発する場合 ($\nu_0(0) = 1, \nu_0(x) = 0\,(x \neq 0)$)，時刻 $t = 0, 1, 2, \ldots, T$ においては，場所 $x = \pm(T+1), \pm(T+2), \ldots$ の確率は $\nu_t(x) = 0$ となるので，時間発展パートは以下で置き換えることができます．

```
/* 時間発展 */
for t = 0 to T − 1 do
  for all x ∈ {0, ±1, ±2, . . . , ±T} do
                    ν_{t+1}(x) = p ν_t(x + 1) + q ν_t(x − 1)
  end for
  for all x ∈ {±(T + 1), ±(T + 2), . . .} do
                    ν_{t+1}(x) = 0
  end for
end for
```

Column 量子ウォークと量子コンピュータ

ここまでのいくつかの例で，

$$P = \begin{bmatrix} \frac{1}{\sqrt{2}} & \frac{1}{\sqrt{2}} \\ 0 & 0 \end{bmatrix}, \quad Q = \begin{bmatrix} 0 & 0 \\ \frac{1}{\sqrt{2}} & -\frac{1}{\sqrt{2}} \end{bmatrix}$$

という行列を扱いました．このとき，

$$P + Q = \begin{bmatrix} \dfrac{1}{\sqrt{2}} & \dfrac{1}{\sqrt{2}} \\ \dfrac{1}{\sqrt{2}} & -\dfrac{1}{\sqrt{2}} \end{bmatrix}$$

となっていますが，このユニタリ行列には「アダマール (Hadamard) 行列」という名前がつけられています．その行列の名前に由来して，上記の行列 P, Q を用いて時間発展が行われる量子ウォークは，アダマールウォーク (Hadamard walk) ともよばれています．アダマール行列は量子コンピュータに関わる研究分野（とくに，量子情報理論）では，しばしば登場する行列の一つです．その分野では，アダマールゲートとよばれることもあり，量子コンピュータの理論では重要な役割を果たしています（どのような役割を果たしているのかは，量子情報理論の教科書で知ることができます）．

世の中で現在使用されているコンピュータは，古典力学の理論をもとに開発されたものです．現時点で，その計算速度は，ほぼ限界に達しています．計算量の多い計算（たとえば，暗号解読のための計算）をコンピュータで実行すると，計算結果を得るまでにかなりの時間を要します．計算速度アップのため，技術的な進歩も日々続けられていますが，劇的なスピードアップの期待は難しいようです．そこで，専門家は，技術的な改善ではなく，コンピュータを構成する基礎理論（古典力学）を見直すことにアイデアを見出しました．そのアイデアは，古典力学を量子力学に取り換えてコンピュータを構成するもので，そのコンピュータこそが，まさに量子コンピュータとよばれるものです．

量子コンピュータの理論は，徐々に整備されてきていますが，実際に利用できるコンピュータの製作には至っていないのが現状です．量子ウォークが導入された一つの目的は，この量子コンピュータの基礎理論に貢献するためでもあります．コンピュータの分野の専門家も量子ウォークに注目しており，それを量子コンピュータの理論構築に役立てようと日々研究をしています．実際，量子ウォークを応用して構成された，いくつかの量子アルゴリズム（量子探索アルゴリズム）は，対応する古典アルゴリズムと比べると，劇的に少ない計算時間で計算結果を出力できることが数学的に証明されています（探索アルゴリズムとは，（入力された）問題の答えを探し出すアルゴリズム（解法の手順）のことです）．このように，量子ウォークは，数学的な側面からだけではなく，応用面からも研究対象とされている数理モデルです．

さて，量子ウォークが，なぜ量子コンピュータの数理モデルになっているのかを説明します．本章で説明した 1 次元格子上の量子ウォークは，量子コンピュータとの関係を理解するのに，よい例の一つです．まず，コンピュータ上の計算で使われる数の表現についてお話します．コンピュータはさまざまな電子機器の組合せにより作られますが，それらの装置上で行われる計算では一貫して，0 または 1 の 2 種類の数字を並べた 2 進数とよばれるものを使います．たとえば，以下のようなものです．

$$11110111110$$

我々が日常で計算するときは，10進数というものを使いますが，コンピュータの世界の計算では，それとは異なる表現の数を用いるのです．もちろん，コンピュータの世界で使われる数と我々の日常世界で使われる数はお互いに翻訳可能で，上記に挙げた2進数を10進数に翻訳すると，1982（千九百八十二）となります（図 2.49 参照）．この変換方法については，離散数学を扱う書籍に掲載されていることが多いので，そちらを参照していただければと思います．また，2進数と10進数を明示的に区別するために，2進数には（　）$_2$，10進数には（　）$_{10}$ という括弧をつけることもあります．これらの括弧を用いると，$(11110111110)_2 = (1982)_{10}$ なる等号表現を得ることができます．

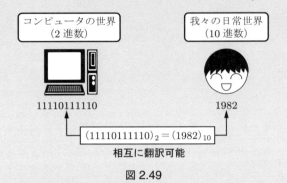

図 2.49

　以下，コンピュータが計算を実行する際に，その計算過程を記憶するのに重要な役割を果たすメモリボードを例に，1次元格子上の量子ウォークと量子コンピュータの対応を考えてみます．図 2.50 のように，現在のコンピュータのメモリボードは，基板上にコンデンサという小さな電子機器をたくさん配置して連鎖させることで作られます．一つひとつのコンデンサは，それに通電する電気の ON, OFF によって，コンピュータ上の計算で用いられる2種類の数字 0, 1 を表現する役割を果たします．たとえば，0 を OFF，1 を ON と対応させます．ここで，コンデンサには，電気が通っている (ON) か，通っていない (OFF) かのどちらかの状態だけなので，それぞれのコンデンサは，0 または 1 のいずれか一つの数字しか表現できないことを覚えておきましょう．当たり前のような性質ですが，この後に説明する量子コンピュータ用のメモリボードとの違いを理解するためには，意識すべき

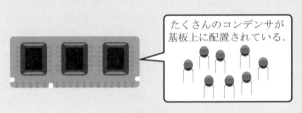

図 2.50

重要な性質です．簡単のため，コンデンサが1次元の鎖状につながっている状態を考えてみましょう．すると，図 2.51 がイメージできます．

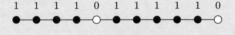

●：電気 ON のコンデンサ
○：電気 OFF のコンデンサ

図 2.51

計算の過程では，メモリボードに記憶された2進数の各桁の数字 0, 1 を逐次変化させる必要があるのですが，その変化はそれぞれのコンデンサに通電する電気の ON，OFF を適宜切り替えることで実現されます．一方，量子コンピュータでは，この2種類の数字 0, 1 を，電気の ON，OFF ではなく，電子の自転方向を用いて表現することにアイデアを置いています．物理学によれば，電子は自転していますが，この自転の方向には，右回りと左回りの2種類があります（図 2.52 参照）．

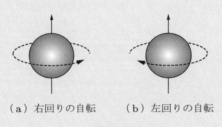

（a）右回りの自転　　（b）左回りの自転

図 2.52

量子コンピュータの理論では，コンデンサの代わりに電子を基板上に配置して，この2種類の回り方のそれぞれに 0 と 1 を対応させてメモリボードを構成します．しかし，量子コンピュータのメモリボードは，現在のコンピュータのものとは本質的に異なる性質をもっています．量子物理学によると，電子は右回りと左回りの2種類の回り方を「同時に」もつことができます．つまり，電子は右回りの自転をもつと同時に，左回りの自転ももつことができるのです．我々の直観からは想像しにくい現象ですが，我々の住むマクロな世界とは異なり，電子クラスのミクロな世界になると，我々の直観が効かないような不思議な現象が生じます．この不思議な現象により，コンデンサとは異なり，電子は2進数 $(0)_2, (1)_2$ に対応させた二つの状態を同時に表現できます．さらに，電子をいくつも連鎖させることで，メモリボードは2進数に対応させた，いくつもの状態を同時に保持できるようになります．メモリボード上の電子が2個の場合は，$(00)_2, (01)_2, (10)_2, (11)_2$ に対応させた四つの状態を，3個の場合は，$(000)_2, (001)_2, (010)_2, (100)_2, (011)_2, (101)_2, (110)_2, (111)_2$ に対応させた八つの状態を同時に保持できます．現在のコンピュータ用のメモリボードでは「いずれか一つ」であった言葉が，量子コンピュータ用のメモリボードでは「同時に」の言葉に

置き換えられます．いくつもの状態を同時に保持する性質は，計算速度の劇的な向上につながります．たとえば，8種類の入力に対して計算を行わなければならないとき，現在のコンピュータでは，その8種類の入力のうち一つしかメモリボード上に記憶させることができません．8種類の入力すべてに対する計算結果を得るには，「一つの入力をメモリボード上に記憶させる → 計算を実行してその結果を得る → 未実行の入力のうちの一つをメモリボード上に記憶させる → 計算を実行してその結果を得る → …」といったように，それぞれの入力に対して，1回の計算過程が必要となるため，合計8回の計算過程を実行しなければなりません．しかし，量子コンピュータでは，8種類の入力をメモリボード上に「同時に」記憶させることができるので，その8種類すべての計算は同時に1回の計算過程で行うことができます．現在のコンピュータでは8回の計算過程が必要であったものが，量子コンピュータでは1回の計算過程で終えることができます．これが，量子コンピュータが現在のコンピュータよりもはるかに速い計算速度を生み出し得る本質的な理由です．

　もう少し，違いがイメージできるように，具体的な問題を通じて考えてみましょう．コンピュータを用いて，八つの数 $0, 1, 2, \ldots, 7$ に対して，各々を "$\square^2 - 6\square + 5$" の $\square$ の部分に入力して，その値を計算することを考えます．それぞれの計算結果は，表2.18のようになります．

表2.18

□への入力値	0	1	2	3	4	5	6	7
$\square^2 - 6\square + 5$ の計算結果	5	0	-3	-4	-3	0	5	12

　さて，現在のコンピュータと量子コンピュータの違いを理解するために重要なポイントとなるのは，これらの計算結果ではなく，コンピュータへの入力とコンピュータ内部での計算処理です．まず，10進数 $0, 1, 2, \ldots, 7$ をコンピュータに入力する際には，それぞれ $(0)_{10} = (000)_2$, $(1)_{10} = (001)_2$, $(2)_{10} = (010)_2$, $(3)_{10} = (011)_2$, $(4)_{10} = (100)_2$, $(5)_{10} = (101)_2$, $(6)_{10} = (110)_2$, $(7)_{10} = (111)_2$ のように，2進数に変換してメモリボードに記憶させます．現在のコンピュータを用いて計算を行うときは，$0, 1, 2, \ldots, 7$ を毎回コンピュータに入力して，それぞれの入力に対して計算処理を実行させます．先に説明したように，合計で8回の入力が必要になります（図2.53(a)参照）．一方，量子コンピュータでは $0, 1, 2, \ldots, 7$ を同時に入力できるので，これらの計算は1回の入力ですべて実行することができます（図2.53(b)参照）．もし，1回の入力に対して，その計算処理時間が両方とも1分必要とするのであれば，すべての計算を終えるのに現在のコンピュータでは8分掛かるところが，量子コンピュータでは1分に短縮されます．ここで扱った問題は簡単なものですが，複雑な問題になれば，一般には入力数（個数）は多くなり，1回の計算処理に掛かる時間も多くなります．そのような問題に対しては，量子コンピュータの同時入力と同時計算処理は，計算時間短縮に大きな効果を発揮し得ます．

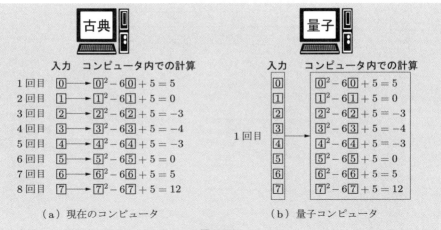

図 2.53

　なお，現在のコンピュータでも，いくつもの装置を並列させていくつかの計算過程を同時に行う並列計算という技術があります．スーパーコンピュータは，まさに，この並列計算技術を応用したものです．しかし，量子コンピュータの同時計算は，この並列計算とは異なる質のものです．現在のコンピュータによる並列計算では，八つの装置を並列させて 8 個の計算過程を同時に行うことができますが，八つの装置を使っているので，結局 8 回の入力と各々の計算過程を実行していることと同じです．一方，量子コンピュータの同時計算では，一つの装置に 8 個の入力を同時に行い，それらの計算過程を同時に実行するのです．並列計算との区別として，専門分野では量子コンピュータの同時計算は，「超並列計算」とよばれます．

　さて，電子が 2 種類の自転方向を同時にとるという現象を数理モデルで表すには，どのように表現したらよいでしょうか．じつは，量子ウォークの各場所の確率振幅ベクトルが，まさに，この表現に適しています．右回りの自転をもつ電子，左回りの自転をもつ電子を，それぞれベクトル

$$\begin{bmatrix} 1 \\ 0 \end{bmatrix}, \begin{bmatrix} 0 \\ 1 \end{bmatrix}$$

に対応させます．電子の自転方向に対応させた，これら二つのベクトルを用いると，たとえば，

$$\begin{bmatrix} \frac{1}{\sqrt{2}} \\ \frac{i}{\sqrt{2}} \end{bmatrix} = \frac{1}{\sqrt{2}} \begin{bmatrix} 1 \\ 0 \end{bmatrix} + \frac{i}{\sqrt{2}} \begin{bmatrix} 0 \\ 1 \end{bmatrix}$$

と書けます．これは，右回り自転と左回り自転を，ある複素数の比率で同時にもつ電子の表現になります（ここでの「複素数の比率」という表現は，学術的には正確なものではありません）（図 2.54 参照）．するとどうでしょうか．1 次元格子上に並んだ量子ウォークの確率振

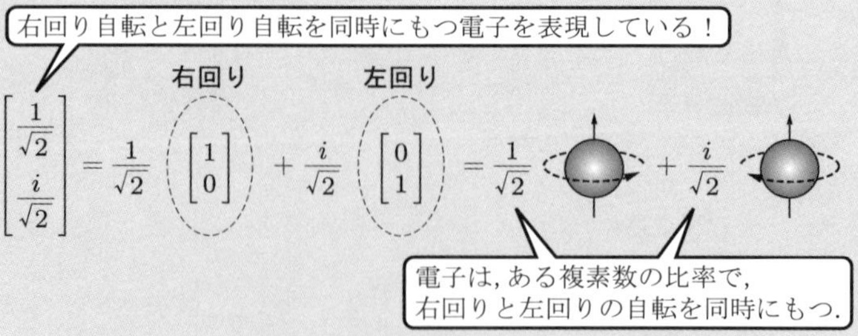

68 2 標準型の量子ウォーク

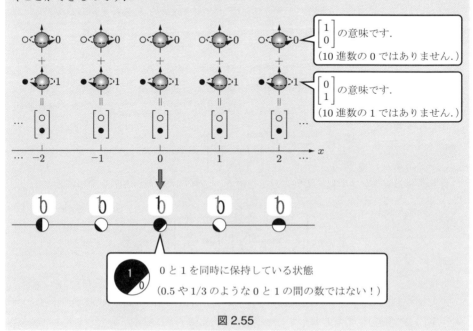

図 2.54

幅ベクトルが，右回りと左回りの自転を同時にもつ電子の 1 次元連鎖に見えるのではないでしょうか．そして，右回りの自転を 0，左回りの自転を 1 に対応させれば，0, 1 の同時状態を 1 次元鎖状に配置したメモリボードが頭に浮かびます．この対応イメージから，量子ウォークが量子コンピュータの数理モデルになっていることが理解できます（図 2.55 参照）．一つ注意しておきたいのですが，「0, 1 の同時状態」とは，決して 0.5 や 1/3 などの 0 と 1 の間の数のことではありません．コンピュータ上で使う 2 進数の各桁の数字はあくまで 0 または 1 のみなので，このような小数や分数を 2 進数の各桁に置くことはできません．量子物理学に不慣れな方には理解しがたいかもしれませんが，量子コンピュータで使用するメモリボード上の 2 進数の各桁に対応する場所には，0 と 1 という数字を同時に置くことができるのです．

図 2.55

なお，量子ウォークの時間発展は，メモリボードに記憶された 2 進数を変化させることに相当するため，コンピュータ上で実行される計算過程と考えることができます．先にも述べたように，0（右回り自転）と 1（左回り自転）を同時保持可能な電子の連鎖で構成されたメモリボードを用いると，いくつもの計算過程を同時に実行することが理論上可能になります．この同時処理の効果は，計算過程の数が多い計算問題ほど，より有効になります．現在のコンピュータでは計算結果を得るまでに多くの時間を要するいくつかの問題も，量子コンピュータのメモリボードを用いて，一度の入力でいくつもの計算過程を同時に処理することで，より短い時間で計算結果が得られると期待できます．

また，量子ウォークを量子コンピュータに応用するには，理論だけではなく，実験も重要になります．量子ウォークを実験で実現できなければ，量子ウォークから生み出される応用理論も量子コンピュータ上で実現することはできないからです．実際問題，量子ウォークの実現は技術的にとても難しく，これまでに研究論文として発表された実験成果もそれほど多くはありません．しかし，世界中の量子ウォークの実験グループは，その実現に向けて日々研究を進めており，着実に成果を伸ばしつつあります．

Column 量子ウォークの名前の由来，物理学的な解釈

本章で登場した量子ウォークの時間発展の式を，ランダムウォークのものと比較すると，よく似ていることがわかります．

- ランダムウォークの時間発展の式（20 ページ，式 (2.1)）
$$\nu_{t+1}(x) = p\,\nu_t(x+1) + q\,\nu_t(x-1)$$
- 量子ウォークの時間発展の式（28 ページ，式 (2.2)）
$$\vec{\psi}_{t+1}(x) = P\vec{\psi}_t(x+1) + Q\vec{\psi}_t(x-1)$$

ランダムウォークの時間発展の式で，左右に移動する確率 p, q を行列 P, Q に，時刻 t において場所 x にランダムウォーカーが到達する確率 $\nu_t(x)$ を確率振幅ベクトル $\vec{\psi}_t(x)$ に置き換えると，まさに，量子ウォークの時間発展の式になります．したがって，数学の確率論的な視点からは，量子ウォークの時間発展の式は，ランダムウォークの類似物とみなすことができます．一方，物理学的な解釈では，量子ウォークの時間発展の式は，ディラック (Dirac) 方程式という，量子物理学に登場する，ある方程式の時間・空間の離散版モデルの 1 種とみなすことができます．数学的，物理学的解釈の双方を併せると，なぜ，量子ウォーク（量子ランダムウォーク）が，そのような名前をもち，ランダムウォークの量子版と考えられるのかがわかるかと思います．

さて，上記に述べたことからも察することができるように，量子ウォークは量子物理学に強く結びついています．以下では，量子ウォークの確率振幅ベクトルと量子ウォーカーの位置を決める確率の定義式が，物理学的にどのように解釈されるのかを紹介します（本書

では数学的な立場から量子ウォークに着目しているので，ここでは物理学の専門用語や思想は説明しません．それらは，量子物理学あるいは量子力学の書籍で知ることができます）．量子物理学では電子などの微粒子（量子）の運動を対象とします．ここでは，量子ウォーカーを電子として考えてみましょう．前のコラム（62ページ）でも触れましたが，量子物理学的な考えに基づくと，電子は自転しています．いま，自転の向きは右回りと左回りの2種類があるものとします．すると，本章で説明した量子ウォークの確率振幅ベクトル $\vec{\psi}_t(x)$ の第1成分と第2成分はそれぞれ，時刻 t において場所 x に存在する右回り自転の電子の波動関数と左回り自転の電子の波動関数と解釈されます．

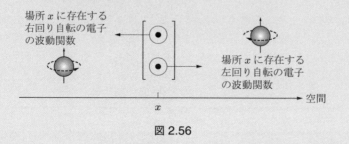

図 2.56

また，量子物理学においては，波動関数のとり得る値は，複素数の範囲で考えられます．量子ウォークの確率振幅ベクトルの各成分が複素数の範囲で扱われる理由は，波動関数に由来しているといえます．

確率振幅ベクトルの各成分が，右回り自転あるいは左回り自転をもつ電子の波動関数と解釈されるように，28ページで定義した確率にも，物理学的な解釈があります．それによると，確率振幅ベクトル $\vec{\psi}_t(x)$ の各成分の絶対値の2乗は，以下のような意味をもちます．

- 第1成分の絶対値の2乗 ⇒ 時刻 t において場所 x と右回り自転に，電子の位置と自転方向が決まる確率
- 第2成分の絶対値の2乗 ⇒ 時刻 t において場所 x と左回り自転に，電子の位置と自転方向が決まる確率

この解釈は，ある状態をもつ粒子の空間的分布（確率分布）は，その状態の波動関数の絶対値の2乗から与えられるという量子物理学的な思想に基づいています．ここでの電子に対する「ある状態」とは，右回り自転の状態，あるいは左回り自転の状態のことです．電子の位置と自転方向の言葉を用いて，確率の定義式（29ページ，式 (2.3)）を書き直せば，

　時刻 t において場所 x に電子の位置が決まる確率

　　= 時刻 t において場所 x と右回り自転に，電子の位置と自転方向が決まる確率

　　　+ 時刻 t において場所 x と左回り自転に，電子の位置と自転方向が決まる確率

となります．

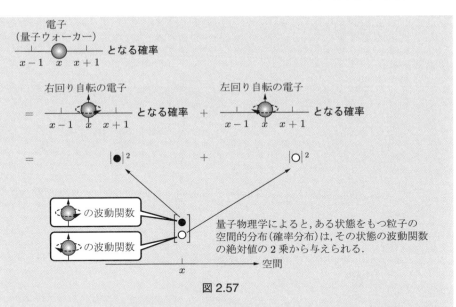

図 2.57

確率振幅ベクトルと確率の定義式（確率振幅ベクトルの大きさの 2 乗）の物理学的な解釈を電子の言葉で簡単にまとめると，表 2.19 のようになります．

表 2.19

量子ウォークの用語	物理学的な解釈
確率振幅ベクトル $\vec{\psi}_t(x)$	時刻 t において場所 x に存在する右回り自転の電子の波動関数，左回り自転の電子の波動関数
確率振幅ベクトルの大きさの 2 乗 $\|\vec{\psi}_t(x)\|^2$	時刻 t において場所 x に右回り自転で電子の位置が決まる確率 ＋ 左回り自転で電子の位置が決まる確率

　これらの解釈から，量子ウォークは，量子物理学の思想に基づく数理モデルであることが理解できます．

　ここでは，量子ウォークと量子物理学の対応のみを紹介しました．数学の視点から量子ウォークを紹介している本書の範疇を超えるため，量子物理学において電子の運動記述に波動関数が必要な理由，波動関数が複素数の範囲で扱われる理由，ある状態をもつ粒子の存在位置を決める確率分布が，その状態の波動関数の絶対値の 2 乗から与えられる理由，そして，ある場所に電子の位置が決まる確率が，その場所に右回り自転で電子の位置が決まる確率と，左回り自転で電子の位置が決まる確率の和に等しい理由などの，物理学的に重要なポイントには，ここでは触れませんでした．量子ウォークの物理学的な背景に関心のある方には，量子物理学や量子力学の教科書も一読されることをお勧めします．

Column　ランダムウォークと量子ウォークの比較

ランダムウォークと量子ウォークの両者のモデルを視覚的に比較するために，簡単にまとめてみます．

	ランダムウォーク	量子ウォーク
確率 または 確率振幅 ベクトル	● ● ● ● ●	[●] [●] [●] [●] [●]
時間発展	$\nu_t(x-1)$　　$\nu_t(x+1)$ 　$q \searrow$　$\swarrow p$ 　　$\nu_{t+1}(x)$ $\nu_{t+1}(x) = p\,\nu_t(x+1) + q\,\nu_t(x-1)$	$\vec{\psi}_t(x-1)$　　$\vec{\psi}_t(x+1)$ 　$Q \searrow$　$\swarrow P$ 　　$\vec{\psi}_{t+1}(x)$ $\vec{\psi}_{t+1}(x) = P\,\vec{\psi}_t(x+1) + Q\,\vec{\psi}_t(x-1)$
確率	● となる確率 = ●	[●/○] となる確率 = $\|●\|^2 + \|○\|^2$

Chapter 3

時刻依存型の量子ウォーク

　前章では，量子ウォークの最も標準的なモデルについて，その確率分布の性質を見てきました．量子ウォークの分野では，その標準的なモデルから派生したさまざまなモデルが考案され，それらの性質が研究されています．ここでは，時間発展ルールが時刻に対して周期的に変化するような時刻依存型の量子ウォークを考えてみます．標準型モデルの確率分布との違いを見ていきましょう．

Key Word　時刻に依存する時間発展ルール

■ 3.1　2周期で変化する場合

3.1.1　モデルの説明

　モデルを定義するにあたり，四つの 2×2 の行列

$$P_1 = \begin{bmatrix} a_1 & b_1 \\ 0 & 0 \end{bmatrix}, \quad Q_1 = \begin{bmatrix} 0 & 0 \\ c_1 & d_1 \end{bmatrix}, \quad P_2 = \begin{bmatrix} a_2 & b_2 \\ 0 & 0 \end{bmatrix}, \quad Q_2 = \begin{bmatrix} 0 & 0 \\ c_2 & d_2 \end{bmatrix}$$

を用意します．ただし，$P_1 + Q_1, P_2 + Q_2$ はそれぞれユニタリ行列になっているものとします．これらの行列を用いて，標準型モデルの時間発展ルールを以下のものに置き換えます．

$$\vec{\psi}_{t+1}(x) = \begin{cases} P_1 \vec{\psi}_t(x+1) + Q_1 \vec{\psi}_t(x-1) & (t = 0, 2, 4, \ldots) \\ P_2 \vec{\psi}_t(x+1) + Q_2 \vec{\psi}_t(x-1) & (t = 1, 3, 5, \ldots) \end{cases}$$

つまり，時間発展の式は時刻 t の偶奇性に依存しており，偶数時刻に対しては行列 P_1, Q_1 を，奇数時刻に対しては行列 P_2, Q_2 を用いて，量子ウォークを時間発展させます（図 3.1 参照）．この時間発展の仕方によって，$P_1 \neq P_2$ または $Q_1 \neq Q_2$ のときは，量子ウォークは 2 周期の時間発展ルールをもつことになります．なお，$P_1 = P_2$ かつ $Q_1 = Q_2$ のときは，標準型モデルになります．

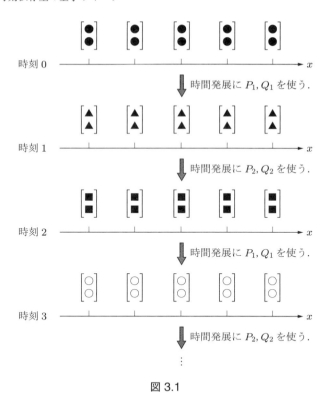

図 3.1

以降は，この後に紹介するシミュレーションと数学的な結果の対応を見るために，

$$P_1 = \begin{bmatrix} \cos\theta_1 & \sin\theta_1 \\ 0 & 0 \end{bmatrix}, \quad Q_1 = \begin{bmatrix} 0 & 0 \\ \sin\theta_1 & -\cos\theta_1 \end{bmatrix},$$

$$P_2 = \begin{bmatrix} \cos\theta_2 & \sin\theta_2 \\ 0 & 0 \end{bmatrix}, \quad Q_2 = \begin{bmatrix} 0 & 0 \\ \sin\theta_2 & -\cos\theta_2 \end{bmatrix}$$

のタイプの行列を扱います．ただし，パラメタ θ_1, θ_2 は，$0 \leq \theta_1, \theta_2 < 2\pi$ の範囲の値をとるものとします．

3.1.2 確率分布の性質

まずは，行列 P_1, Q_1, P_2, Q_2 を固定し，初期確率振幅ベクトルを変えたときの確率分布の時間発展の違いを見ていきましょう．

例 3.1（確率分布の時間発展 1）

○ 行列（$\theta_1 = \pi/4, \theta_2 = \pi/6$ のとき）

$$P_1 = \begin{bmatrix} \frac{1}{\sqrt{2}} & \frac{1}{\sqrt{2}} \\ 0 & 0 \end{bmatrix}, \quad Q_1 = \begin{bmatrix} 0 & 0 \\ \frac{1}{\sqrt{2}} & -\frac{1}{\sqrt{2}} \end{bmatrix}, \quad P_2 = \begin{bmatrix} \frac{\sqrt{3}}{2} & \frac{1}{2} \\ 0 & 0 \end{bmatrix}, \quad Q_2 = \begin{bmatrix} 0 & 0 \\ \frac{1}{2} & -\frac{\sqrt{3}}{2} \end{bmatrix}$$

○ 初期確率振幅ベクトル

$$\vec{\psi}_0(0) = \begin{bmatrix} 1 \\ 0 \end{bmatrix}, \quad \vec{\psi}_0(x) = \begin{bmatrix} 0 \\ 0 \end{bmatrix} \quad (x \neq 0)$$

このとき，確率分布 $\mathbb{P}_t(x)$ の時間発展は，図 3.2 のようになります．

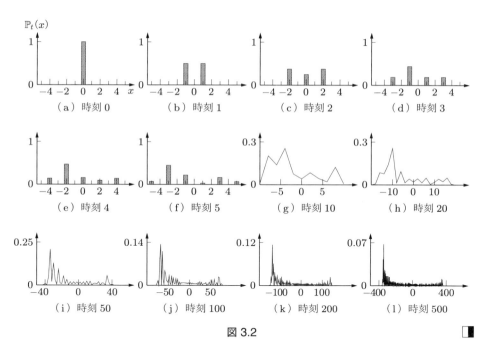

図 3.2

例 3.2（確率分布の時間発展 2）

○ 行列（$\theta_1 = \pi/4, \theta_2 = \pi/6$ のとき）

$$P_1 = \begin{bmatrix} \frac{1}{\sqrt{2}} & \frac{1}{\sqrt{2}} \\ 0 & 0 \end{bmatrix}, \quad Q_1 = \begin{bmatrix} 0 & 0 \\ \frac{1}{\sqrt{2}} & -\frac{1}{\sqrt{2}} \end{bmatrix}, \quad P_2 = \begin{bmatrix} \frac{\sqrt{3}}{2} & \frac{1}{2} \\ 0 & 0 \end{bmatrix}, \quad Q_2 = \begin{bmatrix} 0 & 0 \\ \frac{1}{2} & -\frac{\sqrt{3}}{2} \end{bmatrix}$$

○初期確率振幅ベクトル

$$\vec{\psi}_0(0) = \begin{bmatrix} 0 \\ 1 \end{bmatrix}, \quad \vec{\psi}_0(x) = \begin{bmatrix} 0 \\ 0 \end{bmatrix} \quad (x \neq 0)$$

このとき，確率分布 $\mathbb{P}_t(x)$ の時間発展は，図 3.3 のようになります．

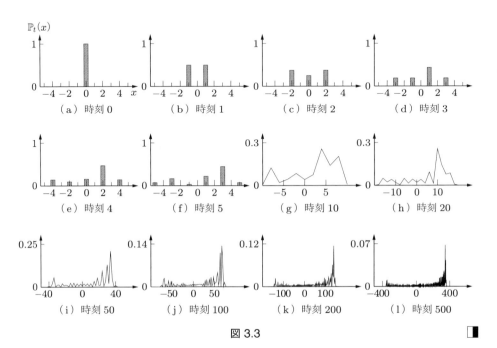

図 3.3

例 3.3（確率分布の時間発展 3）

○行列（$\theta_1 = \pi/4$, $\theta_2 = \pi/6$ のとき）

$$P_1 = \begin{bmatrix} \frac{1}{\sqrt{2}} & \frac{1}{\sqrt{2}} \\ 0 & 0 \end{bmatrix}, \quad Q_1 = \begin{bmatrix} 0 & 0 \\ \frac{1}{\sqrt{2}} & -\frac{1}{\sqrt{2}} \end{bmatrix}, \quad P_2 = \begin{bmatrix} \frac{\sqrt{3}}{2} & \frac{1}{2} \\ 0 & 0 \end{bmatrix}, \quad Q_2 = \begin{bmatrix} 0 & 0 \\ \frac{1}{2} & -\frac{\sqrt{3}}{2} \end{bmatrix}$$

○初期確率振幅ベクトル

$$\vec{\psi}_0(0) = \begin{bmatrix} \frac{1}{\sqrt{2}} \\ \frac{i}{\sqrt{2}} \end{bmatrix}, \quad \vec{\psi}_0(x) = \begin{bmatrix} 0 \\ 0 \end{bmatrix} \quad (x \neq 0)$$

このとき，確率分布 $\mathbb{P}_t(x)$ の時間発展は，図 3.4 のようになります．

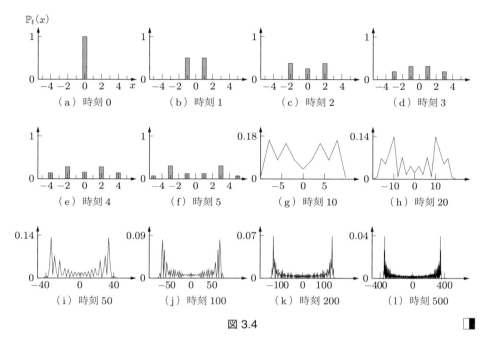

図 3.4

次は，行列 P_1, Q_1 を固定しておいて，行列 P_2, Q_2 のパラメタ θ_2 を動かします．時刻 500 の確率分布にどのような変化が起きるのかを観察しましょう．

■ 例 3.4（確率分布の行列依存性 1）
○ 行列（$\theta_1 = \pi/4$ のとき）

$$P_1 = \begin{bmatrix} \dfrac{1}{\sqrt{2}} & \dfrac{1}{\sqrt{2}} \\ 0 & 0 \end{bmatrix}, \quad Q_1 = \begin{bmatrix} 0 & 0 \\ \dfrac{1}{\sqrt{2}} & -\dfrac{1}{\sqrt{2}} \end{bmatrix},$$

$$P_2 = \begin{bmatrix} \cos\theta_2 & \sin\theta_2 \\ 0 & 0 \end{bmatrix}, \quad Q_2 = \begin{bmatrix} 0 & 0 \\ \sin\theta_2 & -\cos\theta_2 \end{bmatrix}$$

○ 初期確率振幅ベクトル

$$\vec{\psi}_0(0) = \begin{bmatrix} 1 \\ 0 \end{bmatrix}, \quad \vec{\psi}_0(x) = \begin{bmatrix} 0 \\ 0 \end{bmatrix} \quad (x \neq 0)$$

このとき，時刻 500 の確率分布 $\mathbb{P}_t(x)$ の θ_2 依存性は，図 3.5 のようになります．

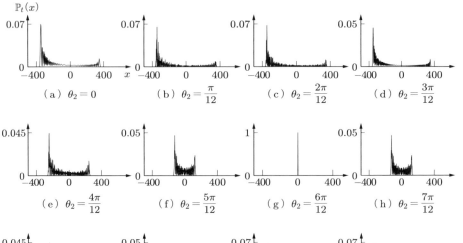

図 3.5

例 3.5（確率分布の行列依存性 2）

○ 行列（$\theta_1 = \pi/4$ のとき）

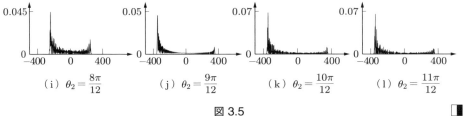

○ 初期確率振幅ベクトル

$$\vec{\psi}_0(0) = \begin{bmatrix} 0 \\ 1 \end{bmatrix}, \quad \vec{\psi}_0(x) = \begin{bmatrix} 0 \\ 0 \end{bmatrix} \quad (x \neq 0)$$

このとき，時刻 500 の確率分布 $\mathbb{P}_t(x)$ の θ_2 依存性は，図 3.6 のようになります．

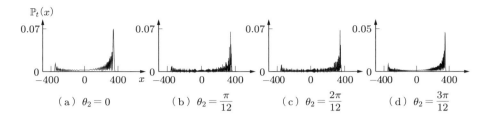
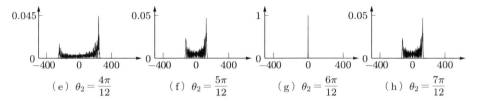
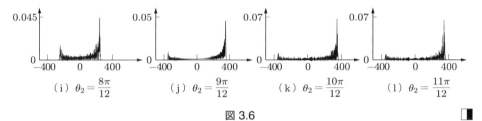

図 3.6

■ **例 3.6**（確率分布の行列依存性 3）

○ 行列（$\theta_1 = \pi/4$ のとき）

$$P_1 = \begin{bmatrix} \dfrac{1}{\sqrt{2}} & \dfrac{1}{\sqrt{2}} \\ 0 & 0 \end{bmatrix}, \quad Q_1 = \begin{bmatrix} 0 & 0 \\ \dfrac{1}{\sqrt{2}} & -\dfrac{1}{\sqrt{2}} \end{bmatrix},$$

$$P_2 = \begin{bmatrix} \cos\theta_2 & \sin\theta_2 \\ 0 & 0 \end{bmatrix}, \quad Q_2 = \begin{bmatrix} 0 & 0 \\ \sin\theta_2 & -\cos\theta_2 \end{bmatrix}$$

○ 初期確率振幅ベクトル

$$\vec{\psi}_0(0) = \begin{bmatrix} \dfrac{1}{\sqrt{2}} \\ \dfrac{i}{\sqrt{2}} \end{bmatrix}, \quad \vec{\psi}_0(x) = \begin{bmatrix} 0 \\ 0 \end{bmatrix} \quad (x \neq 0)$$

このとき，時刻 500 の確率分布 $\mathbb{P}_t(x)$ の θ_2 依存性は，図 3.7 のようになります．

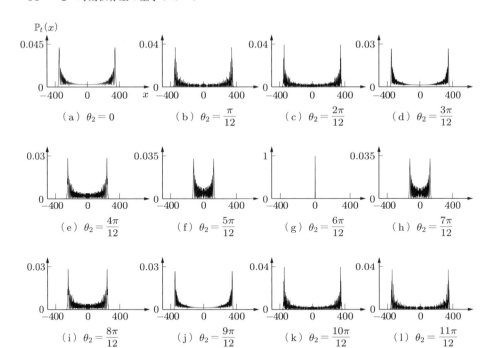

図 3.7

今度は，行列 P_2, Q_2 を固定して，行列 P_1, Q_1 のパラメタ θ_1 を動かしてみます．

■ **例 3.7**（確率分布の行列依存性 4）

○ 行列（$\theta_2 = \pi/4$ のとき）

$$P_1 = \begin{bmatrix} \cos\theta_1 & \sin\theta_1 \\ 0 & 0 \end{bmatrix}, \quad Q_1 = \begin{bmatrix} 0 & 0 \\ \sin\theta_1 & -\cos\theta_1 \end{bmatrix},$$

$$P_2 = \begin{bmatrix} \dfrac{1}{\sqrt{2}} & \dfrac{1}{\sqrt{2}} \\ 0 & 0 \end{bmatrix}, \quad Q_2 = \begin{bmatrix} 0 & 0 \\ \dfrac{1}{\sqrt{2}} & -\dfrac{1}{\sqrt{2}} \end{bmatrix}$$

○ 初期確率振幅ベクトル

$$\vec{\psi}_0(0) = \begin{bmatrix} 1 \\ 0 \end{bmatrix}, \quad \vec{\psi}_0(x) = \begin{bmatrix} 0 \\ 0 \end{bmatrix} \quad (x \neq 0)$$

このとき，時刻 500 の確率分布 $\mathbb{P}_t(x)$ の θ_1 依存性は，図 3.8 のようになります．

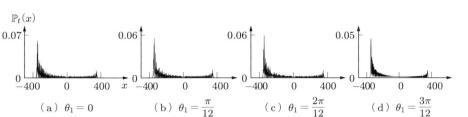
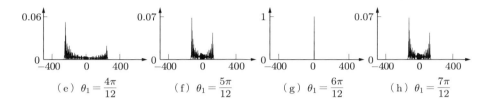
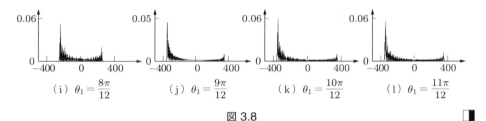

図 3.8

■ 例 3.8（確率分布の行列依存性 5）
○ 行列（$\theta_2 = \pi/4$ のとき）

$$P_1 = \begin{bmatrix} \cos\theta_1 & \sin\theta_1 \\ 0 & 0 \end{bmatrix}, \quad Q_1 = \begin{bmatrix} 0 & 0 \\ \sin\theta_1 & -\cos\theta_1 \end{bmatrix},$$

$$P_2 = \begin{bmatrix} \dfrac{1}{\sqrt{2}} & \dfrac{1}{\sqrt{2}} \\ 0 & 0 \end{bmatrix}, \quad Q_2 = \begin{bmatrix} 0 & 0 \\ \dfrac{1}{\sqrt{2}} & -\dfrac{1}{\sqrt{2}} \end{bmatrix}$$

○ 初期確率振幅ベクトル

$$\vec{\psi}_0(0) = \begin{bmatrix} 0 \\ 1 \end{bmatrix}, \quad \vec{\psi}_0(x) = \begin{bmatrix} 0 \\ 0 \end{bmatrix} \quad (x \neq 0)$$

このとき，時刻 500 の確率分布 $\mathbb{P}_t(x)$ の θ_1 依存性は，図 3.9 のようになります．

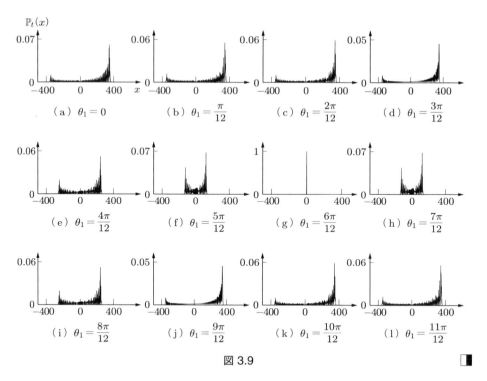

図 3.9

■ 例 3.9 (確率分布の行列依存性 6)
○ 行列 ($\theta_2 = \pi/4$ のとき)

$$P_1 = \begin{bmatrix} \cos\theta_1 & \sin\theta_1 \\ 0 & 0 \end{bmatrix}, \quad Q_1 = \begin{bmatrix} 0 & 0 \\ \sin\theta_1 & -\cos\theta_1 \end{bmatrix},$$

$$P_2 = \begin{bmatrix} \dfrac{1}{\sqrt{2}} & \dfrac{1}{\sqrt{2}} \\ 0 & 0 \end{bmatrix}, \quad Q_2 = \begin{bmatrix} 0 & 0 \\ \dfrac{1}{\sqrt{2}} & -\dfrac{1}{\sqrt{2}} \end{bmatrix}$$

○ 初期確率振幅ベクトル

$$\vec{\psi}_0(0) = \begin{bmatrix} \dfrac{1}{\sqrt{2}} \\ \dfrac{i}{\sqrt{2}} \end{bmatrix}, \quad \vec{\psi}_0(x) = \begin{bmatrix} 0 \\ 0 \end{bmatrix} \quad (x \neq 0)$$

このとき,時刻 500 の確率分布 $\mathbb{P}_t(x)$ の θ_1 依存性は,図 3.10 のようになります.

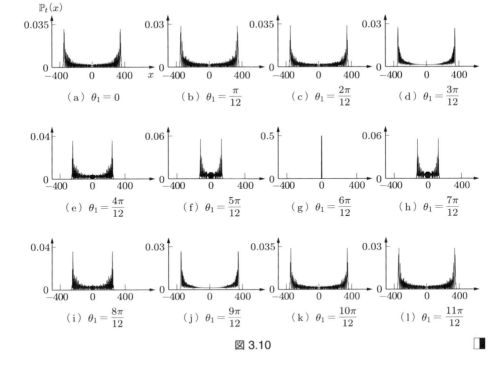

図 3.10

数学的な結果からわかる確率分布の性質 （⇒参考文献 [4]）

さて，例を通じて，2周期で時間発展する量子ウォークの確率分布を見てきました．一見すると，標準型の量子ウォークのものと，それほど変わらないように思えます．しかし，ある時刻に注目して数値計算の結果を観察すると，量子ウォークの確率分布に特有の性質である，二つのピークの間隔に，規則性があることに気がつきます．たとえば，77ページの例 3.4 を観察してみると，$\theta_2 = 0, \pi/12, 2\pi/12, 3\pi/12, 9\pi/12, 10\pi/12, 11\pi/12$ に対する確率分布のピークの間隔は，ほとんど同じように見えます．つまり，これらの確率分布では，ピークの間隔は，パラメタ θ_2 に依存しないことが予想できます．一方，$\theta_2 = 4\pi/12, 5\pi/12, 6\pi/12, 7\pi/12, 8\pi/12$ では，ピークの間隔は θ_2 に依存しているようです．例 3.5, 3.6（78, 79 ページ）も見てみると同じことがいえ，この現象は，原点 $x=0$ の初期確率振幅ベクトルに依存しないことも予想できます．ピークの間隔についてシミュレーションからいえることは，以上のことのみです．では，この予想は正しいのでしょうか．じつは，長時間後の確率分布に関しては，この予想は正しいことが数学的に証明されており，その結果からわかることを紹介します．

まずは，モデルを確認します．時間発展に用いる行列は以下のタイプのものです．

$$P_1 = \begin{bmatrix} \cos\theta_1 & \sin\theta_1 \\ 0 & 0 \end{bmatrix}, \quad Q_1 = \begin{bmatrix} 0 & 0 \\ \sin\theta_1 & -\cos\theta_1 \end{bmatrix},$$

$$P_2 = \begin{bmatrix} \cos\theta_2 & \sin\theta_2 \\ 0 & 0 \end{bmatrix}, \quad Q_2 = \begin{bmatrix} 0 & 0 \\ \sin\theta_2 & -\cos\theta_2 \end{bmatrix}.$$

パラメタ θ_1, θ_2 は，$0 \leq \theta_1, \theta_2 < 2\pi$ の範囲の値をとるものとし，2周期の時間発展にするために $\theta_1 \neq \theta_2$ とします．細かいことですが，以下の場合は，ここでは扱う必要はなく，紹介する結果の対象外です．

1. $\theta_1 = 0, \dfrac{\pi}{2}, \pi, \dfrac{3\pi}{2}$
2. $\theta_2 = 0, \dfrac{\pi}{2}, \pi, \dfrac{3\pi}{2}$

なぜなら，これらの場合は，自明な量子ウォークあるいは前章で挙げた標準型モデルの解析に帰着されるからです．つまり，これらのパラメタを設定するときは，周期的に時間発展する量子ウォークとして扱う必要はなく，いずれの場合も，その性質は第2章にて説明されているのです．

それでは，数学的な結果からわかる確率分布の性質の紹介に移りましょう．初期状態としては，量子ウォーカーが原点から出発する状況を設定します．つまり，時刻0での確率分布が $\mathbb{P}_0(0) = 1, \mathbb{P}_0(x) = 0 \ (x \neq 0)$ となるように，初期確率振幅ベクトルを与えます．このとき，時間発展を十分多く繰り返した後の量子ウォークの確率分布は，以下の性質をもちます．

性質1 原点付近に量子ウォーカーの位置が決まる確率は小さい．

性質2 二つの絶対値 $|\cos\theta_1|$ と $|\cos\theta_2|$ の小さいほうの値を ξ とおく（正確には，$\xi = \min\{|\cos\theta_1|, |\cos\theta_2|\}$）[1]．確率分布がピークとなるのは，座標 $x = \pm\xi t$ 付近の場所である．

性質3 ピークの外側の場所に量子ウォーカーの位置が決まる確率は，ほとんど0である．

性質4 絶対値 $|\cos\theta_1|$ が，$|\cos\theta_2|$ 以下のとき（すなわち，$|\cos\theta_1| \leq |\cos\theta_2|$ のとき），長時間後の確率分布（正確には，累積分布関数）はパラメタ θ_2 の値にはよらず，パラメタ θ_1 の値のみで決まる[2]．

---

[1] ξ はギリシャ文字で，「グズィ」と読みます．
[2] ここでの累積分布関数とは，以下の関数 $F_t(y)$（y は任意の実数）のことです．

$$F_t(y) = \sum_{x \leq y} \mathbb{P}_t(x)$$

つまり，座標が y 以下のすべての場所 x の確率を足し合わせたものです．

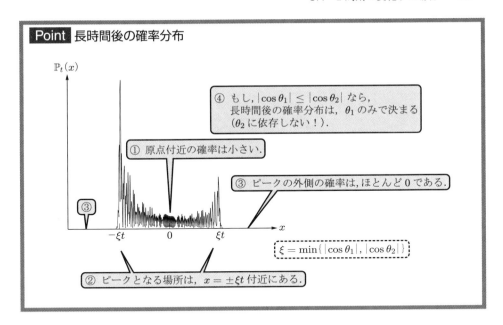

確率振幅ベクトルの時間発展には，二つのパラメタ θ_1, θ_2 が作用しているにもかかわらず，性質 2, 4 が示しているように，確率分布の性質のいくつかは一方のパラメタだけで決まってしまうのです．

また，2 周期で時間発展する量子ウォークの確率分布は，標準型の量子ウォークの確率分布に比べて，振動（確率分布の図のギザギザのこと）が大きいことがシミュレーションからわかります．図 3.11 は，前章で説明した標準型モデルと 2 周期時間発展型モデルの確率分布を表しており，共に同じ初期確率振幅ベクトル

$$\overrightarrow{\psi}_0(0) = \begin{bmatrix} \dfrac{1}{\sqrt{2}} \\ \dfrac{i}{\sqrt{2}} \end{bmatrix}, \quad \overrightarrow{\psi}_0(x) = \begin{bmatrix} 0 \\ 0 \end{bmatrix} \ (x \neq 0)$$

から出発して，500 回時間発展を繰り返した後の量子ウォークの確率分布です．とくに，原点付近の確率分布の振動の違いは顕著にわかります．これは，比較的小さい時刻（時刻 10 くらい）の確率分布でも観察されます．この違いについては，数学的には，まだ解明されておらず，興味深い問題の一つです．

なお，$p_1 + q_1 = p_2 + q_2 = 1$ となるような確率 p_1, q_1, p_2, q_2 に対して，

$$\nu_{t+1}(x) = \begin{cases} p_1 \, \nu_t(x+1) + q_1 \, \nu_t(x-1) & (t = 0, 2, 4, \ldots) \\ p_2 \, \nu_t(x+1) + q_2 \, \nu_t(x-1) & (t = 1, 3, 5, \ldots) \end{cases}$$

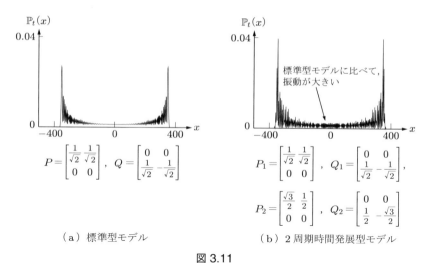

(a) 標準型モデル

(b) 2周期時間発展型モデル

図 3.11

に従う 2 周期時間発展型のランダムウォークの場合，時刻 0 で原点から出発するランダムウォーカー（$\nu_0(0) = 1, \nu_0(x) = 0 \; (x \neq 0)$）の時刻 500 の確率分布は，図 3.12 のようになります．

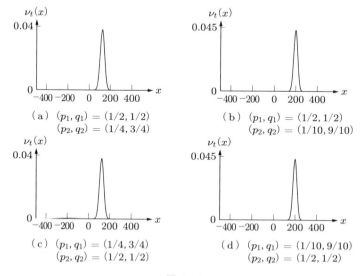

図 3.12

アルゴリズム

時刻 $T (= 0, 1, 2, \ldots)$ の確率分布 $\mathbb{P}_T(x)$ をシミュレーションするためのアルゴリズムを紹介します．

Algorithm 3　2 周期型時間発展モデル

```
/* 初期確率振幅ベクトルの設定 */
for all x ∈ {0, ±1, ±2, ...} do
   ψ⃗₀(x) を設定
end for

/* 時間発展 */
for t = 0 to T - 1 do
   for all x ∈ {0, ±1, ±2, ...} do
      if t = 偶数 then
                  ψ⃗_{t+1}(x) = P₁ ψ⃗_t(x+1) + Q₁ ψ⃗_t(x-1)
      else
                  ψ⃗_{t+1}(x) = P₂ ψ⃗_t(x+1) + Q₂ ψ⃗_t(x-1)
      end if
   end for
end for

/* 確率の計算 */
for all x ∈ {0, ±1, ±2, ...} do
                  ℙ_T(x) = ||ψ⃗_T(x)||²
end for
```

3.2　3 周期で変化する場合

3.2.1　モデルの説明

次は，3 周期の時間発展ルールをもつ量子ウォークの挙動を調べてみましょう．時間発展ルールを定めるため，$P_1 + Q_1, P_2 + Q_2, P_3 + Q_3$ がそれぞれユニタリ行列となるような 2×2 の行列

$$P_1 = \begin{bmatrix} a_1 & b_1 \\ 0 & 0 \end{bmatrix}, \quad Q_1 = \begin{bmatrix} 0 & 0 \\ c_1 & d_1 \end{bmatrix},$$

$$P_2 = \begin{bmatrix} a_2 & b_2 \\ 0 & 0 \end{bmatrix}, \quad Q_2 = \begin{bmatrix} 0 & 0 \\ c_2 & d_2 \end{bmatrix},$$

$$P_3 = \begin{bmatrix} a_3 & b_3 \\ 0 & 0 \end{bmatrix}, \quad Q_3 = \begin{bmatrix} 0 & 0 \\ c_3 & d_3 \end{bmatrix}$$

を用意します．これら六つの行列を用いて，以下の式に従い量子ウォークを時間発展させます．

$$\vec{\psi}_{t+1}(x) = \begin{cases} P_1 \vec{\psi}_t(x+1) + Q_1 \vec{\psi}_t(x-1) & (t=0,3,6,\ldots) \\ P_2 \vec{\psi}_t(x+1) + Q_2 \vec{\psi}_t(x-1) & (t=1,4,7,\ldots) \\ P_3 \vec{\psi}_t(x+1) + Q_3 \vec{\psi}_t(x-1) & (t=2,5,8,\ldots) \end{cases}$$

つまり，時刻 t を3で割った余りに時間発展ルールは依存しており，その余りに応じて行列を使い分けます（表 3.1，図 3.13 参照）．これらの行列が $P_1 = P_2 = P_3$ かつ $Q_1 = Q_2 = Q_3$ となる場合は，このモデルは標準型モデルになりますが，そうでない場合は，3周期の時間発展ルールをもつ量子ウォークになります．

表 3.1

時刻 t を 3 で割った余り	0	1	2
使用する行列	P_1, Q_1	P_2, Q_2	P_3, Q_3

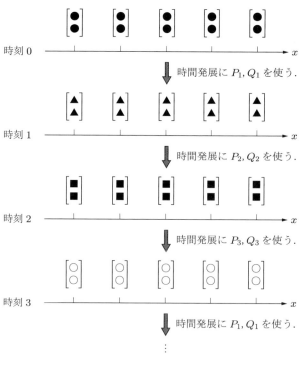

図 3.13

3周期で時間発展するタイプの量子ウォークの挙動は，数学的には，それほど明らかにされていませんが，数少ない数学的な結果との対応を見るために，以降は次のタイプの行列に注目します．

$$P_1 = P_2 = \begin{bmatrix} \cos\theta & \sin\theta \\ 0 & 0 \end{bmatrix}, \quad Q_1 = Q_2 = \begin{bmatrix} 0 & 0 \\ \sin\theta & -\cos\theta \end{bmatrix},$$

$$P_3 = \begin{bmatrix} 1 & 0 \\ 0 & 0 \end{bmatrix}, \quad Q_3 = \begin{bmatrix} 0 & 0 \\ 0 & 1 \end{bmatrix}$$

ただし，パラメタ θ は，$0 \leq \theta < 2\pi$ の範囲をとるものとします．

3.2.2 確率分布の性質

まずは，確率分布の時間発展を挙げます．

■ 例 3.10（確率分布の時間発展 1）
○ 行列（$\theta = \pi/4$ のとき）

$$P_1 = P_2 = \begin{bmatrix} \frac{1}{\sqrt{2}} & \frac{1}{\sqrt{2}} \\ 0 & 0 \end{bmatrix}, \quad Q_1 = Q_2 = \begin{bmatrix} 0 & 0 \\ \frac{1}{\sqrt{2}} & -\frac{1}{\sqrt{2}} \end{bmatrix},$$

$$P_3 = \begin{bmatrix} 1 & 0 \\ 0 & 0 \end{bmatrix}, \quad Q_3 = \begin{bmatrix} 0 & 0 \\ 0 & 1 \end{bmatrix}$$

○ 初期確率振幅ベクトル

$$\vec{\psi}_0(0) = \begin{bmatrix} 1 \\ 0 \end{bmatrix}, \quad \vec{\psi}_0(x) = \begin{bmatrix} 0 \\ 0 \end{bmatrix} \quad (x \neq 0)$$

このとき，確率分布 $\mathbb{P}_t(x)$ の時間発展は，図 3.14 のようになります．参考までに，時刻 0 から 5 までの確率 $\mathbb{P}_t(x)$ を，表 3.2 にまとめます（空欄は確率 0 を意味します）．

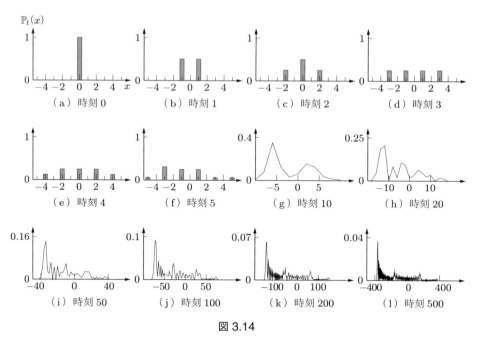

図 3.14

表 3.2

時刻＼場所	-5	-4	-3	-2	-1	0	1	2	3	4	5
0						1					
1					1/2		1/2				
2				1/4		2/4		1/4			
3			1/4		1/4		1/4		1/4		
4		1/8		2/8		2/8		2/8		1/8	
5	1/16		5/16		4/16		4/16		1/16		1/16

■ 例 3.11 （確率分布の時間発展 2）

○行列（$\theta = \pi/4$ のとき）

$$P_1 = P_2 = \begin{bmatrix} \frac{1}{\sqrt{2}} & \frac{1}{\sqrt{2}} \\ 0 & 0 \end{bmatrix}, \quad Q_1 = Q_2 = \begin{bmatrix} 0 & 0 \\ \frac{1}{\sqrt{2}} & -\frac{1}{\sqrt{2}} \end{bmatrix},$$

$$P_3 = \begin{bmatrix} 1 & 0 \\ 0 & 0 \end{bmatrix}, \quad Q_3 = \begin{bmatrix} 0 & 0 \\ 0 & 1 \end{bmatrix}$$

○ 初期確率振幅ベクトル

$$\vec{\psi}_0(0) = \begin{bmatrix} 0 \\ 1 \end{bmatrix}, \quad \vec{\psi}_0(x) = \begin{bmatrix} 0 \\ 0 \end{bmatrix} \quad (x \neq 0)$$

このとき，確率分布 $\mathbb{P}_t(x)$ の時間発展は，図 3.15 のようになります．参考までに，時刻 0 から 5 までの確率 $\mathbb{P}_t(x)$ を，表 3.3 にまとめます（空欄は確率 0 を意味します）．

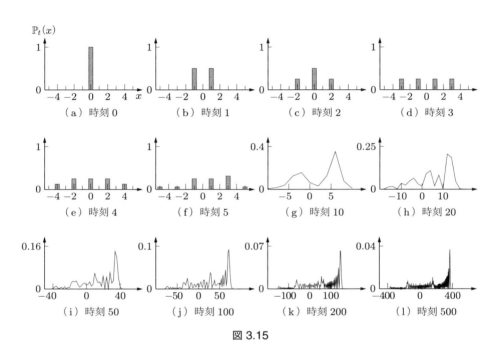

図 3.15

表 3.3

時刻＼場所	−5	−4	−3	−2	−1	0	1	2	3	4	5
0						1					
1					1/2		1/2				
2				1/4		2/4		1/4			
3			1/4		1/4		1/4		1/4		
4		1/8		2/8		2/8		2/8		1/8	
5	1/16		1/16		4/16		4/16		5/16		1/16

■ 例 3.12（確率分布の時間発展 3）

○行列（$\theta = \pi/4$ のとき）

$$P_1 = P_2 = \begin{bmatrix} \frac{1}{\sqrt{2}} & \frac{1}{\sqrt{2}} \\ 0 & 0 \end{bmatrix}, \quad Q_1 = Q_2 = \begin{bmatrix} 0 & 0 \\ \frac{1}{\sqrt{2}} & -\frac{1}{\sqrt{2}} \end{bmatrix},$$

$$P_3 = \begin{bmatrix} 1 & 0 \\ 0 & 0 \end{bmatrix}, \quad Q_3 = \begin{bmatrix} 0 & 0 \\ 0 & 1 \end{bmatrix}$$

○初期確率振幅ベクトル

$$\vec{\psi}_0(0) = \begin{bmatrix} \frac{1}{\sqrt{2}} \\ \frac{i}{\sqrt{2}} \end{bmatrix}, \quad \vec{\psi}_0(x) = \begin{bmatrix} 0 \\ 0 \end{bmatrix} \quad (x \neq 0)$$

このとき，確率分布 $\mathbb{P}_t(x)$ の時間発展は，図 3.16 のようになります．参考までに，時刻 0 から 5 までの確率 $\mathbb{P}_t(x)$ を，表 3.4 にまとめます（空欄は確率 0 を意味します）．

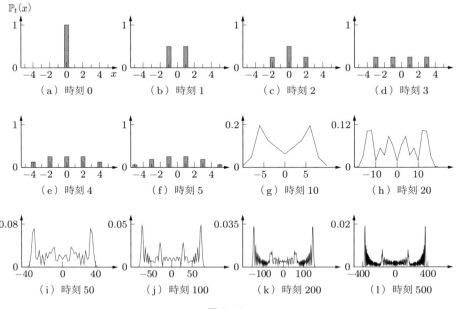

図 3.16

表 3.4

場所 時刻	−5	−4	−3	−2	−1	0	1	2	3	4	5
0						1					
1					1/2		1/2				
2				1/4		2/4		1/4			
3			1/4		1/4		1/4		1/4		
4		1/8		2/8		2/8		2/8		1/8	
5	1/16		3/16		4/16		4/16		3/16		1/16

■ 例 3.13(確率分布の時間発展 4)

○ 行列 ($\theta = \pi/3$ のとき)

$$P_1 = P_2 = \begin{bmatrix} \frac{1}{2} & \frac{\sqrt{3}}{2} \\ 0 & 0 \end{bmatrix}, \quad Q_1 = Q_2 = \begin{bmatrix} 0 & 0 \\ \frac{\sqrt{3}}{2} & -\frac{1}{2} \end{bmatrix},$$

$$P_3 = \begin{bmatrix} 1 & 0 \\ 0 & 0 \end{bmatrix}, \quad Q_3 = \begin{bmatrix} 0 & 0 \\ 0 & 1 \end{bmatrix}$$

○ 初期確率振幅ベクトル

$$\vec{\psi}_0(0) = \begin{bmatrix} 1 \\ 0 \end{bmatrix}, \quad \vec{\psi}_0(x) = \begin{bmatrix} 0 \\ 0 \end{bmatrix} \quad (x \neq 0)$$

このとき,確率分布の時間発展 $\mathbb{P}_t(x)$ は,図 3.17 のようになります.

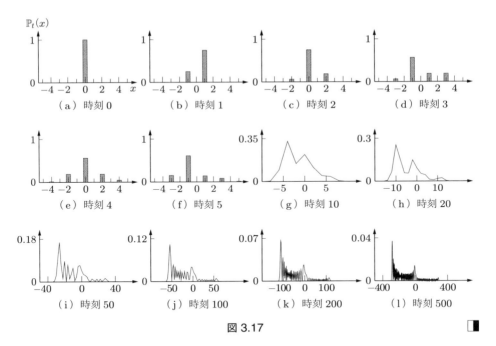

図 3.17

■ 例 3.14 (確率分布の時間発展 5)

○ 行列 ($\theta = \pi/3$ のとき)

$$P_1 = P_2 = \begin{bmatrix} \dfrac{1}{2} & \dfrac{\sqrt{3}}{2} \\ 0 & 0 \end{bmatrix}, \quad Q_1 = Q_2 = \begin{bmatrix} 0 & 0 \\ \dfrac{\sqrt{3}}{2} & -\dfrac{1}{2} \end{bmatrix},$$

$$P_3 = \begin{bmatrix} 1 & 0 \\ 0 & 0 \end{bmatrix}, \quad Q_3 = \begin{bmatrix} 0 & 0 \\ 0 & 1 \end{bmatrix}$$

○ 初期確率振幅ベクトル

$$\overrightarrow{\psi}_0(0) = \begin{bmatrix} 0 \\ 1 \end{bmatrix}, \quad \overrightarrow{\psi}_0(x) = \begin{bmatrix} 0 \\ 0 \end{bmatrix} \quad (x \neq 0)$$

このとき，確率分布 $\mathbb{P}_t(x)$ の時間発展は，図 3.18 のようになります．

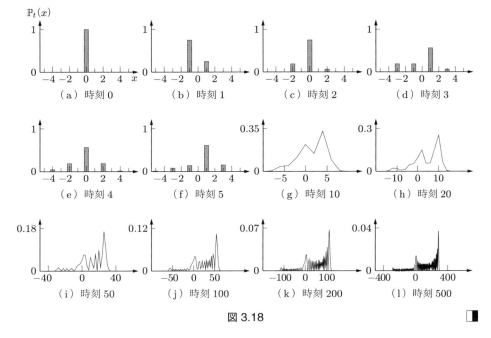

図 3.18

■ 例 3.15（確率分布の時間発展 6）

○ 行列（$\theta = \pi/3$ のとき）

$$P_1 = P_2 = \begin{bmatrix} \dfrac{1}{2} & \dfrac{\sqrt{3}}{2} \\ 0 & 0 \end{bmatrix}, \quad Q_1 = Q_2 = \begin{bmatrix} 0 & 0 \\ \dfrac{\sqrt{3}}{2} & -\dfrac{1}{2} \end{bmatrix},$$

$$P_3 = \begin{bmatrix} 1 & 0 \\ 0 & 0 \end{bmatrix}, \quad Q_3 = \begin{bmatrix} 0 & 0 \\ 0 & 1 \end{bmatrix}$$

○ 初期確率振幅ベクトル

$$\vec{\psi}_0(0) = \begin{bmatrix} \dfrac{1}{\sqrt{2}} \\ \dfrac{i}{\sqrt{2}} \end{bmatrix}, \quad \vec{\psi}_0(x) = \begin{bmatrix} 0 \\ 0 \end{bmatrix} \quad (x \neq 0)$$

このとき，確率分布 $\mathbb{P}_t(x)$ の時間発展は，図 3.19 のようになります．

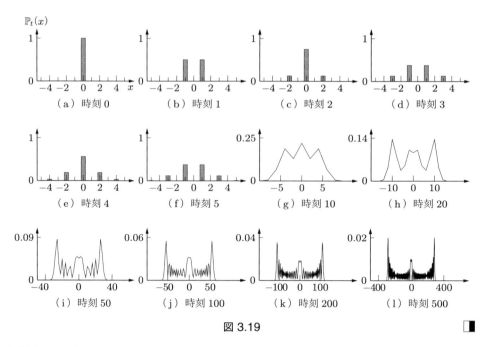

図 3.19

■ 例 3.16（確率分布の時間発展 7）
○ 行列 ($\theta = 2\pi/5$ のとき[3])）

$$P_1 = P_2 = \begin{bmatrix} \cos\dfrac{2\pi}{5} & \sin\dfrac{2\pi}{5} \\ 0 & 0 \end{bmatrix}, \quad Q_1 = Q_2 = \begin{bmatrix} 0 & 0 \\ \sin\dfrac{2\pi}{5} & -\cos\dfrac{2\pi}{5} \end{bmatrix},$$

$$P_3 = \begin{bmatrix} 1 & 0 \\ 0 & 0 \end{bmatrix}, \quad Q_3 = \begin{bmatrix} 0 & 0 \\ 0 & 1 \end{bmatrix}$$

○ 初期確率振幅ベクトル

$$\vec{\psi}_0(0) = \begin{bmatrix} 1 \\ 0 \end{bmatrix}, \quad \vec{\psi}_0(x) = \begin{bmatrix} 0 \\ 0 \end{bmatrix} \quad (x \neq 0)$$

このとき，確率分布 $\mathbb{P}_t(x)$ の時間発展は，図 3.20 のようになります．

---

[3]) $\cos\dfrac{2\pi}{5} = \dfrac{-1+\sqrt{5}}{4} = 0.309017\cdots$, $\sin\dfrac{2\pi}{5} = \dfrac{\sqrt{10+2\sqrt{5}}}{4} = 0.951057\cdots$

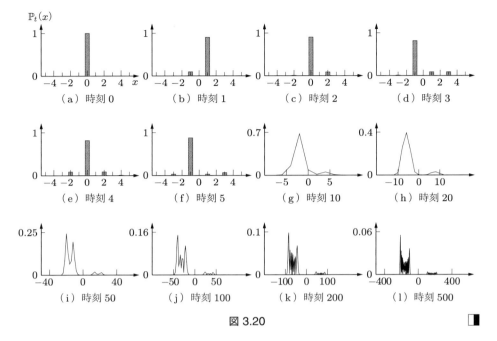

図 3.20

■ 例 3.17（確率分布の時間発展 8）
○行列（$\theta = 2\pi/5$ のとき）

$$P_1 = P_2 = \begin{bmatrix} \cos\dfrac{2\pi}{5} & \sin\dfrac{2\pi}{5} \\ 0 & 0 \end{bmatrix}, \quad Q_1 = Q_2 = \begin{bmatrix} 0 & 0 \\ \sin\dfrac{2\pi}{5} & -\cos\dfrac{2\pi}{5} \end{bmatrix},$$

$$P_3 = \begin{bmatrix} 1 & 0 \\ 0 & 0 \end{bmatrix}, \quad Q_3 = \begin{bmatrix} 0 & 0 \\ 0 & 1 \end{bmatrix}$$

○初期確率振幅ベクトル

$$\vec{\psi}_0(0) = \begin{bmatrix} 0 \\ 1 \end{bmatrix}, \quad \vec{\psi}_0(x) = \begin{bmatrix} 0 \\ 0 \end{bmatrix} \quad (x \neq 0)$$

このとき，確率分布 $\mathbb{P}_t(x)$ の時間発展は，図 3.21 のようになります．

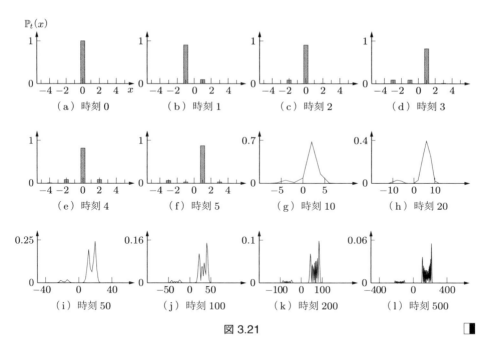

図 3.21

■ 例 3.18（確率分布の時間発展 9）

○ 行列（$\theta = 2\pi/5$ のとき）

$$P_1 = P_2 = \begin{bmatrix} \cos\dfrac{2\pi}{5} & \sin\dfrac{2\pi}{5} \\ 0 & 0 \end{bmatrix}, \quad Q_1 = Q_2 = \begin{bmatrix} 0 & 0 \\ \sin\dfrac{2\pi}{5} & -\cos\dfrac{2\pi}{5} \end{bmatrix},$$

$$P_3 = \begin{bmatrix} 1 & 0 \\ 0 & 0 \end{bmatrix}, \quad Q_3 = \begin{bmatrix} 0 & 0 \\ 0 & 1 \end{bmatrix}$$

○ 初期確率振幅ベクトル

$$\vec{\psi}_0(0) = \begin{bmatrix} \dfrac{1}{\sqrt{2}} \\ \dfrac{i}{\sqrt{2}} \end{bmatrix}, \quad \vec{\psi}_0(x) = \begin{bmatrix} 0 \\ 0 \end{bmatrix} \quad (x \neq 0)$$

このとき，確率分布 $\mathbb{P}_t(x)$ の時間発展は，図 3.22 のようになります．

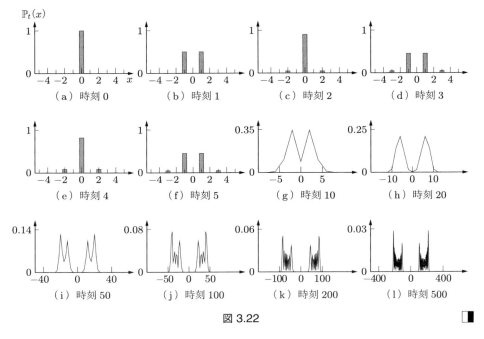

図 3.22

次に，行列 P_1, Q_1, P_2, Q_2 のもつパラメタ θ を動かします．時刻 500 の確率分布がどのように変化するのかを観察しましょう．

■ **例 3.19**（確率分布の行列依存性 1）

○ 行列

$$P_1 = P_2 = \begin{bmatrix} \cos\theta & \sin\theta \\ 0 & 0 \end{bmatrix}, \quad Q_1 = Q_2 = \begin{bmatrix} 0 & 0 \\ \sin\theta & -\cos\theta \end{bmatrix},$$

$$P_3 = \begin{bmatrix} 1 & 0 \\ 0 & 0 \end{bmatrix}, \quad Q_3 = \begin{bmatrix} 0 & 0 \\ 0 & 1 \end{bmatrix}$$

○ 初期確率振幅ベクトル

$$\overrightarrow{\psi}_0(0) = \begin{bmatrix} 1 \\ 0 \end{bmatrix}, \quad \overrightarrow{\psi}_0(x) = \begin{bmatrix} 0 \\ 0 \end{bmatrix} \quad (x \neq 0)$$

このとき，時刻 500 の確率分布 $\mathbb{P}_t(x)$ の θ 依存性は，図 3.23 のようになります．

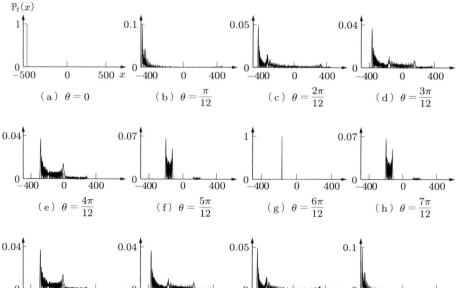

図 3.23

■ 例 3.20 (確率分布の行列依存性 2)
○ 行列
$$P_1 = P_2 = \begin{bmatrix} \cos\theta & \sin\theta \\ 0 & 0 \end{bmatrix}, \quad Q_1 = Q_2 = \begin{bmatrix} 0 & 0 \\ \sin\theta & -\cos\theta \end{bmatrix},$$
$$P_3 = \begin{bmatrix} 1 & 0 \\ 0 & 0 \end{bmatrix}, \quad Q_3 = \begin{bmatrix} 0 & 0 \\ 0 & 1 \end{bmatrix}$$

○ 初期確率振幅ベクトル
$$\vec{\psi}_0(0) = \begin{bmatrix} 0 \\ 1 \end{bmatrix}, \quad \vec{\psi}_0(x) = \begin{bmatrix} 0 \\ 0 \end{bmatrix} \quad (x \neq 0)$$

このとき, 時刻 500 の確率分布 $\mathbb{P}_t(x)$ の θ 依存性は, 図 3.24 のようになります.

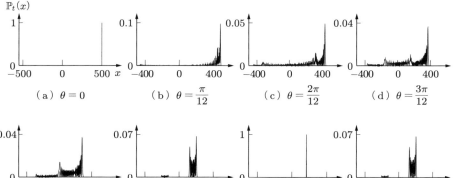

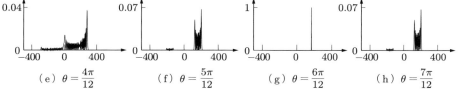

図 3.24

■ 例 3.21（確率分布の行列依存性 3）

○ 行列

$$P_1 = P_2 = \begin{bmatrix} \cos\theta & \sin\theta \\ 0 & 0 \end{bmatrix}, \quad Q_1 = Q_2 = \begin{bmatrix} 0 & 0 \\ \sin\theta & -\cos\theta \end{bmatrix},$$

$$P_3 = \begin{bmatrix} 1 & 0 \\ 0 & 0 \end{bmatrix}, \quad Q_3 = \begin{bmatrix} 0 & 0 \\ 0 & 1 \end{bmatrix}$$

○ 初期確率振幅ベクトル

$$\vec{\psi}_0(0) = \begin{bmatrix} \dfrac{1}{\sqrt{2}} \\ \dfrac{i}{\sqrt{2}} \end{bmatrix}, \quad \vec{\psi}_0(x) = \begin{bmatrix} 0 \\ 0 \end{bmatrix} \quad (x \neq 0)$$

このとき，時刻 500 の確率分布 $\mathbb{P}_t(x)$ の θ 依存性は，図 3.25 のようになります．

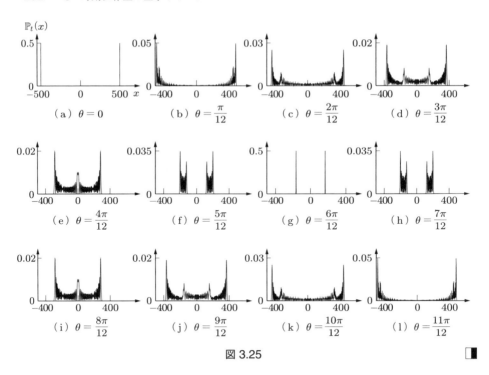

図 3.25

数学的な結果からわかる確率分布の性質 (⇒参考文献 [5])

シミュレーションの結果を見てもわかる通り，3周期で時間発展するタイプの量子ウォークの確率分布は，標準型モデルや2周期時間発展型モデルのものとは，かなり異なります．今回の例で挙げたタイプに対しては，数学的な結果が得られているので，それからわかる確率分布の性質を紹介します．数学的な結果は，行列のパラメタ θ が $\theta \neq 0, \pi/2, \pi, 3\pi/2$ のときに対して得られています（$\theta = 0, \pi/2, \pi, 3\pi/2$ のときは，自明な量子ウォークになります）．

それでは，改めてモデルを簡単にまとめ，それに対して知られている確率分布の性質を挙げます．量子ウォーカーは，原点 $x=0$ から出発して（つまり，$\mathbb{P}_0(0)=1$，$\mathbb{P}_0(x)=0$ $(x \neq 0)$），パラメタ θ をもつ行列

$$P_1 = P_2 = \begin{bmatrix} \cos\theta & \sin\theta \\ 0 & 0 \end{bmatrix}, \quad Q_1 = Q_2 = \begin{bmatrix} 0 & 0 \\ \sin\theta & -\cos\theta \end{bmatrix}$$

と，行列

$$P_3 = \begin{bmatrix} 1 & 0 \\ 0 & 0 \end{bmatrix}, \quad Q_3 = \begin{bmatrix} 0 & 0 \\ 0 & 1 \end{bmatrix}$$

を用いて，3周期の時間発展を繰り返します．ただし，パラメタ θ の範囲は $0 \leq \theta < 2\pi$ とし，自明な量子ウォークを与えるパラメタ値 $\theta = 0, \pi/2, \pi, 3\pi/2$ は，ここでは考えません．このとき，数学的な結果から，十分多くの時間発展を行った後の量子ウォークの確率分布は，以下の性質をもつことがわかっています．

性質1 パラメタ θ のとり方によって，確率分布は三つあるいは四つのピークをもつ．
- $\theta \neq \pi/3, 2\pi/3, 4\pi/3, 5\pi/3$ のとき，以下の四つの座標付近でピークとなる．
$$x = \pm\frac{1 - 4\cos^2\theta}{3}t, \ \pm\frac{\sqrt{1 + 8\cos^2\theta}}{3}t$$
- $\theta = \pi/3, 2\pi/3, 4\pi/3, 5\pi/3$ のとき，以下の三つの座標付近でピークとなる[4]．
$$x = 0, \ \pm\frac{1}{\sqrt{3}}t$$

性質2 原点から最も離れた二つのピークの外側に量子ウォーカーの位置が決まる確率は，ほとんど0である．

性質3 パラメタ θ が，$\pi/3 < \theta < 2\pi/3$，または $4\pi/3 < \theta < 5\pi/3$ のときは，原点を中心とした範囲
$$-\frac{1 - 4\cos^2\theta}{3}t \leq x \leq \frac{1 - 4\cos^2\theta}{3}t$$
に量子ウォーカーの位置が決まる確率は，ほとんど0である[5]．

また，どんな θ に対しても，$|1 - 4\cos^2\theta| \leq \sqrt{1 + 8\cos^2\theta}$ （等号成立は，$\theta = 0, \pi/2, \pi, 3\pi/2$ のとき）の大小関係が成立するので，原点から最も離れた二つのピークの場所は，$x = \pm\sqrt{1 + 8\cos^2\theta} \cdot t/3$ 付近となることがわかります．ここで，$1 + 8\cos^2\theta$ は常に正の値ですが，$1 - 4\cos^2\theta$ はパラメタ θ の値に応じて，正負および0の値となることに注意しましょう．参考のため，$y = (1 - 4\cos^2\theta)/3$ と $y = \sqrt{1 + 8\cos^2\theta}/3$ のグラフを図3.26に挙げておきます．

---

[4] $\theta = \pi/3, 2\pi/3, 4\pi/3, 5\pi/3$ のときは，$(1 - 4\cos^2\theta)/3 = 0, \sqrt{1 + 8\cos^2\theta}/3 = 1/\sqrt{3}$ です．

[5] $\pi/3 < \theta < 2\pi/3, 4\pi/3 < \theta < 5\pi/3$ のときは，$(1 - 4\cos^2\theta)/3 > 0$ です．

104　3　時刻依存型の量子ウォーク

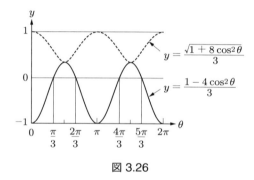

図 3.26

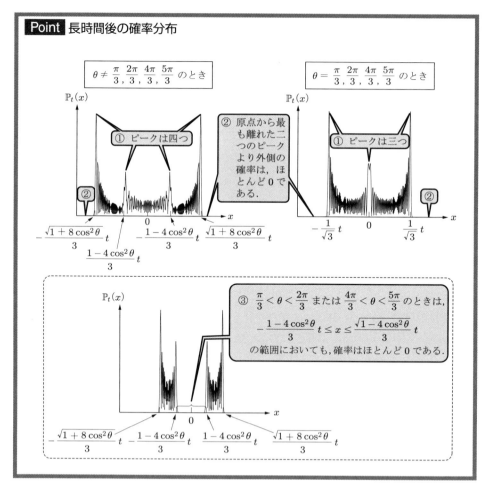

ここで紹介した 3 周期時間発展型の量子ウォークでは，かなり限定された行列 $P_1, Q_1, P_2, Q_2, P_3, Q_3$ の組合せを用いています．しかし，それでも，標準型モデル，2 周期時間発展型モデルとは大きく異なる確率分布の挙動を示します．とくに，$\pi/3 < \theta < 2\pi/3, 4\pi/3 < \theta < 5\pi/3$ のときは，量子ウォーカーは原点から出発しているにもかかわらず，長時間後には原点周りに量子ウォーカーの位置が決まる確率がほとんど 0 になるという現象は，興味深いです．時刻依存型モデルであっても，標準型モデルと同様に，量子ウォーカーは時刻 t において，原点付近を含む $-t \leq x \leq t$ の領域に分布します．それにもかかわらず，長時間後には，ピークの外側のみならず，原点周辺でも確率がほとんど 0 になってしまうことがあるのです．まさに，量子系特有の面白い振舞いが現れているといえます．

より一般的な行列 $P_1, Q_1, P_2, Q_2, P_3, Q_3$ の組合せを用いた 3 周期時間発展型モデルに関しては，数学的な結果は得られておらず，研究課題の一つになっています．4 周期以上の時間発展ルールをもつモデルに関しては，数値計算の結果はありますが，その挙動は数学的にはまったく解明されていません．このように，時間発展の行列が時刻に依存するようなモデルに関しては，未だにわかっていないことが多いのです．

なお，$p_1 + q_1 = p_2 + q_2 = p_3 + q_3 = 1$ となるような確率 $p_1, q_1, p_2, q_2, p_3, q_3$ に対して，

$$\nu_{t+1}(x) = \begin{cases} p_1 \nu_t(x+1) + q_1 \nu_t(x-1) & (t = 0, 3, 6, \ldots) \\ p_2 \nu_t(x+1) + q_2 \nu_t(x-1) & (t = 1, 4, 7, \ldots) \\ p_3 \nu_t(x+1) + q_3 \nu_t(x-1) & (t = 2, 5, 8, \ldots) \end{cases}$$

に従って時間発展する 3 周期時間発展型のランダムウォークの確率分布は，時刻 0 で原点から出発するとき（$\nu_0(0) = 1, \nu_0(x) = 0 \, (x \neq 0)$），時刻 500 では図 3.27 のようになります．

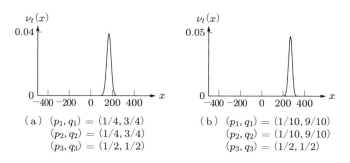

図 3.27

アルゴリズム

時刻 $T (= 0, 1, 2, \ldots)$ の確率分布 $\mathbb{P}_T(x)$ をシミュレーションするためのアルゴリズムを紹介します．

Algorithm 4　3周期型時間発展モデル

```
/* 初期確率振幅ベクトルの設定 */
for all x ∈ {0, ±1, ±2, ...} do
    ψ⃗₀(x) を設定
end for

/* 時間発展 */
for t = 0 to T − 1 do
    for all x ∈ {0, ±1, ±2, ...} do
        if t を 3 で割った余り = 0 then
```
$$\vec{\psi}_{t+1}(x) = P_1 \vec{\psi}_t(x+1) + Q_1 \vec{\psi}_t(x-1)$$
```
        else if t を 3 で割った余り = 1 then
```
$$\vec{\psi}_{t+1}(x) = P_2 \vec{\psi}_t(x+1) + Q_2 \vec{\psi}_t(x-1)$$
```
        else
```
$$\vec{\psi}_{t+1}(x) = P_3 \vec{\psi}_t(x+1) + Q_3 \vec{\psi}_t(x-1)$$
```
        end if
    end for
end for

/* 確率の計算 */
for all x ∈ {0, ±1, ±2, ...} do
```
$$\mathbb{P}_T(x) = \left\| \vec{\psi}_T(x) \right\|^2$$
```
end for
```

Chapter 4

場所依存型の量子ウォーク

前章では,量子ウォークの時間発展を決める行列が時刻に対して周期的に変化するような「時刻依存型の量子ウォーク」の性質を見てきました.この章では,時間発展を与える行列が時刻ではなく,場所に依存する「場所依存型の量子ウォーク」の挙動を見ていきます.

Key Word 場所に依存する時間発展ルール

4.1 出発点付近に大きなピークが生じ得る場合

4.1.1 モデルの説明

ここでは,時間発展ルールを決める行列が場所 x に依存する場合を考えます.量子ウォークの時間発展は,

$$P_x = \begin{bmatrix} a_x & b_x \\ 0 & 0 \end{bmatrix}, \quad Q_x = \begin{bmatrix} 0 & 0 \\ c_x & d_x \end{bmatrix} \quad (x = 0, \pm 1, \pm 2, \ldots)$$

を用いて,

$$\vec{\psi}_{t+1}(x) = P_{x+1} \vec{\psi}_t(x+1) + Q_{x-1} \vec{\psi}_t(x-1)$$

で与えられます.ただし,すべての $x = 0, \pm 1, \pm 2, \ldots$ に対して,$P_x + Q_x$ はユニタリ行列とします.行列と,その行列の成分の下添え字に,場所の情報が刻まれているように,このモデルでは,時間発展を与える行列は,場所に依存するものとしています.時刻 $t (= 0, 1, 2, \ldots)$ における場所 $x+1$ の確率振幅ベクトルに行列 P_{x+1} を,時刻 t における場所 $x-1$ の確率振幅ベクトルに行列 Q_{x-1} を,それぞれ左から掛けて足すことで(右辺),時刻 $t+1$ における場所 x の確率振幅ベクトル(左辺)が計算されます(図 4.1 参照).

さて,行列 P_x, Q_x のとり方には無限の組合せが考えられますが,これまでに数学的な結果が得られている場所依存型モデルは,特殊な行列に対してのみです.得られて

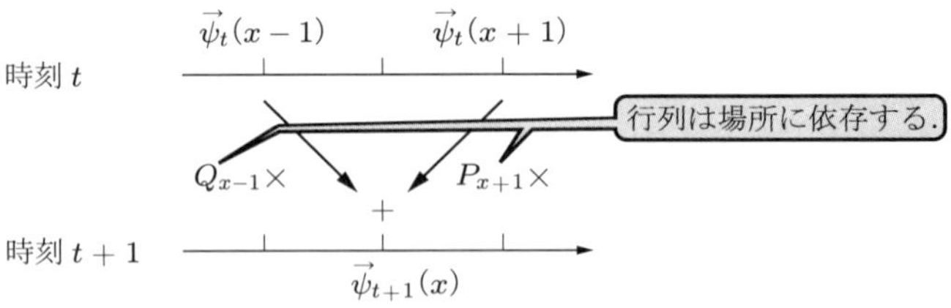

```
        ψ⃗_t(x−1)        ψ⃗_t(x+1)
時刻 t  ├────────┼────────┤──────────→     行列は場所に依存する．
           Q_{x−1}×     P_{x+1}×
                   ＋
時刻 t+1 ├────────┼────────┼──────────→
                 ψ⃗_{t+1}(x)
```

図 4.1

いる数学的な結果との対応を見るために，ここでは

$$P_0 = \begin{bmatrix} \frac{1}{\sqrt{2}} & \frac{1}{\sqrt{2}}e^{i\omega} \\ 0 & 0 \end{bmatrix}, \quad Q_0 = \begin{bmatrix} 0 & 0 \\ \frac{1}{\sqrt{2}}e^{-i\omega} & -\frac{1}{\sqrt{2}} \end{bmatrix},$$

$$P_x = \begin{bmatrix} \frac{1}{\sqrt{2}} & \frac{1}{\sqrt{2}} \\ 0 & 0 \end{bmatrix}, \quad Q_x = \begin{bmatrix} 0 & 0 \\ \frac{1}{\sqrt{2}} & -\frac{1}{\sqrt{2}} \end{bmatrix} \quad (x \neq 0)$$

の行列の組合せを用います[1)2)]．ただし，行列 P_0, Q_0 に埋め込まれているパラメタ ω の範囲は，$0 \leq \omega < 2\pi$ とします．そして，$x \neq 0$（つまり，$x = \pm 1, \pm 2, \ldots$）に対しては，行列のペア (P_x, Q_x) は，すべて同じになっていることに注意しましょう．とくに，$\omega = 0$ のときは $P_0 = P_x, Q_0 = Q_x$ となるので，標準型モデルになります[3)]．

4.1.2 確率分布の性質

まずは，確率分布の時間発展を見ていきましょう．

■ 例 4.1（確率分布の時間発展 1）

○行列（$\omega = \pi/2$ のとき）

$$P_0 = \begin{bmatrix} \frac{1}{\sqrt{2}} & \frac{i}{\sqrt{2}} \\ 0 & 0 \end{bmatrix}, \quad Q_0 = \begin{bmatrix} 0 & 0 \\ -\frac{i}{\sqrt{2}} & -\frac{1}{\sqrt{2}} \end{bmatrix},$$

$$P_x = \begin{bmatrix} \frac{1}{\sqrt{2}} & \frac{1}{\sqrt{2}} \\ 0 & 0 \end{bmatrix}, \quad Q_x = \begin{bmatrix} 0 & 0 \\ \frac{1}{\sqrt{2}} & -\frac{1}{\sqrt{2}} \end{bmatrix} \quad (x \neq 0)$$

[1)] ω はギリシャ文字で，「オメガ」と読みます．
[2)] $e^{i\omega} = \cos\omega + i\sin\omega$，$e^{-i\omega} = \cos\omega - i\sin\omega$ です．
[3)] $\omega = 0$ のとき，$e^{i\omega} = e^{-i\omega} = e^0 = 1$ です．

4.1 出発点付近に大きなピークが生じ得る場合

○ 初期確率振幅ベクトル

$$\vec{\psi}_0(0) = \begin{bmatrix} 1 \\ 0 \end{bmatrix}, \quad \vec{\psi}_0(x) = \begin{bmatrix} 0 \\ 0 \end{bmatrix} \quad (x \neq 0)$$

このとき，確率分布 $\mathbb{P}_t(x)$ の時間発展は，図 4.2 のようになります．参考までに，時刻 0 から 5 までの確率 $\mathbb{P}_t(x)$ を表 4.1 にまとめます（空欄は確率 0 を意味します）．

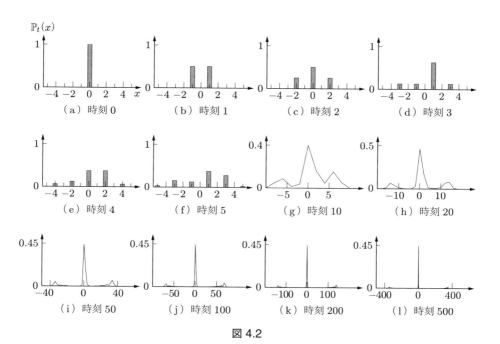

図 4.2

表 4.1

時刻 \ 場所	−5	−4	−3	−2	−1	0	1	2	3	4	5
0						1					
1					1/2		1/2				
2				1/4		2/4		1/4			
3			1/8		1/8		5/8		1/8		
4		1/16		2/16		6/16		6/16		1/16	
5	1/32		5/32		4/32		12/32		9/32		1/32

■ 例 4.2（確率分布の時間発展 2）

○ 行列（$\omega = \pi/2$ のとき）

$$P_0 = \begin{bmatrix} \frac{1}{\sqrt{2}} & \frac{i}{\sqrt{2}} \\ 0 & 0 \end{bmatrix}, \quad Q_0 = \begin{bmatrix} 0 & 0 \\ -\frac{i}{\sqrt{2}} & -\frac{1}{\sqrt{2}} \end{bmatrix},$$

$$P_x = \begin{bmatrix} \frac{1}{\sqrt{2}} & \frac{1}{\sqrt{2}} \\ 0 & 0 \end{bmatrix}, \quad Q_x = \begin{bmatrix} 0 & 0 \\ \frac{1}{\sqrt{2}} & -\frac{1}{\sqrt{2}} \end{bmatrix} \quad (x \neq 0)$$

○ 初期確率振幅ベクトル

$$\vec{\psi}_0(0) = \begin{bmatrix} 0 \\ 1 \end{bmatrix}, \quad \vec{\psi}_0(x) = \begin{bmatrix} 0 \\ 0 \end{bmatrix} \quad (x \neq 0)$$

このとき，確率分布 $\mathbb{P}_t(x)$ の時間発展は，図 4.3 のようになります．参考までに，時刻 0 から 5 までの確率 $\mathbb{P}_t(x)$ を表 4.2 にまとめます（空欄は確率 0 を意味します）．

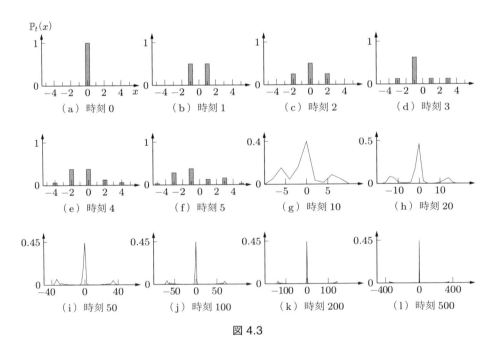

図 4.3

表 4.2

時刻＼場所	-5	-4	-3	-2	-1	0	1	2	3	4	5
0						1					
1					1/2		1/2				
2				1/4		2/4		1/4			
3			1/8		5/8		1/8		1/8		
4		1/16		6/16		6/16		2/16		1/16	
5	1/32		9/32		12/32		4/32		5/32		1/32

◨

◧ **例 4.3**（確率分布の時間発展 3）

○行列（$\omega = \pi/2$ のとき）

$$P_0 = \begin{bmatrix} \frac{1}{\sqrt{2}} & \frac{i}{\sqrt{2}} \\ 0 & 0 \end{bmatrix}, \quad Q_0 = \begin{bmatrix} 0 & 0 \\ -\frac{i}{\sqrt{2}} & -\frac{1}{\sqrt{2}} \end{bmatrix},$$

$$P_x = \begin{bmatrix} \frac{1}{\sqrt{2}} & \frac{1}{\sqrt{2}} \\ 0 & 0 \end{bmatrix}, \quad Q_x = \begin{bmatrix} 0 & 0 \\ \frac{1}{\sqrt{2}} & -\frac{1}{\sqrt{2}} \end{bmatrix} \quad (x \neq 0)$$

○初期確率振幅ベクトル

$$\overrightarrow{\psi}_0(0) = \begin{bmatrix} \frac{1}{\sqrt{2}} \\ \frac{i}{\sqrt{2}} \end{bmatrix}, \quad \overrightarrow{\psi}_0(x) = \begin{bmatrix} 0 \\ 0 \end{bmatrix} \quad (x \neq 0)$$

このとき，確率分布 $\mathbb{P}_t(x)$ の時間発展は，図 4.4 のようになります．参考までに，時刻 0 から 5 までの確率 $\mathbb{P}_t(x)$ を表 4.3 にまとめます（空欄は確率 0 を意味します）．

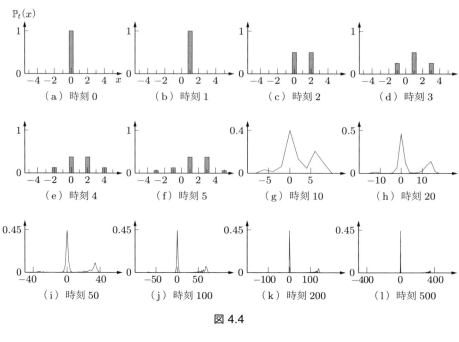

図 4.4

表 4.3

時刻＼場所	−5	−4	−3	−2	−1	0	1	2	3	4	5
0						1					
1							1				
2						1/2		1/2			
3					1/4		2/4		1/4		
4				1/8		3/8		3/8		1/8	
5			1/16		2/16		6/16		6/16		1/16

■ 例 4.4（確率分布の時間発展 4）

○ 行列（$\omega = \pi$ のとき）

$$P_0 = \begin{bmatrix} \frac{1}{\sqrt{2}} & -\frac{1}{\sqrt{2}} \\ 0 & 0 \end{bmatrix}, \quad Q_0 = \begin{bmatrix} 0 & 0 \\ -\frac{1}{\sqrt{2}} & -\frac{1}{\sqrt{2}} \end{bmatrix},$$

$$P_x = \begin{bmatrix} \frac{1}{\sqrt{2}} & \frac{1}{\sqrt{2}} \\ 0 & 0 \end{bmatrix}, \quad Q_x = \begin{bmatrix} 0 & 0 \\ \frac{1}{\sqrt{2}} & -\frac{1}{\sqrt{2}} \end{bmatrix} \quad (x \neq 0)$$

4.1 出発点付近に大きなピークが生じ得る場合

○ 初期確率振幅ベクトル

$$\vec{\psi}_0(0) = \begin{bmatrix} 1 \\ 0 \end{bmatrix}, \quad \vec{\psi}_0(x) = \begin{bmatrix} 0 \\ 0 \end{bmatrix} \quad (x \neq 0)$$

このとき，確率分布 $\mathbb{P}_t(x)$ の時間発展は，図 4.5 のようになります．参考までに，時刻 0 から 5 までの確率 $\mathbb{P}_t(x)$ を表 4.4 にまとめます（空欄は確率 0 を意味します）．

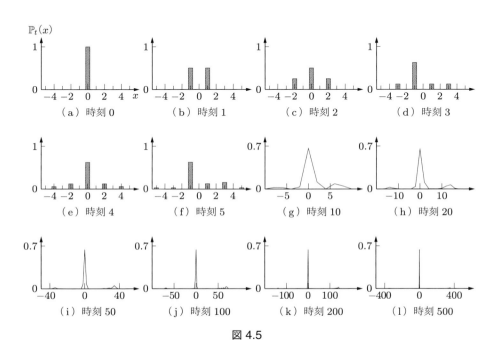

図 4.5

表 4.4

時刻＼場所	−5	−4	−3	−2	−1	0	1	2	3	4	5
0						1					
1					1/2		1/2				
2				1/4		2/4		1/4			
3			1/8		5/8		1/8		1/8		
4		1/16		2/16		10/16		2/16		1/16	
5	1/32		1/32		20/32		4/32		5/32		1/32

■例 4.5（確率分布の時間発展 5）

○行列（$\omega = \pi$ のとき）

$$P_0 = \begin{bmatrix} \frac{1}{\sqrt{2}} & -\frac{1}{\sqrt{2}} \\ 0 & 0 \end{bmatrix}, \quad Q_0 = \begin{bmatrix} 0 & 0 \\ -\frac{1}{\sqrt{2}} & -\frac{1}{\sqrt{2}} \end{bmatrix},$$

$$P_x = \begin{bmatrix} \frac{1}{\sqrt{2}} & \frac{1}{\sqrt{2}} \\ 0 & 0 \end{bmatrix}, \quad Q_x = \begin{bmatrix} 0 & 0 \\ \frac{1}{\sqrt{2}} & -\frac{1}{\sqrt{2}} \end{bmatrix} \quad (x \neq 0)$$

○初期確率振幅ベクトル

$$\vec{\psi}_0(0) = \begin{bmatrix} 0 \\ 1 \end{bmatrix}, \quad \vec{\psi}_0(x) = \begin{bmatrix} 0 \\ 0 \end{bmatrix} \quad (x \neq 0)$$

このとき，確率分布 $\mathbb{P}_t(x)$ の時間発展は，図 4.6 のようになります．参考までに，時刻 0 から 5 までの確率 $\mathbb{P}_t(x)$ を表 4.5 にまとめます（空欄は確率 0 を意味します）．

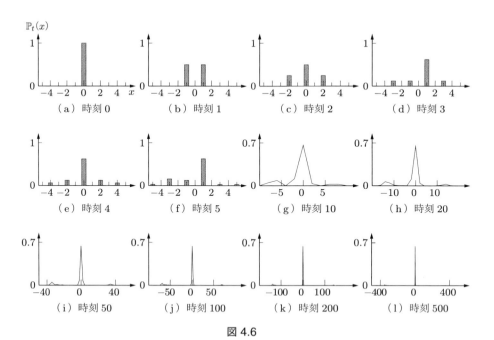

図 4.6

表 4.5

時刻\場所	−5	−4	−3	−2	−1	0	1	2	3	4	5
0						1					
1					1/2		1/2				
2				1/4		2/4		1/4			
3			1/8		1/8		5/8		1/8		
4		1/16		2/16		10/16		2/16		1/16	
5	1/32		5/32		4/32		20/32		1/32		1/32

■ 例 4.6（確率分布の時間発展 6）

○ 行列（$\omega = \pi$ のとき）

$$P_0 = \begin{bmatrix} \frac{1}{\sqrt{2}} & -\frac{1}{\sqrt{2}} \\ 0 & 0 \end{bmatrix}, \quad Q_0 = \begin{bmatrix} 0 & 0 \\ -\frac{1}{\sqrt{2}} & -\frac{1}{\sqrt{2}} \end{bmatrix},$$

$$P_x = \begin{bmatrix} \frac{1}{\sqrt{2}} & \frac{1}{\sqrt{2}} \\ 0 & 0 \end{bmatrix}, \quad Q_x = \begin{bmatrix} 0 & 0 \\ \frac{1}{\sqrt{2}} & -\frac{1}{\sqrt{2}} \end{bmatrix} \quad (x \neq 0)$$

○ 初期確率振幅ベクトル

$$\vec{\psi}_0(0) = \begin{bmatrix} \frac{1}{\sqrt{2}} \\ \frac{i}{\sqrt{2}} \end{bmatrix}, \quad \vec{\psi}_0(x) = \begin{bmatrix} 0 \\ 0 \end{bmatrix} \quad (x \neq 0)$$

このとき，確率分布 $\mathbb{P}_t(x)$ の時間発展は，図 4.7 のようになります．参考までに，時刻 0 から 5 までの確率 $\mathbb{P}_t(x)$ を表 4.6 にまとめます（空欄は確率 0 を意味します）．

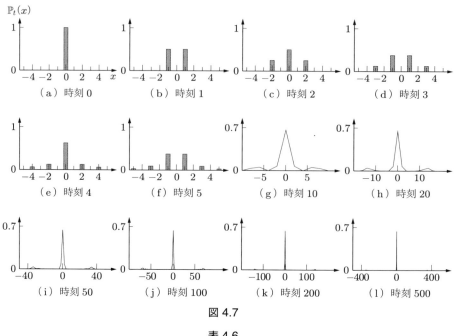

図 4.7

表 4.6

時刻＼場所	−5	−4	−3	−2	−1	0	1	2	3	4	5
0						1					
1					1/2		1/2				
2				1/4		2/4		1/4			
3			1/8		3/8		3/8		1/8		
4		1/16		2/16		10/16		2/16		1/16	
5	1/32		3/32		12/32		12/32		3/32		1/32

次は，確率分布と行列 P_0, Q_0 のパラメタ ω の関係を見てみましょう．

■ **例 4.7**（確率分布の行列依存性 1）

○ 行列

$$P_0 = \begin{bmatrix} \dfrac{1}{\sqrt{2}} & \dfrac{1}{\sqrt{2}}e^{i\omega} \\ 0 & 0 \end{bmatrix}, \quad Q_0 = \begin{bmatrix} 0 & 0 \\ \dfrac{1}{\sqrt{2}}e^{-i\omega} & -\dfrac{1}{\sqrt{2}} \end{bmatrix},$$

$$P_x = \begin{bmatrix} \dfrac{1}{\sqrt{2}} & \dfrac{1}{\sqrt{2}} \\ 0 & 0 \end{bmatrix}, \quad Q_x = \begin{bmatrix} 0 & 0 \\ \dfrac{1}{\sqrt{2}} & -\dfrac{1}{\sqrt{2}} \end{bmatrix} \quad (x \neq 0)$$

○ 初期確率振幅ベクトル

$$\vec{\psi}_0(0) = \begin{bmatrix} 1 \\ 0 \end{bmatrix}, \quad \vec{\psi}_0(x) = \begin{bmatrix} 0 \\ 0 \end{bmatrix} \quad (x \neq 0)$$

このとき，時刻 500 の確率分布 $\mathbb{P}_t(x)$ の ω 依存性は，図 4.8 のようになります．

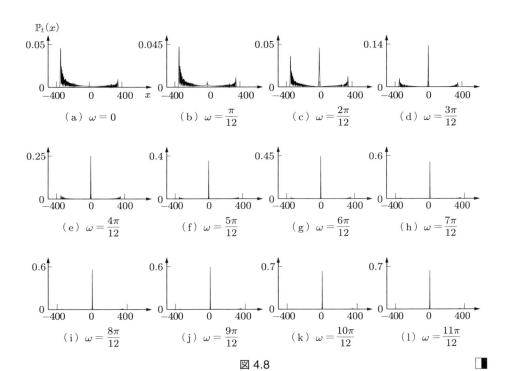

図 4.8

■ 例 4.8（確率分布の行列依存性 2）

○ 行列

$$P_0 = \begin{bmatrix} \dfrac{1}{\sqrt{2}} & \dfrac{1}{\sqrt{2}}e^{i\omega} \\ 0 & 0 \end{bmatrix}, \quad Q_0 = \begin{bmatrix} 0 & 0 \\ \dfrac{1}{\sqrt{2}}e^{-i\omega} & -\dfrac{1}{\sqrt{2}} \end{bmatrix},$$

$$P_x = \begin{bmatrix} \dfrac{1}{\sqrt{2}} & \dfrac{1}{\sqrt{2}} \\ 0 & 0 \end{bmatrix}, \quad Q_x = \begin{bmatrix} 0 & 0 \\ \dfrac{1}{\sqrt{2}} & -\dfrac{1}{\sqrt{2}} \end{bmatrix} \quad (x \neq 0)$$

○ 初期確率振幅ベクトル

$$\vec{\psi}_0(0) = \begin{bmatrix} 0 \\ 1 \end{bmatrix}, \quad \vec{\psi}_0(x) = \begin{bmatrix} 0 \\ 0 \end{bmatrix} \quad (x \neq 0)$$

このとき，時刻 500 の確率分布 $\mathbb{P}_t(x)$ の ω 依存性は，図 4.9 のようになります．

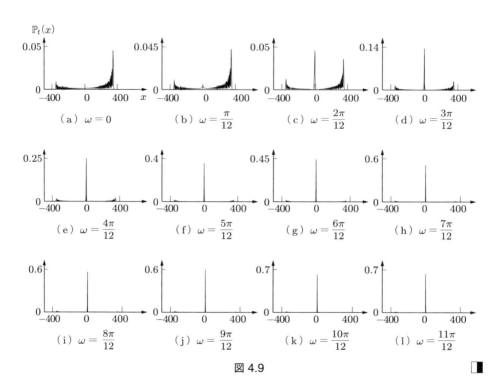

図 4.9

■ 例 4.9（確率分布の行列依存性 3）
○ 行列

$$P_0 = \begin{bmatrix} \dfrac{1}{\sqrt{2}} & \dfrac{1}{\sqrt{2}} e^{i\omega} \\ 0 & 0 \end{bmatrix}, \quad Q_0 = \begin{bmatrix} 0 & 0 \\ \dfrac{1}{\sqrt{2}} e^{-i\omega} & -\dfrac{1}{\sqrt{2}} \end{bmatrix},$$

$$P_x = \begin{bmatrix} \dfrac{1}{\sqrt{2}} & \dfrac{1}{\sqrt{2}} \\ 0 & 0 \end{bmatrix}, \quad Q_x = \begin{bmatrix} 0 & 0 \\ \dfrac{1}{\sqrt{2}} & -\dfrac{1}{\sqrt{2}} \end{bmatrix} \quad (x \neq 0)$$

4.1 出発点付近に大きなピークが生じ得る場合

○ 初期確率振幅ベクトル

$$\vec{\psi}_0(0) = \begin{bmatrix} \frac{1}{\sqrt{2}} \\ \frac{i}{\sqrt{2}} \end{bmatrix}, \quad \vec{\psi}_0(x) = \begin{bmatrix} 0 \\ 0 \end{bmatrix} \quad (x \neq 0)$$

このとき，時刻 500 の確率分布 $\mathbb{P}_t(x)$ の ω 依存性は，図 4.10 のようになります．

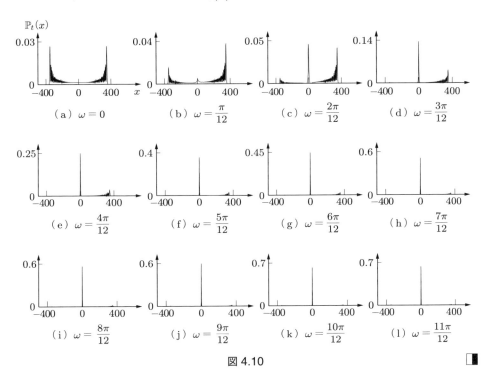

図 4.10

数学的な結果からわかる確率分布の性質 (⇒参考文献 [6])

この節で対象とした場所依存型の量子ウォークは，これまでに紹介した標準型あるいは時刻依存型の量子ウォークとは異なる確率分布をもつことが，シミュレーションの結果からわかります．標準型モデルになる場合（$\omega = 0$ の場合）を除いて，原点 $x = 0$ 付近の確率は，かなり大きくなり得ます．この場所依存型モデルに関しても，長時間後の確率分布の挙動は数学的に解析されており，原点付近のピークの挙動も明らかにされています．その解析結果からは，シミュレーションで扱った行列を含むような，以下に挙げるもう少し広いクラスの行列に対して，確率分布の振舞いを知ることができます．

$$P_0 = \begin{bmatrix} \cos\theta & e^{i\omega}\sin\theta \\ 0 & 0 \end{bmatrix}, \quad Q_0 = \begin{bmatrix} 0 & 0 \\ e^{-i\omega}\sin\theta & -\cos\theta \end{bmatrix},$$

$$P_x = \begin{bmatrix} \cos\theta & \sin\theta \\ 0 & 0 \end{bmatrix}, \quad Q_x = \begin{bmatrix} 0 & 0 \\ \sin\theta & -\cos\theta \end{bmatrix} \quad (x \neq 0)$$

パラメタ ω は，$0 \leq \omega < 2\pi$ の範囲から選びます．先にも説明したように，$\omega = 0$ のときは，この場所依存型モデルは標準型の量子ウォークになります．よって，ここでは，$\omega \neq 0$ の場合に対して，確率分布の性質を紹介します．同様に，パラメタ θ も，$0 \leq \theta < 2\pi$ の範囲から選ぶものとします．とくに，$\theta = \pi/4$ のときは，シミュレーションで対象となったモデルになります．また，$\theta = 0, \pi/2, \pi, 3\pi/2$ の場合は，自明な量子ウォークになります．

さて，時刻 0 での確率分布が $\mathbb{P}_0(0) = 1$，$\mathbb{P}_0(x) = 0$ $(x \neq 0)$ となるように初期確率振幅ベクトルをとったとき，数学的な結果からわかる長時間後の自明ではない場所依存型モデルの確率分布は，以下の性質をもちます．

性質 1 パラメタ $\omega \neq 0$ のとき，原点付近に大きなピークをもち得る．
性質 2 座標 $x = \pm|\cos\theta|t$ 付近の場所でも，確率分布はピークとなる．
性質 3 座標 $x = \pm|\cos\theta|t$ 付近にある，二つのピークより外側の場所に量子ウォーカーの位置が決まる確率は，ほとんど 0 である．

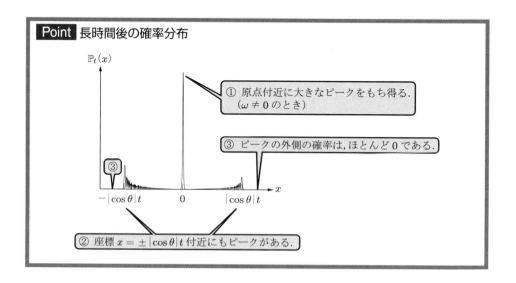

58 ページで紹介した通り，標準型モデル（行列のペア (P_x, Q_x) がすべて同じ場合）では，長時間後において原点付近に量子ウォーカーの位置が決まる確率は小さいです。一方，この節での場所依存型の量子ウォークでは，行列のペア (P_x, Q_x) が一つ（$x = 0$ の場合）しか異ならないにもかかわらず，原点付近の確率は非常に大きくなり得ます。ほんの 1 箇所の行列の違いが，確率分布に，これほど大きな違いを生み出すことは，とても興味深い現象です。

アルゴリズム

時刻 $T (= 0, 1, 2, \ldots)$ の確率分布 $\mathbb{P}_T(x)$ をシミュレーションするためのアルゴリズムを紹介します。

Algorithm 5　場所依存型モデル

```
/* 初期確率振幅ベクトルの設定 */
for all x ∈ {0, ±1, ±2, ...} do
    ψ⃗₀(x) を設定
end for

/* 時間発展 */
for t = 0 to T − 1 do
    for all x ∈ {0, ±1, ±2, ...} do
```
$$\vec{\psi}_{t+1}(x) = P_{x+1}\vec{\psi}_t(x+1) + Q_{x-1}\vec{\psi}_t(x-1)$$
```
    end for
end for

/* 確率の計算 */
for all x ∈ {0, ±1, ±2, ...} do
```
$$\mathbb{P}_T(x) = \left\|\vec{\psi}_T(x)\right\|^2$$
```
end for
```

4.2　出発点付近にピークが生じない場合

4.2.1　モデルの説明

前節に登場した場所依存型モデルと同じく，場所 x に依存した行列

$$P_x = \begin{bmatrix} a_x & b_x \\ 0 & 0 \end{bmatrix}, \quad Q_x = \begin{bmatrix} 0 & 0 \\ c_x & d_x \end{bmatrix} \quad (x = 0, \pm 1, \pm 2, \ldots)$$

を用いて，時刻 $t(=0,1,2,\ldots)$ から時刻 $t+1$ への時間発展ルールを

$$\vec{\psi}_{t+1}(x) = P_{x+1}\vec{\psi}_t(x+1) + Q_{x-1}\vec{\psi}_t(x-1)$$

で与えます．ただし，すべての $x=0,\pm 1,\pm 2,\ldots$ に対して，$P_x + Q_x$ はユニタリ行列になっているものとします．ここでは，行列 P_x, Q_x が

$$P_0 = \begin{bmatrix} \frac{1}{\sqrt{2}}e^{iw} & \frac{1}{\sqrt{2}} \\ 0 & 0 \end{bmatrix}, \quad Q_0 = \begin{bmatrix} 0 & 0 \\ \frac{1}{\sqrt{2}} & -\frac{1}{\sqrt{2}}e^{-i\omega} \end{bmatrix},$$

$$P_x = \begin{bmatrix} \frac{1}{\sqrt{2}} & \frac{1}{\sqrt{2}} \\ 0 & 0 \end{bmatrix}, \quad Q_x = \begin{bmatrix} 0 & 0 \\ \frac{1}{\sqrt{2}} & -\frac{1}{\sqrt{2}} \end{bmatrix} \quad (x \neq 0)$$

の場合を考えてみます．ただし，$0 \leq \omega < 2\pi$ です．とくに，$\omega = 0$ のときは，$P_0 = P_x$，$Q_0 = Q_x$ となるので，この場所依存型モデルは標準型の量子ウォークになります[4]．前節のモデルと比較してみると，行列 P_0, Q_0 に含まれる $e^{i\omega}, e^{-i\omega}$ の項の位置が異なるだけです．

$$\text{前節のモデル：} \quad P_0 = \begin{bmatrix} \frac{1}{\sqrt{2}} & \frac{1}{\sqrt{2}}e^{iw} \\ 0 & 0 \end{bmatrix}, \quad Q_0 = \begin{bmatrix} 0 & 0 \\ \frac{1}{\sqrt{2}}e^{-i\omega} & -\frac{1}{\sqrt{2}} \end{bmatrix}$$

$$\text{この節のモデル：} \quad P_0 = \begin{bmatrix} \frac{1}{\sqrt{2}}e^{iw} & \frac{1}{\sqrt{2}} \\ 0 & 0 \end{bmatrix}, \quad Q_0 = \begin{bmatrix} 0 & 0 \\ \frac{1}{\sqrt{2}} & -\frac{1}{\sqrt{2}}e^{-i\omega} \end{bmatrix}$$

この二つの項 $e^{i\omega}, e^{-i\omega}$ が掛かる位置の違いは，量子ウォークの確率分布にどのような違いを与えるのでしょうか．その違いを意識して，確率分布の挙動を見ていきましょう．

4.2.2 確率分布の性質

まずは，確率分布の時間発展を見ていきましょう．

■ 例 4.10（確率分布の時間発展 1）

○行列（$\omega = \pi/2$ のとき）

$$P_0 = \begin{bmatrix} \frac{i}{\sqrt{2}} & \frac{1}{\sqrt{2}} \\ 0 & 0 \end{bmatrix}, \quad Q_0 = \begin{bmatrix} 0 & 0 \\ \frac{1}{\sqrt{2}} & \frac{i}{\sqrt{2}} \end{bmatrix},$$

---

[4] $\omega = 0$ のとき，$e^{i\omega} = e^{-i\omega} = e^0 = 1$ です．

4.2 出発点付近にピークが生じない場合

$$P_x = \begin{bmatrix} \frac{1}{\sqrt{2}} & \frac{1}{\sqrt{2}} \\ 0 & 0 \end{bmatrix}, \quad Q_x = \begin{bmatrix} 0 & 0 \\ \frac{1}{\sqrt{2}} & -\frac{1}{\sqrt{2}} \end{bmatrix} \quad (x \neq 0)$$

○ 初期確率振幅ベクトル

$$\vec{\psi}_0(0) = \begin{bmatrix} 1 \\ 0 \end{bmatrix}, \quad \vec{\psi}_0(x) = \begin{bmatrix} 0 \\ 0 \end{bmatrix} \quad (x \neq 0)$$

このとき，確率分布 $\mathbb{P}_t(x)$ の時間発展は，図 4.11 のようになります．参考までに，時刻 0 から 5 までの確率 $\mathbb{P}_t(x)$ を表 4.7 にまとめます（空欄は確率 0 を意味します）．

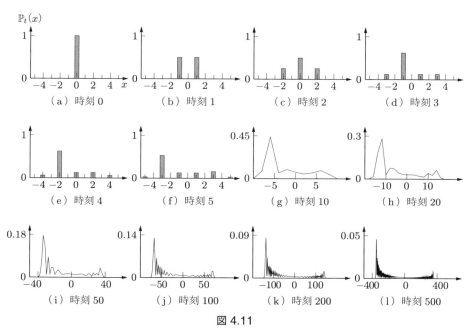

図 4.11

表 4.7

時刻 \ 場所	−5	−4	−3	−2	−1	0	1	2	3	4	5
0						1					
1					1/2		1/2				
2				1/4		2/4		1/4			
3			1/8		5/8		1/8		1/8		
4		1/16		10/16		2/16		2/16		1/16	
5	1/32		17/32		4/32		4/32		5/32		1/32

■ 例 4.11（確率分布の時間発展 2）

○ 行列（$\omega = \pi/2$ のとき）

$$P_0 = \begin{bmatrix} \frac{i}{\sqrt{2}} & \frac{1}{\sqrt{2}} \\ 0 & 0 \end{bmatrix}, \quad Q_0 = \begin{bmatrix} 0 & 0 \\ \frac{1}{\sqrt{2}} & \frac{i}{\sqrt{2}} \end{bmatrix},$$

$$P_x = \begin{bmatrix} \frac{1}{\sqrt{2}} & \frac{1}{\sqrt{2}} \\ 0 & 0 \end{bmatrix}, \quad Q_x = \begin{bmatrix} 0 & 0 \\ \frac{1}{\sqrt{2}} & -\frac{1}{\sqrt{2}} \end{bmatrix} \quad (x \neq 0)$$

○ 初期確率振幅ベクトル

$$\vec{\psi}_0(0) = \begin{bmatrix} 0 \\ 1 \end{bmatrix}, \quad \vec{\psi}_0(x) = \begin{bmatrix} 0 \\ 0 \end{bmatrix} \quad (x \neq 0)$$

このとき，確率分布 $\mathbb{P}_t(x)$ の時間発展は，図 4.12 のようになります．参考までに，時刻 0 から 5 までの確率 $\mathbb{P}_t(x)$ を表 4.8 にまとめます（空欄は確率 0 を意味します）．

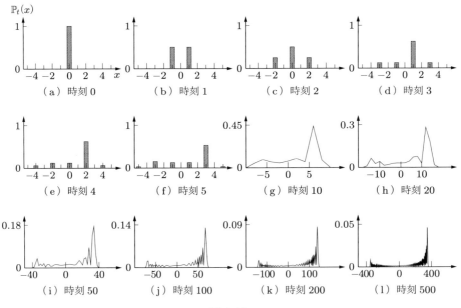

図 4.12

表 4.8

時刻\場所	−5	−4	−3	−2	−1	0	1	2	3	4	5
0						1					
1					1/2		1/2				
2				1/4		2/4		1/4			
3			1/8		1/8		5/8		1/8		
4		1/16		2/16		2/16		10/16		1/16	
5	1/32		5/32		4/32		4/32		17/32		1/32

■ 例 4.12（確率分布の時間発展 3）

○ 行列（$\omega = \pi/2$ のとき）

$$P_0 = \begin{bmatrix} \dfrac{i}{\sqrt{2}} & \dfrac{1}{\sqrt{2}} \\ 0 & 0 \end{bmatrix}, \quad Q_0 = \begin{bmatrix} 0 & 0 \\ \dfrac{1}{\sqrt{2}} & \dfrac{i}{\sqrt{2}} \end{bmatrix},$$

$$P_x = \begin{bmatrix} \dfrac{1}{\sqrt{2}} & \dfrac{1}{\sqrt{2}} \\ 0 & 0 \end{bmatrix}, \quad Q_x = \begin{bmatrix} 0 & 0 \\ \dfrac{1}{\sqrt{2}} & -\dfrac{1}{\sqrt{2}} \end{bmatrix} \quad (x \neq 0)$$

○ 初期確率振幅ベクトル

$$\vec{\psi}_0(0) = \begin{bmatrix} \dfrac{1}{\sqrt{2}} \\ \dfrac{i}{\sqrt{2}} \end{bmatrix}, \quad \vec{\psi}_0(x) = \begin{bmatrix} 0 \\ 0 \end{bmatrix} \quad (x \neq 0)$$

このとき，確率分布 $\mathbb{P}_t(x)$ の時間発展は，図 4.13 のようになります．参考までに，時刻 0 から 5 までの確率 $\mathbb{P}_t(x)$ を表 4.9 にまとめます（空欄は確率 0 を意味します）．

126   4　場所依存型の量子ウォーク

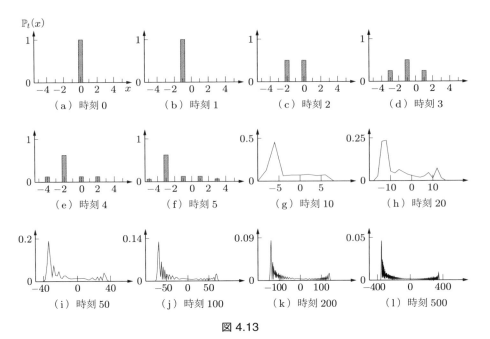

図 4.13

表 4.9

時刻＼場所	−5	−4	−3	−2	−1	0	1	2	3	4	5
0						1					
1					1						
2				1/2		1/2					
3			1/4		2/4		1/4				
4		1/8		5/8		1/8		1/8			
5	1/16		10/16		2/16		2/16		1/16		

■ 例 4.13（確率分布の時間発展 4）

○行列（$\omega = \pi$ のとき）

$$P_0 = \begin{bmatrix} -\dfrac{1}{\sqrt{2}} & \dfrac{1}{\sqrt{2}} \\ 0 & 0 \end{bmatrix}, \quad Q_0 = \begin{bmatrix} 0 & 0 \\ \dfrac{1}{\sqrt{2}} & \dfrac{1}{\sqrt{2}} \end{bmatrix},$$

$$P_x = \begin{bmatrix} \dfrac{1}{\sqrt{2}} & \dfrac{1}{\sqrt{2}} \\ 0 & 0 \end{bmatrix}, \quad Q_x = \begin{bmatrix} 0 & 0 \\ \dfrac{1}{\sqrt{2}} & -\dfrac{1}{\sqrt{2}} \end{bmatrix} \quad (x \neq 0)$$

4.2 出発点付近にピークが生じない場合

○ 初期確率振幅ベクトル

$$\vec{\psi}_0(0) = \begin{bmatrix} 1 \\ 0 \end{bmatrix}, \quad \vec{\psi}_0(x) = \begin{bmatrix} 0 \\ 0 \end{bmatrix} \quad (x \neq 0)$$

このとき，確率分布 $\mathbb{P}_t(x)$ の時間発展は，図 4.14 のようになります．参考までに，時刻 0 から 5 までの確率 $\mathbb{P}_t(x)$ を表 4.10 にまとめます（空欄は確率 0 を意味します）．

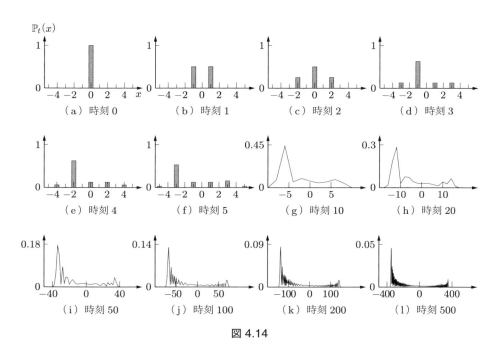

図 4.14

表 4.10

時刻＼場所	−5	−4	−3	−2	−1	0	1	2	3	4	5
0						1					
1					1/2		1/2				
2				1/4		2/4		1/4			
3			1/8		5/8		1/8		1/8		
4		1/16		10/16		2/16		2/16		1/16	
5	1/32		17/32		4/32		4/32		5/32		1/32

■ 例 4.14（確率分布の時間発展 5）

○ 行列（$\omega = \pi$ のとき）

$$P_0 = \begin{bmatrix} -\dfrac{1}{\sqrt{2}} & \dfrac{1}{\sqrt{2}} \\ 0 & 0 \end{bmatrix}, \quad Q_0 = \begin{bmatrix} 0 & 0 \\ \dfrac{1}{\sqrt{2}} & \dfrac{1}{\sqrt{2}} \end{bmatrix},$$

$$P_x = \begin{bmatrix} \dfrac{1}{\sqrt{2}} & \dfrac{1}{\sqrt{2}} \\ 0 & 0 \end{bmatrix}, \quad Q_x = \begin{bmatrix} 0 & 0 \\ \dfrac{1}{\sqrt{2}} & -\dfrac{1}{\sqrt{2}} \end{bmatrix} \quad (x \neq 0)$$

○ 初期確率振幅ベクトル

$$\vec{\psi}_0(0) = \begin{bmatrix} 0 \\ 1 \end{bmatrix}, \quad \vec{\psi}_0(x) = \begin{bmatrix} 0 \\ 0 \end{bmatrix} \quad (x \neq 0)$$

このとき，確率分布 $\mathbb{P}_t(x)$ の時間発展は，図 4.15 のようになります．参考までに，時刻 0 から 5 までの確率 $\mathbb{P}_t(x)$ を表 4.11 にまとめます（空欄は確率 0 を意味します）．

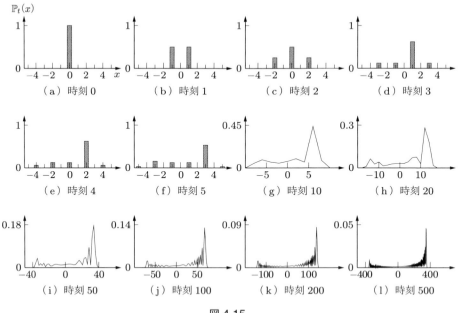

図 4.15

4.2 出発点付近にピークが生じない場合　129

表 4.11

時刻\場所	−5	−4	−3	−2	−1	0	1	2	3	4	5
0						1					
1					1/2		1/2				
2				1/4		2/4		1/4			
3			1/8		1/8		5/8		1/8		
4		1/16		2/16		2/16		10/16		1/16	
5	1/32		5/32		4/32		4/32		17/32		1/32

■ 例 4.15 (確率分布の時間発展 6)
  ○ 行列 ($\omega = \pi$ のとき)

$$P_0 = \begin{bmatrix} -\frac{1}{\sqrt{2}} & \frac{1}{\sqrt{2}} \\ 0 & 0 \end{bmatrix}, \quad Q_0 = \begin{bmatrix} 0 & 0 \\ \frac{1}{\sqrt{2}} & \frac{1}{\sqrt{2}} \end{bmatrix},$$

$$P_x = \begin{bmatrix} \frac{1}{\sqrt{2}} & \frac{1}{\sqrt{2}} \\ 0 & 0 \end{bmatrix}, \quad Q_x = \begin{bmatrix} 0 & 0 \\ \frac{1}{\sqrt{2}} & -\frac{1}{\sqrt{2}} \end{bmatrix} \quad (x \neq 0)$$

  ○ 初期確率振幅ベクトル

$$\vec{\psi}_0(0) = \begin{bmatrix} \frac{1}{\sqrt{2}} \\ \frac{i}{\sqrt{2}} \end{bmatrix}, \quad \vec{\psi}_0(x) = \begin{bmatrix} 0 \\ 0 \end{bmatrix} \quad (x \neq 0)$$

このとき，確率分布 $\mathbb{P}_t(x)$ の時間発展は，図 4.16 のようになります．参考までに，時刻 0 から 5 までの確率 $\mathbb{P}_t(x)$ を表 4.12 にまとめます（空欄は確率 0 を意味します）．

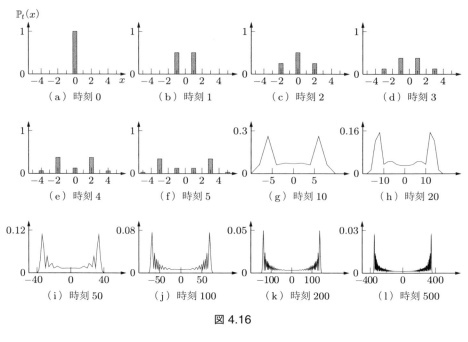

図 4.16

表 4.12

時刻＼場所	−5	−4	−3	−2	−1	0	1	2	3	4	5
0						1					
1					1/2		1/2				
2				1/4		2/4		1/4			
3			1/8		3/8		3/8		1/8		
4		1/16		6/16		2/16		6/16		1/16	
5	1/32		11/32		4/32		4/32		11/32		1/32

次は，確率分布と行列 P_0, Q_0 のパラメタ ω の関係を見てみましょう．

■ **例 4.16**（確率分布の行列依存性 1）

○行列

$$P_0 = \begin{bmatrix} \frac{1}{\sqrt{2}}e^{i\omega} & \frac{1}{\sqrt{2}} \\ 0 & 0 \end{bmatrix}, \quad Q_0 = \begin{bmatrix} 0 & 0 \\ \frac{1}{\sqrt{2}} & -\frac{1}{\sqrt{2}}e^{-i\omega} \end{bmatrix},$$

$$P_x = \begin{bmatrix} \dfrac{1}{\sqrt{2}} & \dfrac{1}{\sqrt{2}} \\ 0 & 0 \end{bmatrix}, \quad Q_x = \begin{bmatrix} 0 & 0 \\ \dfrac{1}{\sqrt{2}} & -\dfrac{1}{\sqrt{2}} \end{bmatrix} \quad (x \neq 0)$$

○初期確率振幅ベクトル

$$\overrightarrow{\psi}_0(0) = \begin{bmatrix} 1 \\ 0 \end{bmatrix}, \quad \overrightarrow{\psi}_0(x) = \begin{bmatrix} 0 \\ 0 \end{bmatrix} \quad (x \neq 0)$$

このとき，時刻 500 の確率分布 $\mathbb{P}_t(x)$ の ω 依存性は，図 4.17 のようになります．参考資料として，時刻 5 における確率分布 $\mathbb{P}_t(x)$ の ω 依存性を，表 4.13 にまとめます（空欄は確率 0 を意味します）．

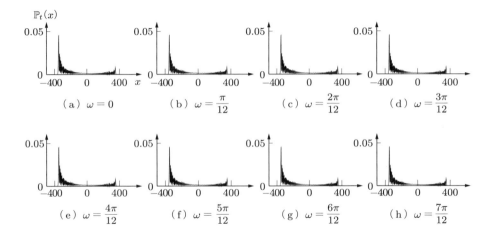
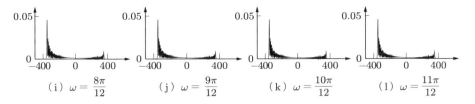

図 4.17

表 4.13

ω＼場所	−5	−4	−3	−2	−1	0	1	2	3	4	5
0	1/32		17/32		4/32		4/32		5/32		1/32
$\pi/12$	1/32		17/32		4/32		4/32		5/32		1/32
$2\pi/12$	1/32		17/32		4/32		4/32		5/32		1/32
$3\pi/12$	1/32		17/32		4/32		4/32		5/32		1/32
$4\pi/12$	1/32		17/32		4/32		4/32		5/32		1/32
$5\pi/12$	1/32		17/32		4/32		4/32		5/32		1/32
$6\pi/12$	1/32		17/32		4/32		4/32		5/32		1/32
$7\pi/12$	1/32		17/32		4/32		4/32		5/32		1/32
$8\pi/12$	1/32		17/32		4/32		4/32		5/32		1/32
$9\pi/12$	1/32		17/32		4/32		4/32		5/32		1/32
$10\pi/12$	1/32		17/32		4/32		4/32		5/32		1/32
$11\pi/12$	1/32		17/32		4/32		4/32		5/32		1/32

■ 例 4.17（確率分布の行列依存性 2）

○ 行列

$$P_0 = \begin{bmatrix} \frac{1}{\sqrt{2}}e^{i\omega} & \frac{1}{\sqrt{2}} \\ 0 & 0 \end{bmatrix}, \quad Q_0 = \begin{bmatrix} 0 & 0 \\ \frac{1}{\sqrt{2}} & -\frac{1}{\sqrt{2}}e^{-i\omega} \end{bmatrix},$$

$$P_x = \begin{bmatrix} \frac{1}{\sqrt{2}} & \frac{1}{\sqrt{2}} \\ 0 & 0 \end{bmatrix}, \quad Q_x = \begin{bmatrix} 0 & 0 \\ \frac{1}{\sqrt{2}} & -\frac{1}{\sqrt{2}} \end{bmatrix} \quad (x \neq 0)$$

○ 初期確率振幅ベクトル

$$\vec{\psi}_0(0) = \begin{bmatrix} 0 \\ 1 \end{bmatrix}, \quad \vec{\psi}_0(x) = \begin{bmatrix} 0 \\ 0 \end{bmatrix} \quad (x \neq 0)$$

このとき，時刻 500 の確率分布 $\mathbb{P}_t(x)$ の ω 依存性は，図 4.18 のようになります．参考資料として，時刻 5 における確率分布 $\mathbb{P}_t(x)$ の ω 依存性を，表 4.14 にまとめます（空欄は確率 0 を意味します）．

4.2 出発点付近にピークが生じない場合　**133**

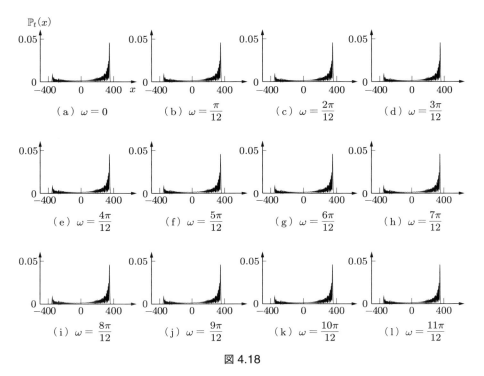

図 4.18

表 4.14

場所 ω	−5	−4	−3	−2	−1	0	1	2	3	4	5
0	1/32		5/32		4/32		4/32		17/32		1/32
$\pi/12$	1/32		5/32		4/32		4/32		17/32		1/32
$2\pi/12$	1/32		5/32		4/32		4/32		17/32		1/32
$3\pi/12$	1/32		5/32		4/32		4/32		17/32		1/32
$4\pi/12$	1/32		5/32		4/32		4/32		17/32		1/32
$5\pi/12$	1/32		5/32		4/32		4/32		17/32		1/32
$6\pi/12$	1/32		5/32		4/32		4/32		17/32		1/32
$7\pi/12$	1/32		5/32		4/32		4/32		17/32		1/32
$8\pi/12$	1/32		5/32		4/32		4/32		17/32		1/32
$9\pi/12$	1/32		5/32		4/32		4/32		17/32		1/32
$10\pi/12$	1/32		5/32		4/32		4/32		17/32		1/32
$11\pi/12$	1/32		5/32		4/32		4/32		17/32		1/32

■ 例 4.18（確率分布の行列依存性 3）
○ 行列

$$P_0 = \begin{bmatrix} \dfrac{1}{\sqrt{2}}e^{i\omega} & \dfrac{1}{\sqrt{2}} \\ 0 & 0 \end{bmatrix}, \quad Q_0 = \begin{bmatrix} 0 & 0 \\ \dfrac{1}{\sqrt{2}} & -\dfrac{1}{\sqrt{2}}e^{-i\omega} \end{bmatrix},$$

$$P_x = \begin{bmatrix} \dfrac{1}{\sqrt{2}} & \dfrac{1}{\sqrt{2}} \\ 0 & 0 \end{bmatrix}, \quad Q_x = \begin{bmatrix} 0 & 0 \\ \dfrac{1}{\sqrt{2}} & -\dfrac{1}{\sqrt{2}} \end{bmatrix} \quad (x \neq 0)$$

○ 初期確率振幅ベクトル

$$\vec{\psi}_0(0) = \begin{bmatrix} \dfrac{1}{\sqrt{2}} \\ \dfrac{i}{\sqrt{2}} \end{bmatrix}, \quad \vec{\psi}_0(x) = \begin{bmatrix} 0 \\ 0 \end{bmatrix} \quad (x \neq 0)$$

このとき，時刻 500 の確率分布 $\mathbb{P}_t(x)$ の ω 依存性は，図 4.19 のようになります．

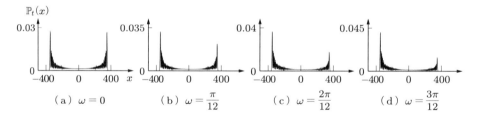
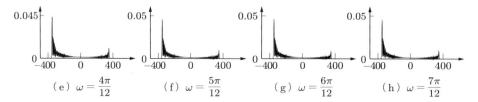
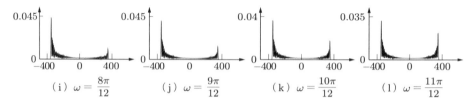

図 4.19

数学的な結果からわかる確率分布の性質 （⇒参考文献 [7]）

いくつかの例を見てきましたが，前節に挙げた場所依存型の量子ウォークと，この節で挙げたモデルとでは，確率分布の挙動が明らかに異なります．この節での場所依存型モデルでは，原点 $x=0$ 付近にピークは出現しないようです．しかも，よく見ると，同じような確率分布が多く出てきていることに気がつきます．パラメタ ω への依存性を見てみると，例 4.16, 4.17（130, 132 ページ）の，それぞれに登場している確率分布の図は，すべて同じように見えます．実際，その二つの例にて参考資料として挙げた，時刻 5 の確率分布の表 4.13, 4.14 は，パラメタ ω に依存せず，すべて同じです．また，ほかの例も観察すると，この場所依存型モデルの確率分布の挙動は，標準型モデルのものに，よく似ています．じつは，確率分布に限っては，標準型モデルと同じ性質をもつことがわかっています．つまり，この節で扱った場所依存型モデルにおいて，量子ウォーカーが原点から出発するとき（$\mathbb{P}_0(0)=1, \mathbb{P}_0(x)=0\ (x\neq 0)$），長時間後の確率分布は以下の性質をもちます．

性質 1 原点付近に量子ウォーカーの位置が決まる確率は小さい．
性質 2 座標 $x=\pm t/\sqrt{2}$ 付近の場所で，確率分布はピークとなる．つまり，$x=\pm t/\sqrt{2}$ の付近に量子ウォーカーの位置が決まる確率が大きい．
性質 3 ピークの外側の場所に量子ウォーカーの位置が決まる確率は，ほとんど 0 である．

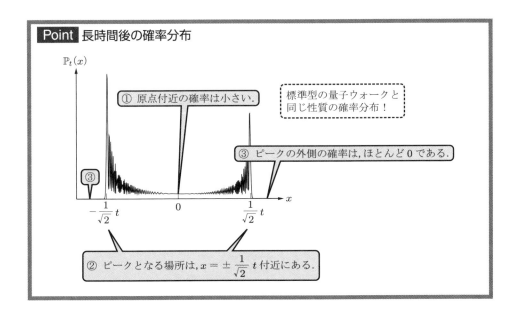

この節で扱った場所依存型モデルは，前節のモデルと同様に，時間発展を決める行列のペア (P_x, Q_x) が原点だけ，ほかの場所と異なります．しかし，前節のモデルとは対照的に，原点付近に大きな確率のピークはもたず，空間全体にわたって一様な時間発展ルールをもつ，標準型モデルの確率分布と同じ性質をもちます．行列 P_0, Q_0 の成分に入っている二つの項 $e^{i\omega}, e^{-i\omega}$ の入れ方によって，確率分布の性質は大きく変わることがわかりました．量子ウォークの性質は，時間発展ルールを決める行列に強く依存することが，二つの場所依存型モデルからも理解できます．この章では，原点のみ時間発展を決める行列のペアが異なる場合を紹介しましたが，空間全体にわたって行列のペアが異なる一般的な場所依存型モデルの解析は，問題として残されています．

比較参考のため，本章で紹介した場所依存型モデルに対応するランダムウォークの時刻 500 における確率分布の例を，図 4.20 に挙げます．ランダムウォーカーは，時刻 0 で原点から出発して $(\nu_0(0) = 1, \nu_0(x) = 0 \ (x \neq 0))$，

$$\nu_{t+1}(x) = p_{x+1}\nu_t(x+1) + q_{x-1}\nu_t(x-1)$$

に従って，時間発展を行うものとします．ただし，p_x, q_x はすべての x に対して，$p_x + q_x = 1$ を満たす非負の実数とします．

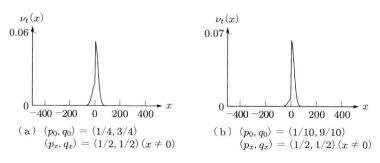

図 4.20

アルゴリズム

時刻 $T (= 0, 1, 2, \ldots)$ の確率分布 $\mathbb{P}_T(x)$ をシミュレーションするためのアルゴリズムを紹介します[5].

Algorithm 6　場所依存型モデル

```
/* 初期確率振幅ベクトルの設定 */
for all x ∈ {0, ±1, ±2, ...} do
    ψ⃗₀(x) を設定
end for

/* 時間発展 */
for t = 0 to T − 1 do
    for all x ∈ {0, ±1, ±2, ...} do
```
$$\vec{\psi}_{t+1}(x) = P_{x+1} \vec{\psi}_t(x+1) + Q_{x-1} \vec{\psi}_t(x-1)$$
```
    end for
end for

/* 確率の計算 */
for all x ∈ {0, ±1, ±2, ...} do
```
$$\mathbb{P}_T(x) = \left\| \vec{\psi}_T(x) \right\|^2$$
```
end for
```

---

[5] 121 ページで紹介したアルゴリズムと同じものです.

Chapter 5

標準型の量子ウォークの拡張版モデル

　これまでは，2成分をもつベクトル（確率振幅ベクトル）が，各場所に置かれた量子ウォークの挙動を見てきました．一般に，確率振幅ベクトルの成分の個数は，いくつであっても，量子ウォークのモデルを構成することは可能であり，標準型モデルの拡張版を考えることができます．確率振幅ベクトルの成分の個数が多くなるにつれて，量子ウォークを解析する際の計算は煩雑になりますが，いくつかの拡張版モデルに対しては，確率分布の挙動が数学的に解析されています．ここでは，二つの拡張版モデルと，それらの確率分布の性質を紹介します．

Key Word　3成分の確率振幅ベクトル
　　　　　　4成分の確率振幅ベクトル

■ 5.1　確率振幅ベクトルの成分が三つの場合

5.1.1　モデルの説明

まずは，各場所の確率振幅ベクトルが3成分をもつような量子ウォークを紹介します．

1. 確率振幅ベクトル

　図5.1のように，各場所 $x\,(=0,\pm1,\pm2,\ldots)$ に複素数成分をもつ3次の縦ベクトルを考えます．これらのベクトルが，確率振幅ベクトルとなります．

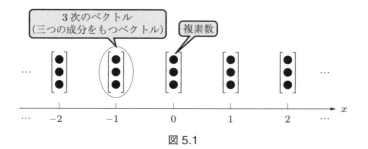

図 5.1

■ 例 5.1

■ 例 5.2

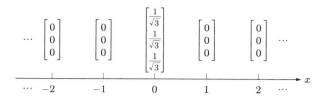

■ 例 5.3

2. **時間発展ルール**

標準型モデルと同様に, 時刻 $t(=0,1,2,\ldots)$ における場所 x の確率振幅ベクトルを $\vec{\psi}_t(x)$ で表します (図 5.2 参照).

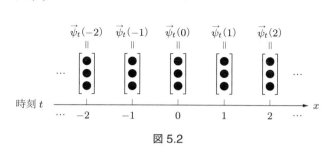

図 5.2

量子ウォークの時間発展は，3×3 の行列 P, Q, R を用いて，

$$\vec{\psi}_{t+1}(x) = P\vec{\psi}_t(x+1) + Q\vec{\psi}_t(x) + R\vec{\psi}_t(x-1)$$

で与えられます．ただし，三つの行列は

$$P = \begin{bmatrix} a_1 & a_2 & a_3 \\ 0 & 0 & 0 \\ 0 & 0 & 0 \end{bmatrix}, \quad Q = \begin{bmatrix} 0 & 0 & 0 \\ b_1 & b_2 & b_3 \\ 0 & 0 & 0 \end{bmatrix}, \quad R = \begin{bmatrix} 0 & 0 & 0 \\ 0 & 0 & 0 \\ c_1 & c_2 & c_3 \end{bmatrix}$$

の形で，かつ $P+Q+R$ はユニタリ行列とします（図 5.3 参照）．

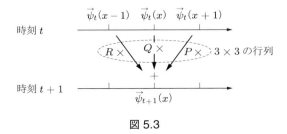

図 5.3

3. 確率

時刻 t において，場所 x に量子ウォーカーの位置が決まる確率は

$$\mathbb{P}_t(x) = \left\| \vec{\psi}_t(x) \right\|^2$$

で定義されます（図 5.4 参照）．

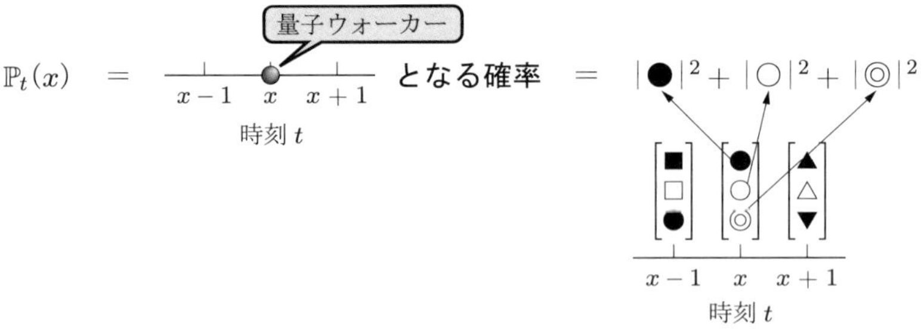

図 5.4

標準型モデルと同様に，すべての時刻 t に対して $\|\vec{\psi}_t(x)\|^2$ を確率分布にするために，$\sum_{x=-\infty}^{\infty} \|\vec{\psi}_0(x)\|^2 = 1$ が成立するように初期確率振幅ベクトルは設定され，かつ $P+Q+R$ がユニタリ行列というルールも守られなければなりません．

例 5.4（量子ウォークに適した例）

時刻 0 における確率振幅ベクトルが $\cdots, \begin{bmatrix}0\\0\\0\end{bmatrix}, \begin{bmatrix}0\\0\\0\end{bmatrix}, \begin{bmatrix}1\\0\\0\end{bmatrix}, \begin{bmatrix}0\\0\\0\end{bmatrix}, \begin{bmatrix}0\\0\\0\end{bmatrix}, \cdots$ （位置 $-2, -1, 0, 1, 2$）

$\Longrightarrow \sum_{x=-\infty}^{\infty} \|\vec{\psi}_0(x)\|^2 = 1$

& $P + Q + R = \begin{bmatrix}1 & 0 & 0\\0 & 1 & 0\\0 & 0 & 1\end{bmatrix}$ ユニタリ行列 ■

例 5.5（量子ウォークに適さない例）

時刻 0 における確率振幅ベクトルが $\cdots, \begin{bmatrix}0\\0\\0\end{bmatrix}, \begin{bmatrix}0\\0\\0\end{bmatrix}, \begin{bmatrix}1\\0\\0\end{bmatrix}, \begin{bmatrix}0\\0\\0\end{bmatrix}, \begin{bmatrix}0\\0\\0\end{bmatrix}, \cdots$ （位置 $-2, -1, 0, 1, 2$）

$\Longrightarrow \sum_{x=-\infty}^{\infty} \|\vec{\psi}_0(x)\|^2 = 1$

& $P + Q + R = \begin{bmatrix}1 & 2 & 3\\4 & 5 & 6\\7 & 8 & 9\end{bmatrix}$ ユニタリ行列ではない ■

例 5.6（量子ウォークに適さない例）

時刻 0 における確率振幅ベクトルが $\cdots, \begin{bmatrix}0\\0\\0\end{bmatrix}, \begin{bmatrix}0\\0\\0\end{bmatrix}, \begin{bmatrix}1\\1\\1\end{bmatrix}, \begin{bmatrix}0\\0\\0\end{bmatrix}, \begin{bmatrix}0\\0\\0\end{bmatrix}, \cdots$ （位置 $-2, -1, 0, 1, 2$）

$\Longrightarrow \sum_{x=-\infty}^{\infty} \|\vec{\psi}_0(x)\|^2 \neq 1$

& $P + Q + R = \begin{bmatrix}1 & 0 & 0\\0 & 1 & 0\\0 & 0 & 1\end{bmatrix}$ ユニタリ行列 ■

Point モデルに必要な条件

1. $\sum_{x=-\infty}^{\infty} \|\vec{\psi}_0(x)\|^2 = 1$ が成立するように初期確率振幅ベクトルを設定する．
2. $P + Q + R$ はユニタリ行列である．

量子ウォークの確率振幅ベクトルと確率分布の時間発展を，例で見てみましょう．

例 5.7

初期確率振幅ベクトルを

$$\vec{\psi}_0(0) = \begin{bmatrix}1\\0\\0\end{bmatrix}, \quad \vec{\psi}_0(x) = \begin{bmatrix}0\\0\\0\end{bmatrix} \quad (x \neq 0)$$

と設定します．この初期状態を図示すると，図 5.5 のようになります．

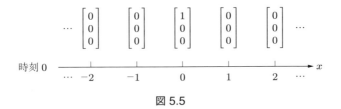

図 5.5

時刻 0 の確率分布は，

$$\mathbb{P}_0(0) = \left|\left|\vec{\psi_0}(0)\right|\right|^2 = \left|\left|\begin{bmatrix} 1 \\ 0 \\ 0 \end{bmatrix}\right|\right|^2 = |1|^2 + |0|^2 + |0|^2 = 1$$

$$\mathbb{P}_0(x) = \left|\left|\vec{\psi_0}(x)\right|\right|^2 = \left|\left|\begin{bmatrix} 0 \\ 0 \\ 0 \end{bmatrix}\right|\right|^2 = |0|^2 + |0|^2 + |0|^2 = 0 \quad (x \neq 0)$$

となっています．また，時間発展ルールを決める行列は

$$P = \begin{bmatrix} -\frac{1}{3} & \frac{2}{3} & \frac{2}{3} \\ 0 & 0 & 0 \\ 0 & 0 & 0 \end{bmatrix}, \quad Q = \begin{bmatrix} 0 & 0 & 0 \\ \frac{2}{3} & -\frac{1}{3} & \frac{2}{3} \\ 0 & 0 & 0 \end{bmatrix}, \quad R = \begin{bmatrix} 0 & 0 & 0 \\ 0 & 0 & 0 \\ \frac{2}{3} & \frac{2}{3} & -\frac{1}{3} \end{bmatrix}$$

ととります．このとき，時刻 $t = 1, 2$ における場所 $x = 0, \pm 1$ の確率振幅ベクトルを計算してみましょう．

● 時刻 1

$$\vec{\psi}_1(-1) = P\vec{\psi}_0(0) + Q\vec{\psi}_0(-1) + R\vec{\psi}_0(-2)$$

$$= \begin{bmatrix} -\frac{1}{3} & \frac{2}{3} & \frac{2}{3} \\ 0 & 0 & 0 \\ 0 & 0 & 0 \end{bmatrix} \begin{bmatrix} 1 \\ 0 \\ 0 \end{bmatrix} + \begin{bmatrix} 0 & 0 & 0 \\ \frac{2}{3} & -\frac{1}{3} & \frac{2}{3} \\ 0 & 0 & 0 \end{bmatrix} \begin{bmatrix} 0 \\ 0 \\ 0 \end{bmatrix} + \begin{bmatrix} 0 & 0 & 0 \\ 0 & 0 & 0 \\ \frac{2}{3} & \frac{2}{3} & -\frac{1}{3} \end{bmatrix} \begin{bmatrix} 0 \\ 0 \\ 0 \end{bmatrix} = \begin{bmatrix} -\frac{1}{3} \\ 0 \\ 0 \end{bmatrix}$$

$$\vec{\psi}_1(0) = P\vec{\psi}_0(1) + Q\vec{\psi}_0(0) + R\vec{\psi}_0(-1)$$

$$= \begin{bmatrix} -\frac{1}{3} & \frac{2}{3} & \frac{2}{3} \\ 0 & 0 & 0 \\ 0 & 0 & 0 \end{bmatrix} \begin{bmatrix} 0 \\ 0 \\ 0 \end{bmatrix} + \begin{bmatrix} 0 & 0 & 0 \\ \frac{2}{3} & -\frac{1}{3} & \frac{2}{3} \\ 0 & 0 & 0 \end{bmatrix} \begin{bmatrix} 1 \\ 0 \\ 0 \end{bmatrix} + \begin{bmatrix} 0 & 0 & 0 \\ 0 & 0 & 0 \\ \frac{2}{3} & \frac{2}{3} & -\frac{1}{3} \end{bmatrix} \begin{bmatrix} 0 \\ 0 \\ 0 \end{bmatrix} = \begin{bmatrix} 0 \\ \frac{2}{3} \\ 0 \end{bmatrix}$$

$$\vec{\psi}_1(1) = P\vec{\psi}_0(2) + Q\vec{\psi}_0(1) + R\vec{\psi}_0(0)$$

$$= \begin{bmatrix} -\frac{1}{3} & \frac{2}{3} & \frac{2}{3} \\ 0 & 0 & 0 \\ 0 & 0 & 0 \end{bmatrix} \begin{bmatrix} 0 \\ 0 \\ 0 \end{bmatrix} + \begin{bmatrix} 0 & 0 & 0 \\ \frac{2}{3} & -\frac{1}{3} & \frac{2}{3} \\ 0 & 0 & 0 \end{bmatrix} \begin{bmatrix} 0 \\ 0 \\ 0 \end{bmatrix} + \begin{bmatrix} 0 & 0 & 0 \\ 0 & 0 & 0 \\ \frac{2}{3} & \frac{2}{3} & -\frac{1}{3} \end{bmatrix} \begin{bmatrix} 1 \\ 0 \\ 0 \end{bmatrix} = \begin{bmatrix} 0 \\ 0 \\ \frac{2}{3} \end{bmatrix}$$

ほかも同様に計算すると，図 5.6 のようになります．

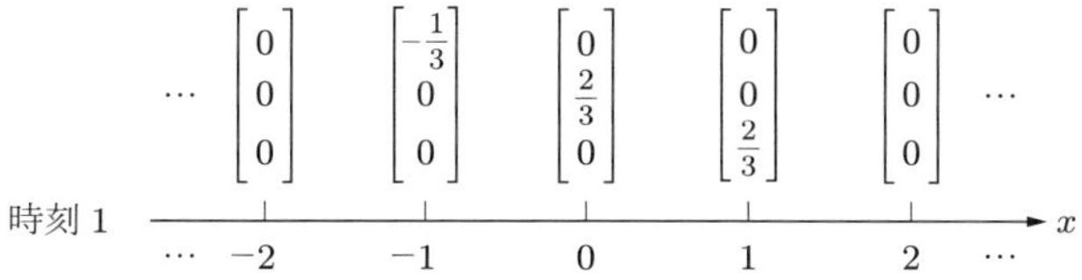

図 5.6

● 時刻 2

$$\vec{\psi}_2(-1) = P\vec{\psi}_1(0) + Q\vec{\psi}_1(-1) + R\vec{\psi}_1(-2)$$

$$= \begin{bmatrix} -\frac{1}{3} & \frac{2}{3} & \frac{2}{3} \\ 0 & 0 & 0 \\ 0 & 0 & 0 \end{bmatrix} \begin{bmatrix} 0 \\ \frac{2}{3} \\ 0 \end{bmatrix} + \begin{bmatrix} 0 & 0 & 0 \\ \frac{2}{3} & -\frac{1}{3} & \frac{2}{3} \\ 0 & 0 & 0 \end{bmatrix} \begin{bmatrix} -\frac{1}{3} \\ 0 \\ 0 \end{bmatrix} + \begin{bmatrix} 0 & 0 & 0 \\ 0 & 0 & 0 \\ \frac{2}{3} & \frac{2}{3} & -\frac{1}{3} \end{bmatrix} \begin{bmatrix} 0 \\ 0 \\ 0 \end{bmatrix} = \begin{bmatrix} \frac{4}{9} \\ -\frac{2}{9} \\ 0 \end{bmatrix}$$

$$\vec{\psi}_2(0) = P\vec{\psi}_1(1) + Q\vec{\psi}_1(0) + R\vec{\psi}_1(-1)$$

$$= \begin{bmatrix} -\frac{1}{3} & \frac{2}{3} & \frac{2}{3} \\ 0 & 0 & 0 \\ 0 & 0 & 0 \end{bmatrix} \begin{bmatrix} 0 \\ 0 \\ \frac{2}{3} \end{bmatrix} + \begin{bmatrix} 0 & 0 & 0 \\ \frac{2}{3} & -\frac{1}{3} & \frac{2}{3} \\ 0 & 0 & 0 \end{bmatrix} \begin{bmatrix} 0 \\ \frac{2}{3} \\ 0 \end{bmatrix} + \begin{bmatrix} 0 & 0 & 0 \\ 0 & 0 & 0 \\ \frac{2}{3} & \frac{2}{3} & -\frac{1}{3} \end{bmatrix} \begin{bmatrix} -\frac{1}{3} \\ 0 \\ 0 \end{bmatrix} = \begin{bmatrix} \frac{4}{9} \\ -\frac{2}{9} \\ -\frac{2}{9} \end{bmatrix}$$

$$\vec{\psi}_2(1) = P\vec{\psi}_1(2) + Q\vec{\psi}_1(1) + R\vec{\psi}_1(0)$$

$$= \begin{bmatrix} -\frac{1}{3} & \frac{2}{3} & \frac{2}{3} \\ 0 & 0 & 0 \\ 0 & 0 & 0 \end{bmatrix} \begin{bmatrix} 0 \\ 0 \\ 0 \end{bmatrix} + \begin{bmatrix} 0 & 0 & 0 \\ \frac{2}{3} & -\frac{1}{3} & \frac{2}{3} \\ 0 & 0 & 0 \end{bmatrix} \begin{bmatrix} 0 \\ 0 \\ \frac{2}{3} \end{bmatrix} + \begin{bmatrix} 0 & 0 & 0 \\ 0 & 0 & 0 \\ \frac{2}{3} & \frac{2}{3} & -\frac{1}{3} \end{bmatrix} \begin{bmatrix} 0 \\ \frac{2}{3} \\ 0 \end{bmatrix} = \begin{bmatrix} 0 \\ \frac{4}{9} \\ \frac{4}{9} \end{bmatrix}$$

ほかも同様に計算すると，図 5.7 のようになります．

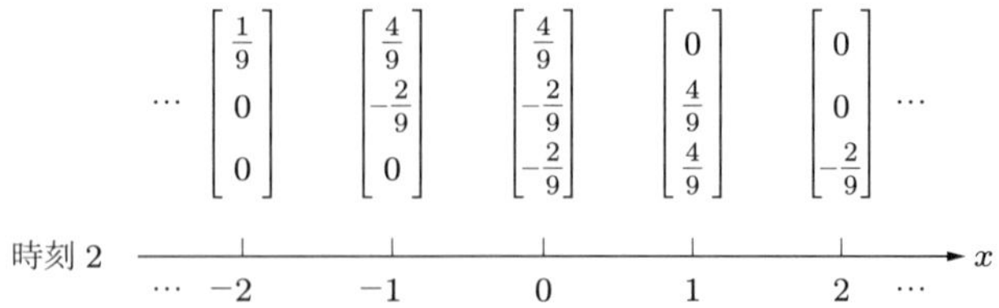

5 標準型の量子ウォークの拡張版モデル

$$\cdots \begin{bmatrix} \frac{1}{9} \\ 0 \\ 0 \end{bmatrix} \quad \begin{bmatrix} \frac{4}{9} \\ -\frac{2}{9} \\ 0 \end{bmatrix} \quad \begin{bmatrix} \frac{4}{9} \\ -\frac{2}{9} \\ -\frac{2}{9} \end{bmatrix} \quad \begin{bmatrix} 0 \\ \frac{4}{9} \\ \frac{4}{9} \end{bmatrix} \quad \begin{bmatrix} 0 \\ 0 \\ -\frac{2}{9} \end{bmatrix} \cdots$$

時刻 2 　　 $\cdots$ 　-2 　-1 　0 　1 　2 　$\cdots$ 　x

図 5.7

次に，確率振幅ベクトルの計算結果をもとに，各時刻 $t=1,2$ に対して，$x=0,\pm 1$ の各々の場所に量子ウォーカーの位置が決まる確率を計算します．

● 時刻 1

$$\mathbb{P}_1(-1) = \left\| \overrightarrow{\psi_1}(-1) \right\|^2 = \left\| \begin{bmatrix} -\frac{1}{3} \\ 0 \\ 0 \end{bmatrix} \right\|^2 = \left| -\frac{1}{3} \right|^2 + |0|^2 + |0|^2 = \frac{1}{9}$$

$$\mathbb{P}_1(0) = \left\| \overrightarrow{\psi_1}(0) \right\|^2 = \left\| \begin{bmatrix} 0 \\ \frac{2}{3} \\ 0 \end{bmatrix} \right\|^2 = |0|^2 + \left| \frac{2}{3} \right|^2 + |0|^2 = \frac{4}{9}$$

$$\mathbb{P}_1(1) = \left\| \overrightarrow{\psi_1}(1) \right\|^2 = \left\| \begin{bmatrix} 0 \\ 0 \\ \frac{2}{3} \end{bmatrix} \right\|^2 = |0|^2 + |0|^2 + \left| \frac{2}{3} \right|^2 = \frac{4}{9}$$

● 時刻 2

$$\mathbb{P}_2(-1) = \left\| \overrightarrow{\psi_2}(-1) \right\|^2 = \left\| \begin{bmatrix} \frac{4}{9} \\ -\frac{2}{9} \\ 0 \end{bmatrix} \right\|^2 = \left| \frac{4}{9} \right|^2 + \left| -\frac{2}{9} \right|^2 + |0|^2 = \frac{20}{81}$$

$$\mathbb{P}_2(0) = \left\| \overrightarrow{\psi_2}(0) \right\|^2 = \left\| \begin{bmatrix} \frac{4}{9} \\ -\frac{2}{9} \\ -\frac{2}{9} \end{bmatrix} \right\|^2 = \left| \frac{4}{9} \right|^2 + \left| -\frac{2}{9} \right|^2 + \left| -\frac{2}{9} \right|^2 = \frac{24}{81}$$

$$\mathbb{P}_2(1) = \left|\left|\vec{\psi}_2(1)\right|\right|^2 = \left|\left|\begin{bmatrix} 0 \\ \frac{4}{9} \\ \frac{4}{9} \end{bmatrix}\right|\right|^2 = |0|^2 + \left|\frac{4}{9}\right|^2 + \left|\frac{4}{9}\right|^2 = \frac{32}{81}$$

ほかの場所も同様に計算して，得られた確率を表 5.1 にまとめます（ただし，空欄は確率 0 を意味します．）．

表 5.1

時刻＼場所	-2	-1	0	1	2
0			1		
1		1/9	4/9	4/9	
2	1/81	20/81	24/81	32/81	4/81

■

Point モデルのまとめ

確率振幅ベクトル：各場所に 3 次のベクトルが置かれている．

時間発展：数式では，
$$\vec{\psi}_{t+1}(x) = P\vec{\psi}_t(x+1) + Q\vec{\psi}_t(x-1) + R\vec{\psi}_t(x-1)$$
と表される．ただし，
$$P = \begin{bmatrix} a_1 & a_2 & a_3 \\ 0 & 0 & 0 \\ 0 & 0 & 0 \end{bmatrix}, \quad Q = \begin{bmatrix} 0 & 0 & 0 \\ b_1 & b_2 & b_3 \\ 0 & 0 & 0 \end{bmatrix}, \quad R = \begin{bmatrix} 0 & 0 & 0 \\ 0 & 0 & 0 \\ c_1 & c_2 & c_3 \end{bmatrix}$$
である．

確率：x となる確率 $= |●|^2 + |○|^2 + |◎|^2$

数式では，
$$\mathbb{P}_t(x) = ||\vec{\psi}_t(x)||^2$$
と表される．

モデルの説明は以上になりますが，この後に挙げるシミュレーションと数学的な結果からわかる確率分布の性質の紹介では，次のタイプの行列に注目します．

$$P = \begin{bmatrix} -\dfrac{1+\cos\theta}{2} & \dfrac{\sin\theta}{\sqrt{2}} & \dfrac{1-\cos\theta}{2} \\ 0 & 0 & 0 \\ 0 & 0 & 0 \end{bmatrix}, \quad Q = \begin{bmatrix} 0 & 0 & 0 \\ \dfrac{\sin\theta}{\sqrt{2}} & \cos\theta & \dfrac{\sin\theta}{\sqrt{2}} \\ 0 & 0 & 0 \end{bmatrix},$$

$$R = \begin{bmatrix} 0 & 0 & 0 \\ 0 & 0 & 0 \\ \dfrac{1-\cos\theta}{2} & \dfrac{\sin\theta}{\sqrt{2}} & -\dfrac{1+\cos\theta}{2} \end{bmatrix}$$

ただし,パラメタ θ は,$0 \leq \theta < 2\pi$ の範囲をとるものとします.とくに,$\cos\theta = -1/3$,$\sin\theta = 2\sqrt{2}/3$ のときは,

$$P = \begin{bmatrix} -\dfrac{1}{3} & \dfrac{2}{3} & \dfrac{2}{3} \\ 0 & 0 & 0 \\ 0 & 0 & 0 \end{bmatrix}, \quad Q = \begin{bmatrix} 0 & 0 & 0 \\ \dfrac{2}{3} & -\dfrac{1}{3} & \dfrac{2}{3} \\ 0 & 0 & 0 \end{bmatrix}, \quad R = \begin{bmatrix} 0 & 0 & 0 \\ 0 & 0 & 0 \\ \dfrac{2}{3} & \dfrac{2}{3} & -\dfrac{1}{3} \end{bmatrix}$$

となりますが,この組合せの行列を用いて時間発展が行われる量子ウォークは,グローバーウォーク(Grover walk)ともよばれます[1].なぜなら,三つの行列の和

$$P + Q + R = \begin{bmatrix} -\dfrac{1}{3} & \dfrac{2}{3} & \dfrac{2}{3} \\ \dfrac{2}{3} & -\dfrac{1}{3} & \dfrac{2}{3} \\ \dfrac{2}{3} & \dfrac{2}{3} & -\dfrac{1}{3} \end{bmatrix}$$

には,「(3次の)グローバー(Grover)行列」という名前がついており,アダマール行列と同様に,量子コンピュータの理論に登場する,よく知られた行列だからです.量子情報理論の分野では,有名な探索アルゴリズムの一つに,グローバーの量子探索アルゴリズムというものがあります.これは,量子コンピュータが現在のコンピュータに比べて劇的に速い計算速度を生み出せることを示唆するアルゴリズムで,量子コンピュータの理論面に一つのブレイクスルーを与えた画期的なアルゴリズムです.このグローバーの量子探索アルゴリズムのキーポイントに使用される行列が,まさにグローバー行列なのです.量子ウォークを量子アルゴリズムに応用する際に研究対象となる行列でもあり,また,行列成分の対称性もよく,しかも,すべての行あるいは列において行列成分の和が 1 になっており,数学的にも扱いやすい行列になっています[2].

---

[1] $\cos\theta = -1/3$,$\sin\theta = 2\sqrt{2}/3$ となる $0 \leq \theta < 2\pi$ は,数値的には $\theta = 1.91063\cdots$ です.
[2] 3 次のグローバー行列の場合,$-1/3 + 2/3 + 2/3 = 1$ となっています.

そのため，数学的な視点からも，しばしば解析の対象となる行列です．

5.1.2 確率分布の性質

まずは，確率分布の時間発展を見ていきましょう．

■ 例 5.8（確率分布の時間発展 1）
○ 行列（$\cos\theta = -1/3, \sin\theta = 2\sqrt{2}/3$ のとき）

$$P = \begin{bmatrix} -\frac{1}{3} & \frac{2}{3} & \frac{2}{3} \\ 0 & 0 & 0 \\ 0 & 0 & 0 \end{bmatrix}, \quad Q = \begin{bmatrix} 0 & 0 & 0 \\ \frac{2}{3} & -\frac{1}{3} & \frac{2}{3} \\ 0 & 0 & 0 \end{bmatrix}, \quad R = \begin{bmatrix} 0 & 0 & 0 \\ 0 & 0 & 0 \\ \frac{2}{3} & \frac{2}{3} & -\frac{1}{3} \end{bmatrix}$$

○ 初期確率振幅ベクトル

$$\vec{\psi}_0(0) = \begin{bmatrix} 1 \\ 0 \\ 0 \end{bmatrix}, \quad \vec{\psi}_0(x) = \begin{bmatrix} 0 \\ 0 \\ 0 \end{bmatrix} \quad (x \neq 0)$$

このとき，確率分布 $\mathbb{P}_t(x)$ の時間発展は，図 5.8 のようになります．時刻 0 から 4 までの確率 $\mathbb{P}_t(x)$ を表にまとめると，表 5.2 のようになります（空欄は確率 0 を意味します）．

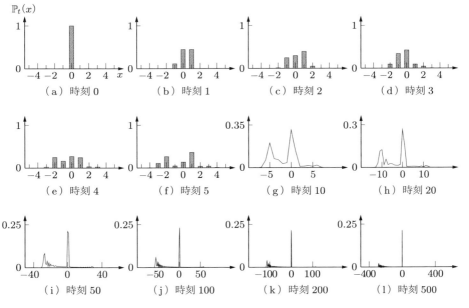

図 5.8

表 5.2

時刻＼場所	-4	-3	-2	-1	0	1	2	3	4
0					1				
1				1/9	4/9	4/9			
2			1/81	20/81	24/81	32/81	4/81		
3		1/729	68/729	248/729	308/729	68/729	32/729	4/729	
4	1/6561	148/6561	1624/6561	1060/6561	1768/6561	1600/6561	196/6561	160/6561	4/6561

◨

◧ **例 5.9**（確率分布の時間発展 2）

○行列（$\cos\theta = -1/3$, $\sin\theta = 2\sqrt{2}/3$ のとき）

$$P = \begin{bmatrix} -\frac{1}{3} & \frac{2}{3} & \frac{2}{3} \\ 0 & 0 & 0 \\ 0 & 0 & 0 \end{bmatrix}, \quad Q = \begin{bmatrix} 0 & 0 & 0 \\ \frac{2}{3} & -\frac{1}{3} & \frac{2}{3} \\ 0 & 0 & 0 \end{bmatrix}, \quad R = \begin{bmatrix} 0 & 0 & 0 \\ 0 & 0 & 0 \\ \frac{2}{3} & \frac{2}{3} & -\frac{1}{3} \end{bmatrix}$$

○初期確率振幅ベクトル

$$\overrightarrow{\psi}_0(0) = \begin{bmatrix} 0 \\ 1 \\ 0 \end{bmatrix}, \quad \overrightarrow{\psi}_0(x) = \begin{bmatrix} 0 \\ 0 \\ 0 \end{bmatrix} \quad (x \neq 0)$$

このとき，確率分布 $\mathbb{P}_t(x)$ の時間発展は，図 5.9 のようになります．時刻 0 から 4 までの確率 $\mathbb{P}_t(x)$ を表にまとめると，表 5.3 のようになります（空欄は確率 0 を意味します）．

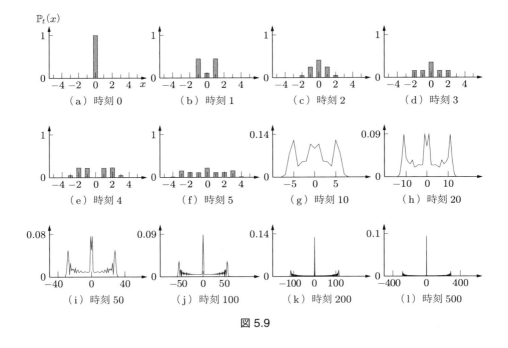

図 5.9

表 5.3

場所 時刻	−4	−3	−2	−1	0	1	2	3	4
0					1				
1				4/9	1/9	4/9			
2			4/81	20/81	33/81	20/81	4/81		
3		4/729	116/729	116/729	257/729	116/729	116/729	4/729	
4	4/6561	340/6561	1492/6561	1444/6561	1/6561	1444/6561	1492/6561	340/6561	4/6561

■ 例 5.10（確率分布の時間発展 3）

○行列（$\cos\theta = -1/3$, $\sin\theta = 2\sqrt{2}/3$ のとき）

$$P = \begin{bmatrix} -\frac{1}{3} & \frac{2}{3} & \frac{2}{3} \\ 0 & 0 & 0 \\ 0 & 0 & 0 \end{bmatrix}, \quad Q = \begin{bmatrix} 0 & 0 & 0 \\ \frac{2}{3} & -\frac{1}{3} & \frac{2}{3} \\ 0 & 0 & 0 \end{bmatrix}, \quad R = \begin{bmatrix} 0 & 0 & 0 \\ 0 & 0 & 0 \\ \frac{2}{3} & \frac{2}{3} & -\frac{1}{3} \end{bmatrix}$$

○ 初期確率振幅ベクトル

$$\vec{\psi}_0(0) = \begin{bmatrix} 0 \\ 0 \\ 1 \end{bmatrix}, \quad \vec{\psi}_0(x) = \begin{bmatrix} 0 \\ 0 \\ 0 \end{bmatrix} \quad (x \neq 0)$$

このとき，確率分布 $\mathbb{P}_t(x)$ の時間発展は，図 5.10 のようになります．時刻 0 から 4 までの確率 $\mathbb{P}_t(x)$ を表にまとめると，表 5.4 のようになります（空欄は確率 0 を意味します）．

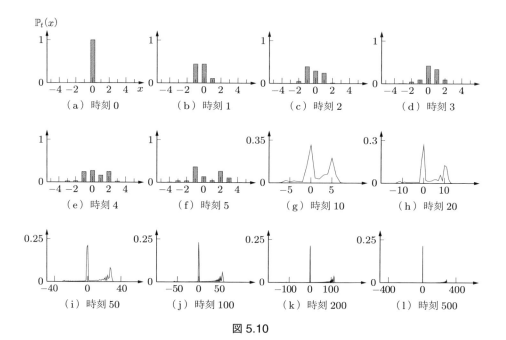

図 5.10

表 5.4

場所 時刻	−4	−3	−2	−1	0	1	2	3	4
0					1				
1				4/9	4/9	1/9			
2			4/81	32/81	24/81	20/81	1/81		
3		4/729	32/729	68/729	308/729	248/729	68/729	1/729	
4	4/6561	160/6561	196/6561	1600/6561	1768/6561	1060/6561	1624/6561	148/6561	1/6561

■例 5.11（確率分布の時間発展 4）

○行列（$\cos\theta = -1/3, \sin\theta = 2\sqrt{2}/3$ のとき）

$$P = \begin{bmatrix} -\frac{1}{3} & \frac{2}{3} & \frac{2}{3} \\ 0 & 0 & 0 \\ 0 & 0 & 0 \end{bmatrix}, \quad Q = \begin{bmatrix} 0 & 0 & 0 \\ \frac{2}{3} & -\frac{1}{3} & \frac{2}{3} \\ 0 & 0 & 0 \end{bmatrix}, \quad R = \begin{bmatrix} 0 & 0 & 0 \\ 0 & 0 & 0 \\ \frac{2}{3} & \frac{2}{3} & -\frac{1}{3} \end{bmatrix}$$

○初期確率振幅ベクトル

$$\vec{\psi}_0(0) = \begin{bmatrix} \frac{1}{\sqrt{3}} \\ \frac{1}{\sqrt{3}} \\ \frac{1}{\sqrt{3}} \end{bmatrix}, \quad \vec{\psi}_0(x) = \begin{bmatrix} 0 \\ 0 \\ 0 \end{bmatrix} \quad (x \neq 0)$$

このとき，確率分布 $\mathbb{P}_t(x)$ の時間発展は，図 5.11 のようになります．時刻 0 から 4 までの確率 $\mathbb{P}_t(x)$ を表にまとめると，表 5.5 のようになります（空欄は確率 0 を意味します）．

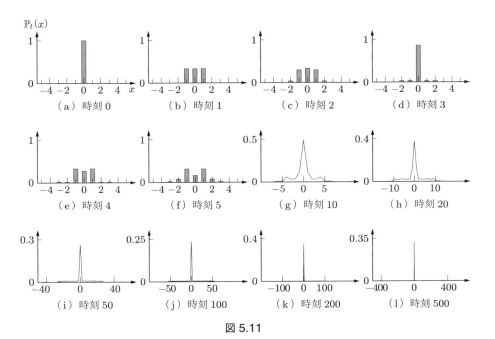

図 5.11

表 5.5

時刻\場所	−4	−3	−2	−1	0	1	2	3	4
0					1				
1				1/3	1/3	1/3			
2			1/27	8/27	9/27	8/27	1/27		
3		1/243	8/243	8/243	209/243	8/243	8/243	1/243	
4	1/2187	40/2187	40/2187	712/2187	601/2187	712/2187	40/2187	40/2187	1/2187

■ 例 5.12（確率分布の時間発展 5）

○行列（$\cos\theta = -1/3$, $\sin\theta = 2\sqrt{2}/3$ のとき）

$$P = \begin{bmatrix} -\frac{1}{3} & \frac{2}{3} & \frac{2}{3} \\ 0 & 0 & 0 \\ 0 & 0 & 0 \end{bmatrix}, \quad Q = \begin{bmatrix} 0 & 0 & 0 \\ \frac{2}{3} & -\frac{1}{3} & \frac{2}{3} \\ 0 & 0 & 0 \end{bmatrix}, \quad R = \begin{bmatrix} 0 & 0 & 0 \\ 0 & 0 & 0 \\ \frac{2}{3} & \frac{2}{3} & -\frac{1}{3} \end{bmatrix}$$

○初期確率振幅ベクトル

$$\vec{\psi}_0(0) = \begin{bmatrix} \frac{1}{\sqrt{6}} \\ -\frac{2}{\sqrt{6}} \\ \frac{1}{\sqrt{6}} \end{bmatrix}, \quad \vec{\psi}_0(x) = \begin{bmatrix} 0 \\ 0 \\ 0 \end{bmatrix} \quad (x \neq 0)$$

このとき，確率分布 $\mathbb{P}_t(x)$ の時間発展は，図 5.12 のようになります．時刻 0 から 4 までの確率 $\mathbb{P}_t(x)$ を表にまとめると，表 5.6 のようになります（空欄は確率 0 を意味します）．

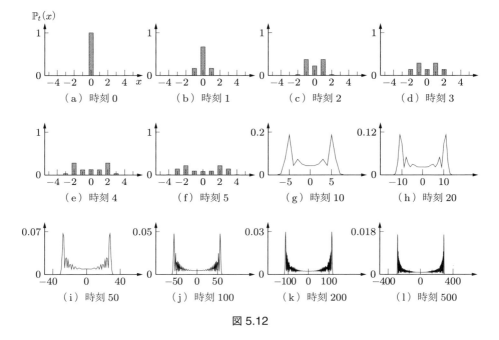

図 5.12

表 5.6

場所 時刻	−4	−3	−2	−1	0	1	2	3	4
0					1				
1				1/6	4/6	1/6			
2			1/54	20/54	12/54	20/54	1/54		
3		1/486	68/486	140/486	68/486	140/486	68/486	1/486	
4	1/4374	148/4374	1228/4374	532/4374	556/4374	532/4374	1228/4374	148/4374	1/4374

■

次は，確率分布と行列 P, Q, R のパラメタ θ の関係を見てみましょう．

■ 例 5.13（確率分布の行列依存性 1）

○ 行列

$$P = \begin{bmatrix} -\dfrac{1+\cos\theta}{2} & \dfrac{\sin\theta}{\sqrt{2}} & \dfrac{1-\cos\theta}{2} \\ 0 & 0 & 0 \\ 0 & 0 & 0 \end{bmatrix}, \quad Q = \begin{bmatrix} 0 & 0 & 0 \\ \dfrac{\sin\theta}{\sqrt{2}} & \cos\theta & \dfrac{\sin\theta}{\sqrt{2}} \\ 0 & 0 & 0 \end{bmatrix},$$

$$R = \begin{bmatrix} 0 & 0 & 0 \\ 0 & 0 & 0 \\ \dfrac{1-\cos\theta}{2} & \dfrac{\sin\theta}{\sqrt{2}} & -\dfrac{1+\cos\theta}{2} \end{bmatrix}$$

○ 初期確率振幅ベクトル

$$\vec{\psi}_0(0) = \begin{bmatrix} 1 \\ 0 \\ 0 \end{bmatrix}, \quad \vec{\psi}_0(x) = \begin{bmatrix} 0 \\ 0 \\ 0 \end{bmatrix} \quad (x \neq 0)$$

このとき，時刻 500 の確率分布 $\mathbb{P}_t(x)$ の θ 依存性は，図 5.13 のようになります．

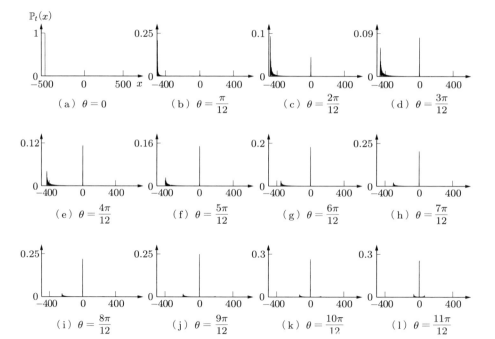

図 5.13

■例 5.14（確率分布の行列依存性 2）

○行列

$$P = \begin{bmatrix} -\dfrac{1+\cos\theta}{2} & \dfrac{\sin\theta}{\sqrt{2}} & \dfrac{1-\cos\theta}{2} \\ 0 & 0 & 0 \\ 0 & 0 & 0 \end{bmatrix}, \quad Q = \begin{bmatrix} 0 & 0 & 0 \\ \dfrac{\sin\theta}{\sqrt{2}} & \cos\theta & \dfrac{\sin\theta}{\sqrt{2}} \\ 0 & 0 & 0 \end{bmatrix},$$

$$R = \begin{bmatrix} 0 & 0 & 0 \\ 0 & 0 & 0 \\ \dfrac{1-\cos\theta}{2} & \dfrac{\sin\theta}{\sqrt{2}} & -\dfrac{1+\cos\theta}{2} \end{bmatrix}$$

○初期確率振幅ベクトル

$$\vec{\psi}_0(0) = \begin{bmatrix} 0 \\ 1 \\ 0 \end{bmatrix}, \quad \vec{\psi}_0(x) = \begin{bmatrix} 0 \\ 0 \\ 0 \end{bmatrix} \quad (x \neq 0)$$

このとき，時刻 500 の確率分布 $\mathbb{P}_t(x)$ の θ 依存性は，図 5.14 のようになります．

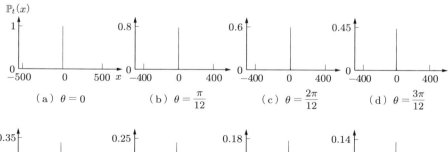

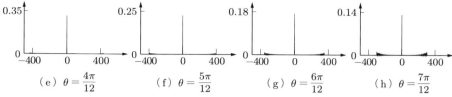

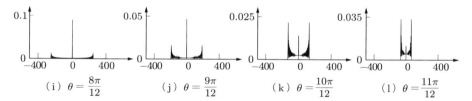

図 5.14

■ 例 5.15（確率分布の行列依存性 3）

○ 行列

$$P = \begin{bmatrix} -\dfrac{1+\cos\theta}{2} & \dfrac{\sin\theta}{\sqrt{2}} & \dfrac{1-\cos\theta}{2} \\ 0 & 0 & 0 \\ 0 & 0 & 0 \end{bmatrix}, \quad Q = \begin{bmatrix} 0 & 0 & 0 \\ \dfrac{\sin\theta}{\sqrt{2}} & \cos\theta & \dfrac{\sin\theta}{\sqrt{2}} \\ 0 & 0 & 0 \end{bmatrix},$$

$$R = \begin{bmatrix} 0 & 0 & 0 \\ 0 & 0 & 0 \\ \dfrac{1-\cos\theta}{2} & \dfrac{\sin\theta}{\sqrt{2}} & -\dfrac{1+\cos\theta}{2} \end{bmatrix}$$

○ 初期確率振幅ベクトル

$$\vec{\psi}_0(0) = \begin{bmatrix} 0 \\ 0 \\ 1 \end{bmatrix}, \quad \vec{\psi}_0(x) = \begin{bmatrix} 0 \\ 0 \\ 0 \end{bmatrix} \quad (x \neq 0)$$

このとき，時刻 500 の確率分布 $\mathbb{P}_t(x)$ の θ 依存性は，図 5.15 のようになります．

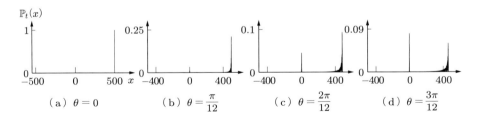

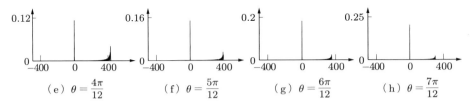

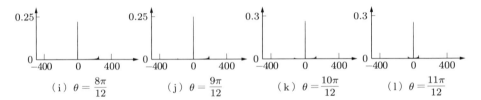

図 5.15

■ 例 5.16（確率分布の行列依存性 4）
○ 行列
$$P = \begin{bmatrix} -\dfrac{1+\cos\theta}{2} & \dfrac{\sin\theta}{\sqrt{2}} & \dfrac{1-\cos\theta}{2} \\ 0 & 0 & 0 \\ 0 & 0 & 0 \end{bmatrix}, \quad Q = \begin{bmatrix} 0 & 0 & 0 \\ \dfrac{\sin\theta}{\sqrt{2}} & \cos\theta & \dfrac{\sin\theta}{\sqrt{2}} \\ 0 & 0 & 0 \end{bmatrix},$$
$$R = \begin{bmatrix} 0 & 0 & 0 \\ 0 & 0 & 0 \\ \dfrac{1-\cos\theta}{2} & \dfrac{\sin\theta}{\sqrt{2}} & -\dfrac{1+\cos\theta}{2} \end{bmatrix}$$

○ 初期確率振幅ベクトル
$$\vec{\psi}_0(0) = \begin{bmatrix} \dfrac{1}{\sqrt{3}} \\ \dfrac{1}{\sqrt{3}} \\ \dfrac{1}{\sqrt{3}} \end{bmatrix}, \quad \vec{\psi}_0(x) = \begin{bmatrix} 0 \\ 0 \\ 0 \end{bmatrix} \quad (x \neq 0)$$

このとき，時刻 500 の確率分布 $\mathbb{P}_t(x)$ の θ 依存性は，図 5.16 のようになります．

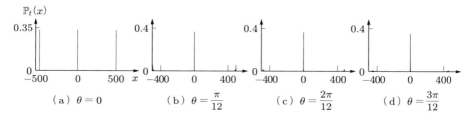
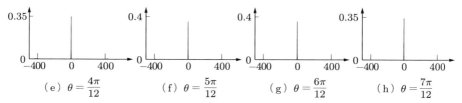
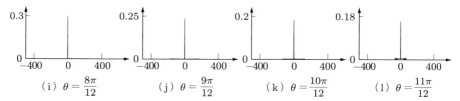

図 5.16

例 5.17（確率分布の行列依存性 5）

○ 行列

$$P = \begin{bmatrix} -\dfrac{1+\cos\theta}{2} & \dfrac{\sin\theta}{\sqrt{2}} & \dfrac{1-\cos\theta}{2} \\ 0 & 0 & 0 \\ 0 & 0 & 0 \end{bmatrix}, \quad Q = \begin{bmatrix} 0 & 0 & 0 \\ \dfrac{\sin\theta}{\sqrt{2}} & \cos\theta & \dfrac{\sin\theta}{\sqrt{2}} \\ 0 & 0 & 0 \end{bmatrix},$$

$$R = \begin{bmatrix} 0 & 0 & 0 \\ 0 & 0 & 0 \\ \dfrac{1-\cos\theta}{2} & \dfrac{\sin\theta}{\sqrt{2}} & -\dfrac{1+\cos\theta}{2} \end{bmatrix}$$

○ 初期確率振幅ベクトル

$$\vec{\psi}_0(0) = \begin{bmatrix} \dfrac{1}{\sqrt{6}} \\ -\dfrac{2}{\sqrt{6}} \\ \dfrac{1}{\sqrt{6}} \end{bmatrix}, \quad \vec{\psi}_0(x) = \begin{bmatrix} 0 \\ 0 \\ 0 \end{bmatrix} \quad (x \neq 0)$$

このとき，時刻 500 の確率分布 $\mathbb{P}_t(x)$ の θ 依存性は，図 5.17 のようになります．

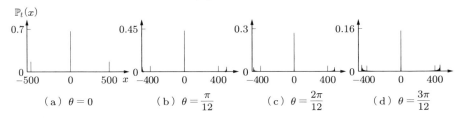
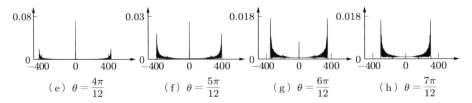
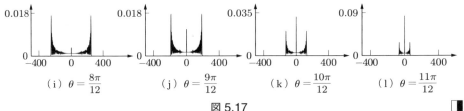

図 5.17

数学的な結果からわかる確率分布の性質 (⇒参考文献 [8])

　シミュレーションの結果より，3 次のベクトルを各場所の確率振幅ベクトルにもつ 1 次元格子上の量子ウォークにおいては，原点 $x = 0$ から量子ウォーカーが出発した場合（$\mathbb{P}_0(0) = 1, \mathbb{P}_0(x) = 0 \, (x \neq 0)$），その確率分布は原点付近に大きな確率をもち得ることがわかります．第 4 章でも見たように，各場所に 2 成分の確率振幅ベクトルをもつ量子ウォークの場合，時間発展の行列を場所に依存させた場所依存型モデルであれば，その確率分布は出発点付近の場所に大きなピークをもち得ますが，場所依存型ではない標準型モデルではそのようなことは起きません．一方，ここで扱ったモデルでは，時間発展を決める行列は場所には依存していません．それにもかかわらず，量子ウォーカーの出発点である原点付近に，大きなピークが出現し得ます．ただし，152 ページの例 5.12 では，原点付近に大きな確率はもっておらず，この大きな確率のピークの出現は，原点の初期確率振幅ベクトルのとり方にも依存することが推測されます．シミュレーションで対象とした行列を時間発展に用いた量子ウォークに関しては，原点付近の大きな確率の出現と初期確率振幅ベクトルの関係も含め，長時間後の確率分布の挙動が数学的に明らかにされていますので，それからわかる性質を紹介します．

　繰り返しになりますが，モデルを簡単に再確認します．時間発展に使用する三つの行列 P, Q, R は，

$$P = \begin{bmatrix} -\dfrac{1+\cos\theta}{2} & \dfrac{\sin\theta}{\sqrt{2}} & \dfrac{1-\cos\theta}{2} \\ 0 & 0 & 0 \\ 0 & 0 & 0 \end{bmatrix}, \quad Q = \begin{bmatrix} 0 & 0 & 0 \\ \dfrac{\sin\theta}{\sqrt{2}} & \cos\theta & \dfrac{\sin\theta}{\sqrt{2}} \\ 0 & 0 & 0 \end{bmatrix},$$

$$R = \begin{bmatrix} 0 & 0 & 0 \\ 0 & 0 & 0 \\ \dfrac{1-\cos\theta}{2} & \dfrac{\sin\theta}{\sqrt{2}} & -\dfrac{1+\cos\theta}{2} \end{bmatrix}$$

のタイプのもので，θ はパラメタです．パラメタのとり得る範囲は，$0 \leq \theta < 2\pi$ としますが，$\theta = 0, \pi$ のときは，自明な量子ウォーク（つまり，確率分布の時間発展が自明な挙動になる量子ウォーク）になるので，数学的な解析の対象とはしません．さらに，時刻 0 での確率分布が $\mathbb{P}_0(0) = 1, \mathbb{P}_0(x) = 0 \, (x \neq 0)$ となるように，初期確率振幅ベクトルを与えます．このとき，長時間後の確率分布は以下の性質をもちます．

性質 1　原点付近に大きな確率をもち得る．ただし，行列 P, Q, R と初期確率振幅ベクトルの組合せによっては，この大きな確率は消える．

性質 2　座標 $x = \pm\sqrt{(1+\cos\theta)/2}\, t$ 付近の場所でも，確率分布はピークとなる．

性質 3 座標 $x = \pm\sqrt{(1+\cos\theta)/2}\, t$ 付近にある，ピークの外側の場所に量子ウォーカーの位置が決まる確率は，ほとんど 0 である．

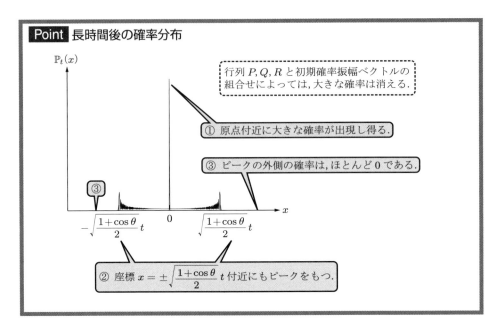

　性質 1 で述べられているように，原点付近の大きな確率は，行列 P, Q, R と初期確率振幅ベクトルの組合せによっては消えます．このときは，原点付近の確率は小さくなります．具体的に，どのような組合せのときに消えるのかは，参考文献 [8] から知ることができ，それからわかる例を一つだけ挙げておきます．行列 P, Q, R のパラメタ θ を，$\cos\theta = -1/3$，$\sin\theta = 2\sqrt{2}/3$（グローバーウォーク）となるように選び，すなわち，

$$P = \begin{bmatrix} -\frac{1}{3} & \frac{2}{3} & \frac{2}{3} \\ 0 & 0 & 0 \\ 0 & 0 & 0 \end{bmatrix}, \quad Q = \begin{bmatrix} 0 & 0 & 0 \\ \frac{2}{3} & -\frac{1}{3} & \frac{2}{3} \\ 0 & 0 & 0 \end{bmatrix}, \quad R = \begin{bmatrix} 0 & 0 & 0 \\ 0 & 0 & 0 \\ \frac{2}{3} & \frac{2}{3} & -\frac{1}{3} \end{bmatrix}$$

ととって，さらに初期確率振幅ベクトルを

$$\vec{\psi}_0(0) = \begin{bmatrix} \frac{1}{\sqrt{6}} \\ -\frac{2}{\sqrt{6}} \\ \frac{1}{\sqrt{6}} \end{bmatrix}, \quad \vec{\psi}_0(x) = \begin{bmatrix} 0 \\ 0 \\ 0 \end{bmatrix} \quad (x \neq 0)$$

と設定すると，原点付近に大きな確率のピークは出現しません（図 5.18 参照）．この数学的な解析結果は，152 ページの例 5.12 で挙げたシミュレーションの結果にも一致しています．

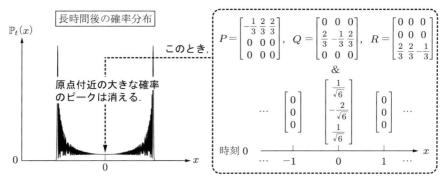

図 5.18

このように，各場所の確率振幅ベクトルの成分が一つ増えただけで，量子ウォークの確率分布の挙動は大きく変わるのです．また，ここで紹介した量子ウォークに対応するランダムウォークの時間発展は，$p+q+r=1$ を満たす非負の実数 p, q, r を用いて，

$$\nu_{t+1}(x) = p\,\nu_t(x+1) + q\,\nu_t(x) + r\,\nu_t(x-1)$$

で与えられます．この式は，ランダムウォーカーが 1 回の時間発展ごとに，左隣に移動，現在の場所に停滞，右隣に移動をそれぞれ確率 p, q, r で選択することを意味します（図 5.19 参照）．ランダムウォーカーが時刻 0 で原点から出発した場合（$\nu_0(0) = 1$, $\nu_0(x) = 0\ (x \neq 0)$），時刻 500 の確率分布は，図 5.20 のようになります．

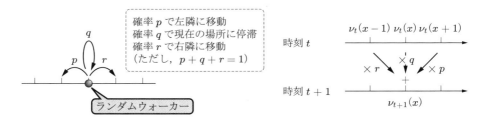

図 5.19

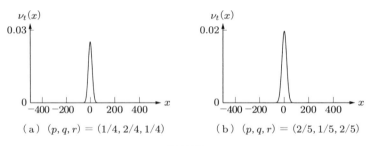

(a) $(p,q,r) = (1/4, 2/4, 1/4)$ (b) $(p,q,r) = (2/5, 1/5, 2/5)$

図 5.20

アルゴリズム

時刻 $T(=0,1,2,\ldots)$ の確率分布 $\mathbb{P}_T(x)$ をシミュレーションするためのアルゴリズムを紹介します．

Algorithm 7　3 成分型拡張版モデル

```
/* 初期確率振幅ベクトルの設定 */
for all x ∈ {0, ±1, ±2, ...} do
    ψ⃗₀(x) を設定
end for

/* 時間発展 */
for t = 0 to T - 1 do
    for all x ∈ {0, ±1, ±2, ...} do
```
$$\vec{\psi}_{t+1}(x) = P\vec{\psi}_t(x+1) + Q\vec{\psi}_t(x) + R\vec{\psi}_t(x-1)$$
```
    end for
end for

/* 確率の計算 */
for all x ∈ {0, ±1, ±2, ...} do
```
$$\mathbb{P}_T(x) = \left\|\vec{\psi}_T(x)\right\|^2$$
```
end for
```

5.2　確率振幅ベクトルの成分が四つの場合

5.2.1　モデルの説明

ここでは，各場所の確率振幅ベクトルが 4 成分をもつような量子ウォークを紹介します．

1. **確率振幅ベクトル**

図 5.21 のように，各場所 $x(=0,\pm 1,\pm 2,\ldots)$ に複素数を成分にもつ 4 次の縦ベクトルを考えます．これらのベクトルが，ここで対象とする量子ウォークの確率振幅ベクトルとなります．

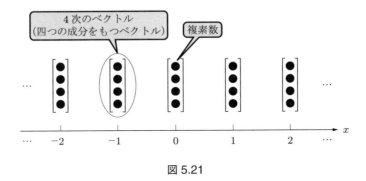

図 5.21

■ 例 5.18

■ 例 5.19

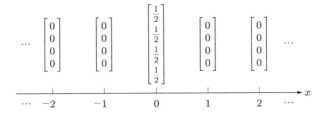

■ 例 5.20

2. **時間発展ルール**

量子ウォークの時間発展を数式で書き表すために，時刻 $t(=0,1,2,\ldots)$ における場所 x の確率振幅ベクトルを $\vec{\psi}_t(x)$ で表します（図 5.22 参照）．

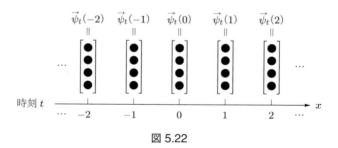

図 5.22

これらの確率振幅ベクトルを，二つの 4×4 の行列

$$P = \begin{bmatrix} 0 & 0 & a & b \\ c & d & 0 & 0 \\ 0 & 0 & 0 & 0 \\ 0 & 0 & 0 & 0 \end{bmatrix}, \quad Q = \begin{bmatrix} 0 & 0 & 0 & 0 \\ 0 & 0 & 0 & 0 \\ a & b & 0 & 0 \\ 0 & 0 & c & d \end{bmatrix}$$

を用いて，

$$\vec{\psi}_{t+1}(x) = P\vec{\psi}_t(x+1) + Q\vec{\psi}_t(x-1)$$

のルールに従い時間発展させます．ただし，$P + Q$ はユニタリ行列とします（図 5.23 参照）．

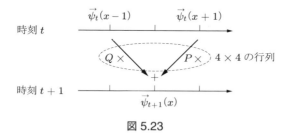

図 5.23

3. **確率**

時刻 t において，場所 x に量子ウォーカーの位置が決まる確率は

$$\mathbb{P}_t(x) = \left\|\vec{\psi}_t(x)\right\|^2$$

で定義されます（図 5.24 参照）．

5.2 確率振幅ベクトルの成分が四つの場合　　**165**

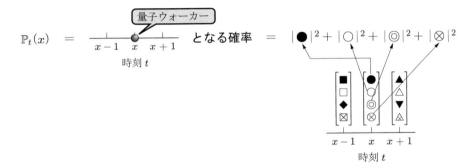

図 5.24

これまでに紹介した，ほかのモデルと同様に，すべての時刻 t に対して $\|\vec{\psi}_t(x)\|^2$ を確率分布にするためには，$\sum_{x=-\infty}^{\infty} \|\vec{\psi}_0(x)\|^2 = 1$ となるような初期確率振幅ベクトルをとり，$P+Q$ をユニタリ行列にする必要があります．

■**例 5.21**（量子ウォークに適した例）

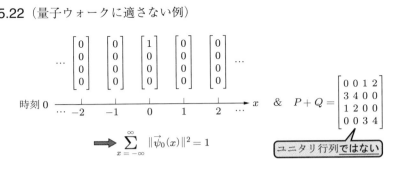

■**例 5.22**（量子ウォークに適さない例）

■例 5.23（量子ウォークに適さない例）

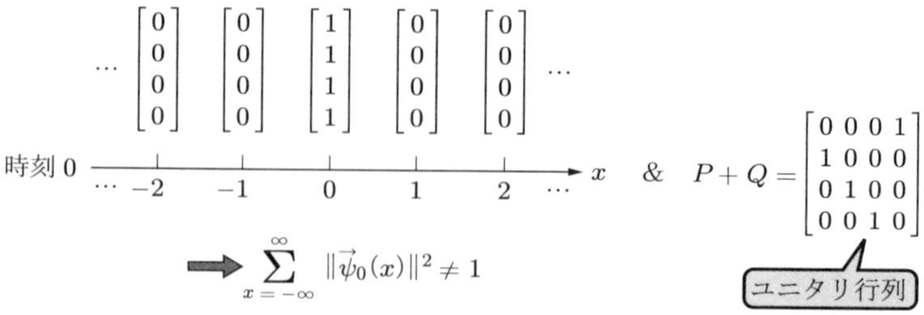

$$
\cdots \begin{bmatrix} 0 \\ 0 \\ 0 \\ 0 \end{bmatrix} \quad \begin{bmatrix} 0 \\ 0 \\ 0 \\ 0 \end{bmatrix} \quad \begin{bmatrix} 1 \\ 1 \\ 1 \\ 1 \end{bmatrix} \quad \begin{bmatrix} 0 \\ 0 \\ 0 \\ 0 \end{bmatrix} \quad \begin{bmatrix} 0 \\ 0 \\ 0 \\ 0 \end{bmatrix} \cdots
$$

時刻 0, x: $\cdots -2, -1, 0, 1, 2, \cdots$

$$
\& \quad P+Q = \begin{bmatrix} 0 & 0 & 0 & 1 \\ 1 & 0 & 0 & 0 \\ 0 & 1 & 0 & 0 \\ 0 & 0 & 1 & 0 \end{bmatrix}
$$

（ユニタリ行列）

$$
\Rightarrow \sum_{x=-\infty}^{\infty} \|\vec{\psi}_0(x)\|^2 \neq 1
$$

Point モデルに必要な条件

1. $\displaystyle\sum_{x=-\infty}^{\infty} \|\vec{\psi}_0(x)\|^2 = 1$ が成立するように初期確率振幅ベクトルを設定する．

2. $P+Q$ はユニタリ行列である．

量子ウォークの確率振幅ベクトルと確率分布 $\mathbb{P}_t(x)$ の時間発展を，例で見てみましょう．

■例 5.24

初期確率振幅ベクトルを

$$
\vec{\psi}_0(0) = \begin{bmatrix} 1 \\ 0 \\ 0 \\ 0 \end{bmatrix}, \quad \vec{\psi}_0(x) = \begin{bmatrix} 0 \\ 0 \\ 0 \\ 0 \end{bmatrix} \quad (x \neq 0)
$$

と設定します．この初期状態を図示すると，図 5.25 のようになります．

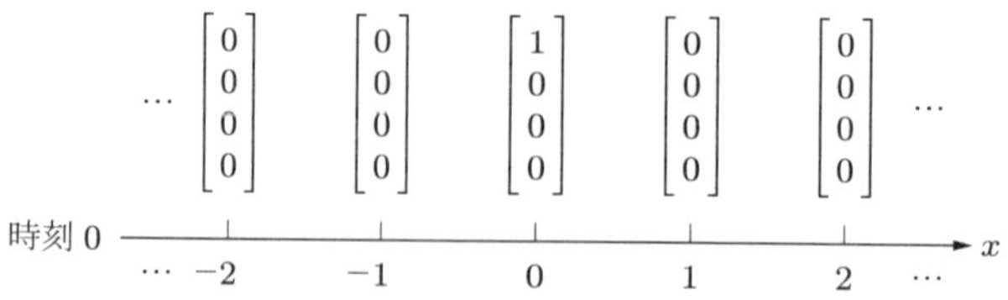

$$
\cdots \begin{bmatrix} 0 \\ 0 \\ 0 \\ 0 \end{bmatrix} \quad \begin{bmatrix} 0 \\ 0 \\ 0 \\ 0 \end{bmatrix} \quad \begin{bmatrix} 1 \\ 0 \\ 0 \\ 0 \end{bmatrix} \quad \begin{bmatrix} 0 \\ 0 \\ 0 \\ 0 \end{bmatrix} \quad \begin{bmatrix} 0 \\ 0 \\ 0 \\ 0 \end{bmatrix} \cdots
$$

時刻 0, x: $\cdots -2, -1, 0, 1, 2, \cdots$

図 5.25

5.2 確率振幅ベクトルの成分が四つの場合　167

時刻 0 における確率分布は，

$$\mathbb{P}_0(0) = \left|\left|\vec{\psi}_0(0)\right|\right|^2 = \left|\left|\begin{bmatrix} 1 \\ 0 \\ 0 \\ 0 \end{bmatrix}\right|\right|^2 = |1|^2 + |0|^2 + |0|^2 + |0|^2 = 1$$

$$\mathbb{P}_0(x) = \left|\left|\vec{\psi}_0(x)\right|\right|^2 = \left|\left|\begin{bmatrix} 0 \\ 0 \\ 0 \\ 0 \end{bmatrix}\right|\right|^2 = |0|^2 + |0|^2 + |0|^2 + |0|^2 = 0 \quad (x \neq 0)$$

となっています．また，時間発展ルールを決める行列は

$$P = \begin{bmatrix} 0 & 0 & \frac{1}{\sqrt{2}} & \frac{1}{\sqrt{2}} \\ \frac{1}{\sqrt{2}} & -\frac{1}{\sqrt{2}} & 0 & 0 \\ 0 & 0 & 0 & 0 \\ 0 & 0 & 0 & 0 \end{bmatrix}, \quad Q = \begin{bmatrix} 0 & 0 & 0 & 0 \\ 0 & 0 & 0 & 0 \\ \frac{1}{\sqrt{2}} & \frac{1}{\sqrt{2}} & 0 & 0 \\ 0 & 0 & \frac{1}{\sqrt{2}} & -\frac{1}{\sqrt{2}} \end{bmatrix}$$

とします．このとき，時刻 $t=1,2$ における場所 $x=0,\pm 1$ の確率振幅ベクトルを計算します．

● 時刻 1

$$\vec{\psi}_1(-1) = P\vec{\psi}_0(0) + Q\vec{\psi}_0(-2)$$

$$= \begin{bmatrix} 0 & 0 & \frac{1}{\sqrt{2}} & \frac{1}{\sqrt{2}} \\ \frac{1}{\sqrt{2}} & -\frac{1}{\sqrt{2}} & 0 & 0 \\ 0 & 0 & 0 & 0 \\ 0 & 0 & 0 & 0 \end{bmatrix} \begin{bmatrix} 1 \\ 0 \\ 0 \\ 0 \end{bmatrix} + \begin{bmatrix} 0 & 0 & 0 & 0 \\ 0 & 0 & 0 & 0 \\ \frac{1}{\sqrt{2}} & \frac{1}{\sqrt{2}} & 0 & 0 \\ 0 & 0 & \frac{1}{\sqrt{2}} & -\frac{1}{\sqrt{2}} \end{bmatrix} \begin{bmatrix} 0 \\ 0 \\ 0 \\ 0 \end{bmatrix} = \begin{bmatrix} 0 \\ \frac{1}{\sqrt{2}} \\ 0 \\ 0 \end{bmatrix}$$

$$\vec{\psi}_1(0) = P\vec{\psi}_0(1) + Q\vec{\psi}_0(-1)$$

$$= \begin{bmatrix} 0 & 0 & \frac{1}{\sqrt{2}} & \frac{1}{\sqrt{2}} \\ \frac{1}{\sqrt{2}} & -\frac{1}{\sqrt{2}} & 0 & 0 \\ 0 & 0 & 0 & 0 \\ 0 & 0 & 0 & 0 \end{bmatrix} \begin{bmatrix} 0 \\ 0 \\ 0 \\ 0 \end{bmatrix} + \begin{bmatrix} 0 & 0 & 0 & 0 \\ 0 & 0 & 0 & 0 \\ \frac{1}{\sqrt{2}} & \frac{1}{\sqrt{2}} & 0 & 0 \\ 0 & 0 & \frac{1}{\sqrt{2}} & -\frac{1}{\sqrt{2}} \end{bmatrix} \begin{bmatrix} 0 \\ 0 \\ 0 \\ 0 \end{bmatrix} = \begin{bmatrix} 0 \\ 0 \\ 0 \\ 0 \end{bmatrix}$$

5 標準型の量子ウォークの拡張版モデル

$\vec{\psi}_1(1) = P\vec{\psi}_0(2) + Q\vec{\psi}_0(0)$

$= \begin{bmatrix} 0 & 0 & \frac{1}{\sqrt{2}} & \frac{1}{\sqrt{2}} \\ \frac{1}{\sqrt{2}} & -\frac{1}{\sqrt{2}} & 0 & 0 \\ 0 & 0 & 0 & 0 \\ 0 & 0 & 0 & 0 \end{bmatrix} \begin{bmatrix} 0 \\ 0 \\ 0 \\ 0 \end{bmatrix} + \begin{bmatrix} 0 & 0 & 0 & 0 \\ 0 & 0 & 0 & 0 \\ \frac{1}{\sqrt{2}} & \frac{1}{\sqrt{2}} & 0 & 0 \\ 0 & 0 & \frac{1}{\sqrt{2}} & -\frac{1}{\sqrt{2}} \end{bmatrix} \begin{bmatrix} 1 \\ 0 \\ 0 \\ 0 \end{bmatrix} = \begin{bmatrix} 0 \\ 0 \\ \frac{1}{\sqrt{2}} \\ 0 \end{bmatrix}$

ほかも同様に計算すると，図 5.26 のようになります．

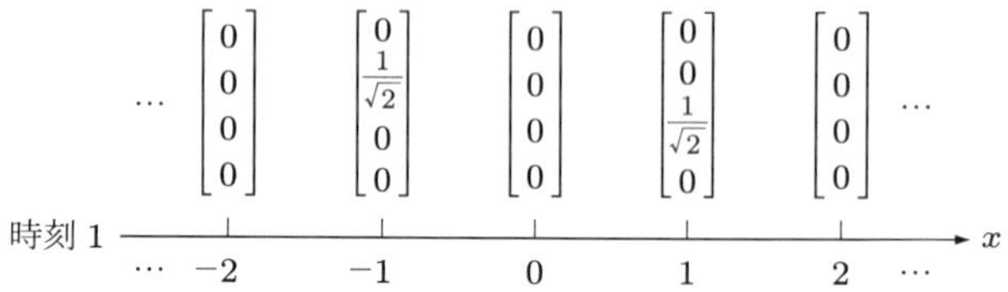

$\cdots \quad \begin{bmatrix} 0 \\ 0 \\ 0 \\ 0 \end{bmatrix} \quad \begin{bmatrix} 0 \\ \frac{1}{\sqrt{2}} \\ 0 \\ 0 \end{bmatrix} \quad \begin{bmatrix} 0 \\ 0 \\ 0 \\ 0 \end{bmatrix} \quad \begin{bmatrix} 0 \\ 0 \\ \frac{1}{\sqrt{2}} \\ 0 \end{bmatrix} \quad \begin{bmatrix} 0 \\ 0 \\ 0 \\ 0 \end{bmatrix} \quad \cdots$

時刻 1 ────┼────┼────┼────┼────┼──── x
    $\cdots$ -2 -1 0 1 2 $\cdots$

図 5.26

● 時刻 2

$\vec{\psi}_2(-1) = P\vec{\psi}_1(0) + Q\vec{\psi}_1(-2)$

$= \begin{bmatrix} 0 & 0 & \frac{1}{\sqrt{2}} & \frac{1}{\sqrt{2}} \\ \frac{1}{\sqrt{2}} & -\frac{1}{\sqrt{2}} & 0 & 0 \\ 0 & 0 & 0 & 0 \\ 0 & 0 & 0 & 0 \end{bmatrix} \begin{bmatrix} 0 \\ 0 \\ 0 \\ 0 \end{bmatrix} + \begin{bmatrix} 0 & 0 & 0 & 0 \\ 0 & 0 & 0 & 0 \\ \frac{1}{\sqrt{2}} & \frac{1}{\sqrt{2}} & 0 & 0 \\ 0 & 0 & \frac{1}{\sqrt{2}} & -\frac{1}{\sqrt{2}} \end{bmatrix} \begin{bmatrix} 0 \\ 0 \\ 0 \\ 0 \end{bmatrix} = \begin{bmatrix} 0 \\ 0 \\ 0 \\ 0 \end{bmatrix}$

$\vec{\psi}_2(0) = P\vec{\psi}_1(1) + Q\vec{\psi}_1(-1)$

$= \begin{bmatrix} 0 & 0 & \frac{1}{\sqrt{2}} & \frac{1}{\sqrt{2}} \\ \frac{1}{\sqrt{2}} & -\frac{1}{\sqrt{2}} & 0 & 0 \\ 0 & 0 & 0 & 0 \\ 0 & 0 & 0 & 0 \end{bmatrix} \begin{bmatrix} 0 \\ 0 \\ \frac{1}{\sqrt{2}} \\ 0 \end{bmatrix} + \begin{bmatrix} 0 & 0 & 0 & 0 \\ 0 & 0 & 0 & 0 \\ \frac{1}{\sqrt{2}} & \frac{1}{\sqrt{2}} & 0 & 0 \\ 0 & 0 & \frac{1}{\sqrt{2}} & -\frac{1}{\sqrt{2}} \end{bmatrix} \begin{bmatrix} 0 \\ \frac{1}{\sqrt{2}} \\ 0 \\ 0 \end{bmatrix} = \begin{bmatrix} \frac{1}{2} \\ 0 \\ \frac{1}{2} \\ 0 \end{bmatrix}$

$\vec{\psi}_2(1) = P\vec{\psi}_1(2) + Q\vec{\psi}_1(0)$

$= \begin{bmatrix} 0 & 0 & \frac{1}{\sqrt{2}} & \frac{1}{\sqrt{2}} \\ \frac{1}{\sqrt{2}} & -\frac{1}{\sqrt{2}} & 0 & 0 \\ 0 & 0 & 0 & 0 \\ 0 & 0 & 0 & 0 \end{bmatrix} \begin{bmatrix} 0 \\ 0 \\ 0 \\ 0 \end{bmatrix} + \begin{bmatrix} 0 & 0 & 0 & 0 \\ 0 & 0 & 0 & 0 \\ \frac{1}{\sqrt{2}} & \frac{1}{\sqrt{2}} & 0 & 0 \\ 0 & 0 & \frac{1}{\sqrt{2}} & -\frac{1}{\sqrt{2}} \end{bmatrix} \begin{bmatrix} 0 \\ 0 \\ 0 \\ 0 \end{bmatrix} = \begin{bmatrix} 0 \\ 0 \\ 0 \\ 0 \end{bmatrix}$

ほかも同様に計算すると，図 5.27 のようになります．

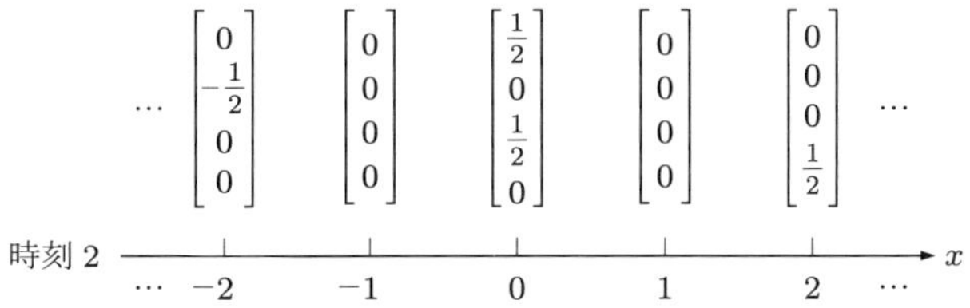

$$\cdots \begin{bmatrix} 0 \\ -\frac{1}{2} \\ 0 \\ 0 \end{bmatrix} \quad \begin{bmatrix} 0 \\ 0 \\ 0 \\ 0 \end{bmatrix} \quad \begin{bmatrix} \frac{1}{2} \\ 0 \\ \frac{1}{2} \\ 0 \end{bmatrix} \quad \begin{bmatrix} 0 \\ 0 \\ 0 \\ 0 \end{bmatrix} \quad \begin{bmatrix} 0 \\ 0 \\ 0 \\ \frac{1}{2} \end{bmatrix} \cdots$$

時刻 2 ───┼───┼───┼───┼───┼──→ x
　　　　 $\cdots\ -2\ \ -1\ \ \ 0\ \ \ \ 1\ \ \ \ 2\ \cdots$

図 5.27

以上の計算結果をもとに，場所 $x = 0, \pm 1$ の確率を計算します．

- 時刻 1

$$\mathbb{P}_1(-1) = \left\|\overrightarrow{\psi_1}(-1)\right\|^2 = \left\|\begin{bmatrix} 0 \\ 1 \\ \frac{1}{\sqrt{2}} \\ 0 \\ 0 \end{bmatrix}\right\|^2 = |0|^2 + \left|\frac{1}{\sqrt{2}}\right|^2 + |0|^2 + |0|^2 = \frac{1}{2}$$

$$\mathbb{P}_1(0) = \left\|\overrightarrow{\psi_1}(0)\right\|^2 = \left\|\begin{bmatrix} 0 \\ 0 \\ 0 \\ 0 \end{bmatrix}\right\|^2 = |0|^2 + |0|^2 + |0|^2 + |0|^2 = 0$$

$$\mathbb{P}_1(1) = \left\|\overrightarrow{\psi_1}(1)\right\|^2 = \left\|\begin{bmatrix} 0 \\ 0 \\ 1 \\ \frac{1}{\sqrt{2}} \\ 0 \end{bmatrix}\right\|^2 = |0|^2 + |0|^2 + \left|\frac{1}{\sqrt{2}}\right|^2 + |0|^2 = \frac{1}{2}$$

- 時刻 2

$$\mathbb{P}_2(-1) = \left\|\overrightarrow{\psi_2}(-1)\right\|^2 = \left\|\begin{bmatrix} 0 \\ 0 \\ 0 \\ 0 \end{bmatrix}\right\|^2 = |0|^2 + |0|^2 + |0|^2 + |0|^2 = 0$$

$$\mathbb{P}_2(0) = \left\|\overrightarrow{\psi_2}(0)\right\|^2 = \left\|\begin{bmatrix} \frac{1}{2} \\ 0 \\ \frac{1}{2} \\ 0 \end{bmatrix}\right\|^2 = \left|\frac{1}{2}\right|^2 + |0|^2 + \left|\frac{1}{2}\right|^2 + |0|^2 = \frac{2}{4}$$

$$\mathbb{P}_2(1) = \left\| \vec{\psi_2}(1) \right\|^2 = \left\| \begin{bmatrix} 0 \\ 0 \\ 0 \\ 0 \end{bmatrix} \right\|^2 = |0|^2 + |0|^2 + |0|^2 + |0|^2 = 0$$

ほかの場所も同様に計算して，得られた確率を表 5.7 にまとめます（ただし，空欄は確率 0 を意味します）．

表 5.7

時刻＼場所	-2	-1	0	1	2
0			1		
1		1/2		1/2	
2	1/4		2/4		1/4

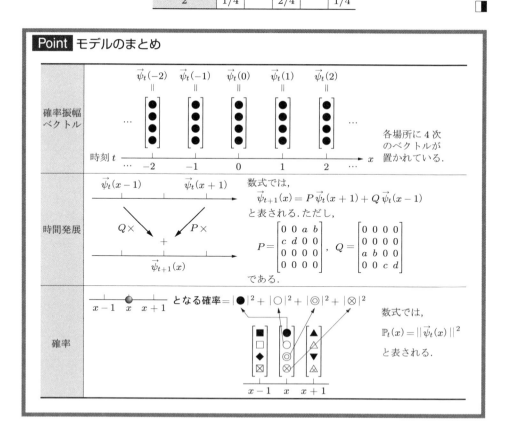

行列 P, Q の組合せには，さまざまなものが考えられますが，後に紹介する数学的な結果との対応を見るために，以降では，

$$P = \begin{bmatrix} 0 & 0 & \cos\theta & \sin\theta \\ \sin\theta & -\cos\theta & 0 & 0 \\ 0 & 0 & 0 & 0 \\ 0 & 0 & 0 & 0 \end{bmatrix}, \quad Q = \begin{bmatrix} 0 & 0 & 0 & 0 \\ 0 & 0 & 0 & 0 \\ \cos\theta & \sin\theta & 0 & 0 \\ 0 & 0 & \sin\theta & -\cos\theta \end{bmatrix}$$

のような行列の組合せに注目します．ただし，パラメタ θ は，$0 \leq \theta < 2\pi$ の範囲の値をとるものとします．

5.2.2 確率分布の性質

まずは，確率分布の時間発展を観察します．

■例 5.25（確率分布の時間発展 1）

○行列（$\theta = \pi/4$ のとき）

$$P = \begin{bmatrix} 0 & 0 & \frac{1}{\sqrt{2}} & \frac{1}{\sqrt{2}} \\ \frac{1}{\sqrt{2}} & -\frac{1}{\sqrt{2}} & 0 & 0 \\ 0 & 0 & 0 & 0 \\ 0 & 0 & 0 & 0 \end{bmatrix}, \quad Q = \begin{bmatrix} 0 & 0 & 0 & 0 \\ 0 & 0 & 0 & 0 \\ \frac{1}{\sqrt{2}} & \frac{1}{\sqrt{2}} & 0 & 0 \\ 0 & 0 & \frac{1}{\sqrt{2}} & -\frac{1}{\sqrt{2}} \end{bmatrix}$$

○初期確率振幅ベクトル

$$\vec{\psi}_0(0) = \begin{bmatrix} 1 \\ 0 \\ 0 \\ 0 \end{bmatrix}, \quad \vec{\psi}_0(x) = \begin{bmatrix} 0 \\ 0 \\ 0 \\ 0 \end{bmatrix} \quad (x \neq 0)$$

このとき，確率分布 $\mathbb{P}_t(x)$ の時間発展は，図 5.28 のようになります．時刻 0 から 5 までの確率 $\mathbb{P}_t(x)$ を表にまとめると，表 5.8 のようになります（空欄は確率 0 を意味します）．

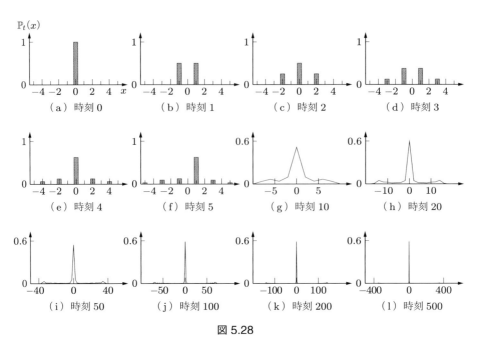

図 5.28

表 5.8

時刻＼場所	−5	−4	−3	−2	−1	0	1	2	3	4	5
0						1					
1					1/2		1/2				
2				1/4		2/4		1/4			
3			1/8		3/8		3/8		1/8		
4		1/16		2/16		10/16		2/16		1/16	
5	1/32		3/32		4/32		20/32		3/32		1/32

■ 例 5.26（確率分布の時間発展 2）

○行列（$\theta = \pi/4$ のとき）

$$P = \begin{bmatrix} 0 & 0 & \frac{1}{\sqrt{2}} & \frac{1}{\sqrt{2}} \\ \frac{1}{\sqrt{2}} & -\frac{1}{\sqrt{2}} & 0 & 0 \\ 0 & 0 & 0 & 0 \\ 0 & 0 & 0 & 0 \end{bmatrix}, \quad Q = \begin{bmatrix} 0 & 0 & 0 & 0 \\ 0 & 0 & 0 & 0 \\ \frac{1}{\sqrt{2}} & \frac{1}{\sqrt{2}} & 0 & 0 \\ 0 & 0 & \frac{1}{\sqrt{2}} & -\frac{1}{\sqrt{2}} \end{bmatrix}$$

5.2 確率振幅ベクトルの成分が四つの場合

○ 初期確率振幅ベクトル

$$\vec{\psi}_0(0) = \begin{bmatrix} 0 \\ 1 \\ 0 \\ 0 \end{bmatrix}, \quad \vec{\psi}_0(x) = \begin{bmatrix} 0 \\ 0 \\ 0 \\ 0 \end{bmatrix} \quad (x \neq 0)$$

このとき，確率分布 $\mathbb{P}_t(x)$ の時間発展は，図 5.29 のようになります．時刻 0 から 5 までの確率 $\mathbb{P}_t(x)$ を表にまとめると，表 5.9 のようになります（空欄は確率 0 を意味します）．

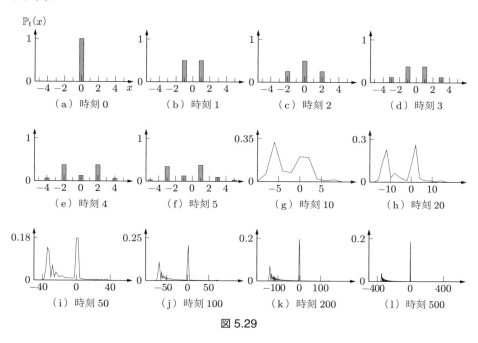

図 5.29

表 5.9

場所 時刻	−5	−4	−3	−2	−1	0	1	2	3	4	5
0						1					
1					1/2		1/2				
2				1/4		2/4		1/4			
3			1/8		3/8		3/8		1/8		
4		1/16		6/16		2/16		6/16		1/16	
5	1/32		11/32		4/32		12/32		3/32		1/32

例 5.27（確率分布の時間発展 3）

○ 行列（$\theta = \pi/4$ のとき）

$$P = \begin{bmatrix} 0 & 0 & \frac{1}{\sqrt{2}} & \frac{1}{\sqrt{2}} \\ \frac{1}{\sqrt{2}} & -\frac{1}{\sqrt{2}} & 0 & 0 \\ 0 & 0 & 0 & 0 \\ 0 & 0 & 0 & 0 \end{bmatrix}, \quad Q = \begin{bmatrix} 0 & 0 & 0 & 0 \\ 0 & 0 & 0 & 0 \\ \frac{1}{\sqrt{2}} & \frac{1}{\sqrt{2}} & 0 & 0 \\ 0 & 0 & \frac{1}{\sqrt{2}} & -\frac{1}{\sqrt{2}} \end{bmatrix}$$

○ 初期確率振幅ベクトル

$$\overrightarrow{\psi}_0(0) = \begin{bmatrix} 0 \\ 0 \\ 1 \\ 0 \end{bmatrix}, \quad \overrightarrow{\psi}_0(x) = \begin{bmatrix} 0 \\ 0 \\ 0 \\ 0 \end{bmatrix} \quad (x \neq 0)$$

このとき，確率分布 $\mathbb{P}_t(x)$ の時間発展は，図 5.30 のようになります．時刻 0 から 5 までの確率 $\mathbb{P}_t(x)$ を表にまとめると，表 5.10 のようになります（空欄は確率 0 を意味します）．

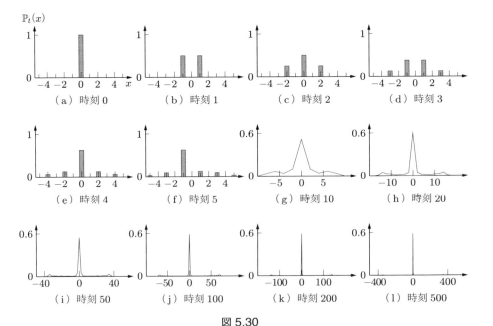

図 5.30

5.2 確率振幅ベクトルの成分が四つの場合　175

表 5.10

時刻\場所	−5	−4	−3	−2	−1	0	1	2	3	4	5
0						1					
1					1/2		1/2				
2				1/4		2/4		1/4			
3			1/8		3/8		3/8		1/8		
4		1/16		2/16		10/16		2/16		1/16	
5	1/32		3/32		20/32		4/32		3/32		1/32

■ 例 5.28（確率分布の時間発展 4）

○ 行列（$\theta = \pi/4$ のとき）

$$P = \begin{bmatrix} 0 & 0 & \frac{1}{\sqrt{2}} & \frac{1}{\sqrt{2}} \\ \frac{1}{\sqrt{2}} & -\frac{1}{\sqrt{2}} & 0 & 0 \\ 0 & 0 & 0 & 0 \\ 0 & 0 & 0 & 0 \end{bmatrix}, \quad Q = \begin{bmatrix} 0 & 0 & 0 & 0 \\ 0 & 0 & 0 & 0 \\ \frac{1}{\sqrt{2}} & \frac{1}{\sqrt{2}} & 0 & 0 \\ 0 & 0 & \frac{1}{\sqrt{2}} & -\frac{1}{\sqrt{2}} \end{bmatrix}$$

○ 初期確率振幅ベクトル

$$\vec{\psi}_0(0) = \begin{bmatrix} 0 \\ 0 \\ 0 \\ 1 \end{bmatrix}, \quad \vec{\psi}_0(x) = \begin{bmatrix} 0 \\ 0 \\ 0 \\ 0 \end{bmatrix} \quad (x \neq 0)$$

このとき，確率分布 $\mathbb{P}_t(x)$ の時間発展は，図 5.31 のようになります．時刻 0 から 5 までの確率 $\mathbb{P}_t(x)$ を表にまとめると，表 5.11 のようになります（空欄は確率 0 を意味します）．

176　5　標準型の量子ウォークの拡張版モデル

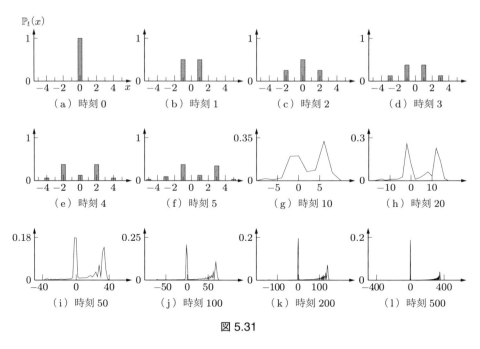

図 5.31

表 5.11

時刻＼場所	-5	-4	-3	-2	-1	0	1	2	3	4	5
0						1					
1					1/2		1/2				
2				1/4		2/4		1/4			
3			1/8		3/8		3/8		1/8		
4		1/16		6/16		2/16		6/16		1/16	
5	1/32		3/32		12/32		4/32		11/32		1/32

■ **例 5.29**（確率分布の時間発展 5）
　○行列（$\theta = \pi/4$ のとき）

$$P = \begin{bmatrix} 0 & 0 & \frac{1}{\sqrt{2}} & \frac{1}{\sqrt{2}} \\ \frac{1}{\sqrt{2}} & -\frac{1}{\sqrt{2}} & 0 & 0 \\ 0 & 0 & 0 & 0 \\ 0 & 0 & 0 & 0 \end{bmatrix}, \quad Q = \begin{bmatrix} 0 & 0 & 0 & 0 \\ 0 & 0 & 0 & 0 \\ \frac{1}{\sqrt{2}} & \frac{1}{\sqrt{2}} & 0 & 0 \\ 0 & 0 & \frac{1}{\sqrt{2}} & -\frac{1}{\sqrt{2}} \end{bmatrix}$$

○ 初期確率振幅ベクトル

$$\vec{\psi}_0(0) = \begin{bmatrix} \frac{1}{2} \\ \frac{1}{2} \\ \frac{1}{2} \\ \frac{1}{2} \end{bmatrix}, \quad \vec{\psi}_0(x) = \begin{bmatrix} 0 \\ 0 \\ 0 \\ 0 \end{bmatrix} \quad (x \neq 0)$$

このとき，確率分布 $\mathbb{P}_t(x)$ の時間発展は，図 5.32 のようになります．時刻 0 から 5 までの確率 $\mathbb{P}_t(x)$ を表にまとめると，表 5.12 のようになります（空欄は確率 0 を意味します）．

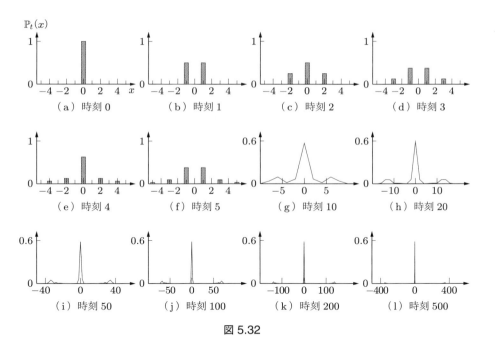

図 5.32

表 5.12

時刻＼場所	−5	−4	−3	−2	−1	0	1	2	3	4	5
0						1					
1					1/2		1/2				
2				1/4		2/4		1/4			
3			1/8		3/8		3/8		1/8		
4		1/16		2/16		10/16		2/16		1/16	
5	1/32		3/32		12/32		12/32		3/32		1/32

■ 例 5.30 （確率分布の時間発展 6）

○ 行列（$\theta = \pi/4$ のとき）

$$P = \begin{bmatrix} 0 & 0 & \frac{1}{\sqrt{2}} & \frac{1}{\sqrt{2}} \\ \frac{1}{\sqrt{2}} & -\frac{1}{\sqrt{2}} & 0 & 0 \\ 0 & 0 & 0 & 0 \\ 0 & 0 & 0 & 0 \end{bmatrix}, \quad Q = \begin{bmatrix} 0 & 0 & 0 & 0 \\ 0 & 0 & 0 & 0 \\ \frac{1}{\sqrt{2}} & \frac{1}{\sqrt{2}} & 0 & 0 \\ 0 & 0 & \frac{1}{\sqrt{2}} & -\frac{1}{\sqrt{2}} \end{bmatrix}$$

○ 初期確率振幅ベクトル

$$\vec{\psi}_0(0) = \begin{bmatrix} \frac{1}{2} \\ -\frac{1}{2} \\ -\frac{1}{2} \\ \frac{1}{2} \end{bmatrix}, \quad \vec{\psi}_0(x) = \begin{bmatrix} 0 \\ 0 \\ 0 \\ 0 \end{bmatrix} \quad (x \neq 0)$$

このとき，確率分布 $\mathbb{P}_t(x)$ の時間発展は，図 5.33 のようになります．時刻 0 から 5 までの確率 $\mathbb{P}_t(x)$ を表にまとめると，表 5.13 のようになります（空欄は確率 0 を意味します）．

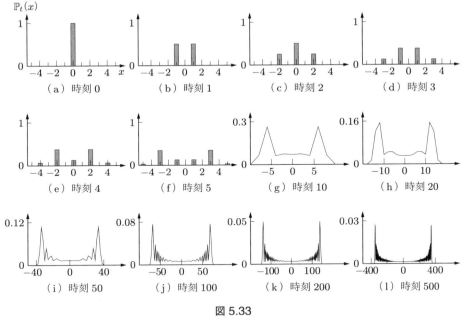

図 5.33

表 5.13

時刻＼場所	−5	−4	−3	−2	−1	0	1	2	3	4	5
0						1					
1					1/2		1/2				
2				1/4		2/4		1/4			
3			1/8		3/8		3/8		1/8		
4		1/16		6/16		2/16		6/16		1/16	
5	1/32		11/32		4/32		4/32		11/32		1/32

次は，確率分布と行列 P, Q のパラメタ θ との関係を見てみましょう．

■例 5.31（確率分布の行列依存性 1）

○行列

$$P = \begin{bmatrix} 0 & 0 & \cos\theta & \sin\theta \\ \sin\theta & -\cos\theta & 0 & 0 \\ 0 & 0 & 0 & 0 \\ 0 & 0 & 0 & 0 \end{bmatrix}, \quad Q = \begin{bmatrix} 0 & 0 & 0 & 0 \\ 0 & 0 & 0 & 0 \\ \cos\theta & \sin\theta & 0 & 0 \\ 0 & 0 & \sin\theta & -\cos\theta \end{bmatrix}$$

○ 初期確率振幅ベクトル

$$\vec{\psi}_0(0) = \begin{bmatrix} 1 \\ 0 \\ 0 \\ 0 \end{bmatrix}, \quad \vec{\psi}_0(x) = \begin{bmatrix} 0 \\ 0 \\ 0 \\ 0 \end{bmatrix} \quad (x \neq 0)$$

このとき，時刻 500 の確率分布 $\mathbb{P}_t(x)$ の θ 依存性は，図 5.34 のようになります．

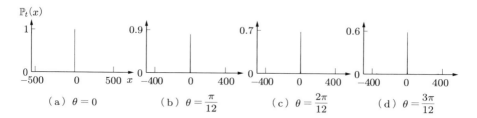
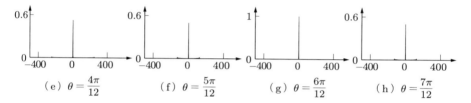
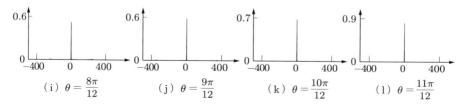

図 5.34

■ 例 5.32（確率分布の行列依存性 2）

○ 行列

$$P = \begin{bmatrix} 0 & 0 & \cos\theta & \sin\theta \\ \sin\theta & -\cos\theta & 0 & 0 \\ 0 & 0 & 0 & 0 \\ 0 & 0 & 0 & 0 \end{bmatrix}, \quad Q = \begin{bmatrix} 0 & 0 & 0 & 0 \\ 0 & 0 & 0 & 0 \\ \cos\theta & \sin\theta & 0 & 0 \\ 0 & 0 & \sin\theta & -\cos\theta \end{bmatrix}$$

○ 初期確率振幅ベクトル

$$\vec{\psi}_0(0) = \begin{bmatrix} 0 \\ 1 \\ 0 \\ 0 \end{bmatrix}, \quad \vec{\psi}_0(x) = \begin{bmatrix} 0 \\ 0 \\ 0 \\ 0 \end{bmatrix} \quad (x \neq 0)$$

このとき，時刻 500 の確率分布 $\mathbb{P}_t(x)$ の θ 依存性は，図 5.35 のようになります．

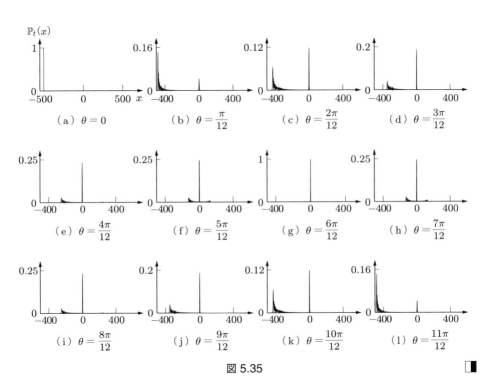

図 5.35

■ 例 5.33（確率分布の行列依存性 3）

○ 行列

$$P = \begin{bmatrix} 0 & 0 & \cos\theta & \sin\theta \\ \sin\theta & -\cos\theta & 0 & 0 \\ 0 & 0 & 0 & 0 \\ 0 & 0 & 0 & 0 \end{bmatrix}, \quad Q = \begin{bmatrix} 0 & 0 & 0 & 0 \\ 0 & 0 & 0 & 0 \\ \cos\theta & \sin\theta & 0 & 0 \\ 0 & 0 & \sin\theta & -\cos\theta \end{bmatrix}$$

○ 初期確率振幅ベクトル

$$\vec{\psi}_0(0) = \begin{bmatrix} 0 \\ 0 \\ 1 \\ 0 \end{bmatrix}, \quad \vec{\psi}_0(x) = \begin{bmatrix} 0 \\ 0 \\ 0 \\ 0 \end{bmatrix} \quad (x \neq 0)$$

このとき，時刻 500 の確率分布 $\mathbb{P}_t(x)$ の θ 依存性は，図 5.36 のようになります．

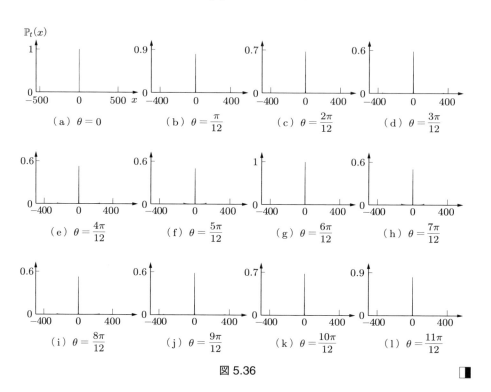

図 5.36

■ 例 5.34（確率分布の行列依存性 4）

○ 行列

$$P = \begin{bmatrix} 0 & 0 & \cos\theta & \sin\theta \\ \sin\theta & -\cos\theta & 0 & 0 \\ 0 & 0 & 0 & 0 \\ 0 & 0 & 0 & 0 \end{bmatrix}, \quad Q = \begin{bmatrix} 0 & 0 & 0 & 0 \\ 0 & 0 & 0 & 0 \\ \cos\theta & \sin\theta & 0 & 0 \\ 0 & 0 & \sin\theta & -\cos\theta \end{bmatrix}$$

5.2 確率振幅ベクトルの成分が四つの場合

○ 初期確率振幅ベクトル

$$\vec{\psi}_0(0) = \begin{bmatrix} 0 \\ 0 \\ 0 \\ 1 \end{bmatrix}, \quad \vec{\psi}_0(x) = \begin{bmatrix} 0 \\ 0 \\ 0 \\ 0 \end{bmatrix} \quad (x \neq 0)$$

このとき，時刻 500 の確率分布 $\mathbb{P}_t(x)$ の θ 依存性は，図 5.37 のようになります．

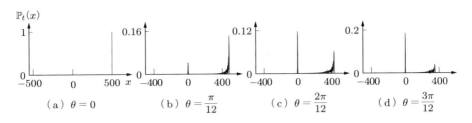
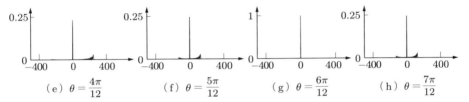
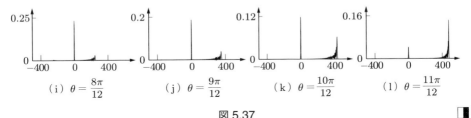

図 5.37

例 5.35（確率分布の行列依存性 5）

○ 行列

$$P = \begin{bmatrix} 0 & 0 & \cos\theta & \sin\theta \\ \sin\theta & -\cos\theta & 0 & 0 \\ 0 & 0 & 0 & 0 \\ 0 & 0 & 0 & 0 \end{bmatrix}, \quad Q = \begin{bmatrix} 0 & 0 & 0 & 0 \\ 0 & 0 & 0 & 0 \\ \cos\theta & \sin\theta & 0 & 0 \\ 0 & 0 & \sin\theta & -\cos\theta \end{bmatrix}$$

○初期確率振幅ベクトル

$$\vec{\psi}_0(0) = \begin{bmatrix} \frac{1}{2} \\ \frac{1}{2} \\ \frac{1}{2} \\ \frac{1}{2} \end{bmatrix}, \quad \vec{\psi}_0(x) = \begin{bmatrix} 0 \\ 0 \\ 0 \\ 0 \end{bmatrix} \quad (x \neq 0)$$

このとき，時刻 500 の確率分布 $\mathbb{P}_t(x)$ の θ 依存性は，図 5.38 のようになります．

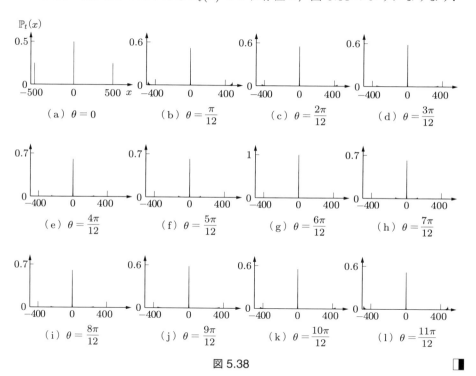

図 5.38

■ 例 5.36（確率分布の行列依存性 6）
○行列

$$P = \begin{bmatrix} 0 & 0 & \cos\theta & \sin\theta \\ \sin\theta & -\cos\theta & 0 & 0 \\ 0 & 0 & 0 & 0 \\ 0 & 0 & 0 & 0 \end{bmatrix}, \quad Q = \begin{bmatrix} 0 & 0 & 0 & 0 \\ 0 & 0 & 0 & 0 \\ \cos\theta & \sin\theta & 0 & 0 \\ 0 & 0 & \sin\theta & -\cos\theta \end{bmatrix}$$

○ 初期確率振幅ベクトル

$$\vec{\psi}_0(0) = \begin{bmatrix} \frac{1}{2} \\ -\frac{1}{2} \\ -\frac{1}{2} \\ \frac{1}{2} \end{bmatrix}, \quad \vec{\psi}_0(x) = \begin{bmatrix} 0 \\ 0 \\ 0 \\ 0 \end{bmatrix} \quad (x \neq 0)$$

このとき，時刻 500 の確率分布 $\mathbb{P}_t(x)$ の θ 依存性は，図 5.39 のようになります．

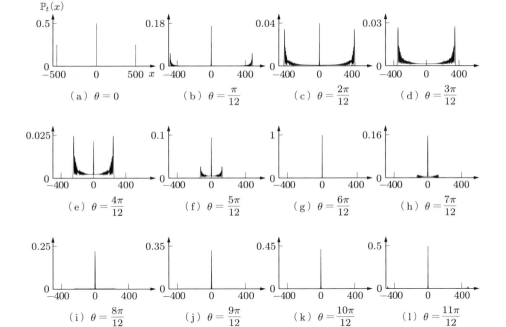

図 5.39

数学的な結果からわかる確率分布の性質 (⇒参考文献 [9])

先に扱った 3 成分型の拡張版モデルと同様に，各場所の確率振幅ベクトルが 4 成分をもつような量子ウォークでも，その確率分布は原点付近に大きな確率のピークをもち得ることが，シミュレーションからわかります．これが正しいことを示す数学的な結果は，特別な行列 P, Q に対してのみ得られています．その行列 P, Q とは，シミュレーションの例でも扱った $\theta = \pi/4$ のときで，

$$P = \begin{bmatrix} 0 & 0 & \frac{1}{\sqrt{2}} & \frac{1}{\sqrt{2}} \\ \frac{1}{\sqrt{2}} & -\frac{1}{\sqrt{2}} & 0 & 0 \\ 0 & 0 & 0 & 0 \\ 0 & 0 & 0 & 0 \end{bmatrix}, \quad Q = \begin{bmatrix} 0 & 0 & 0 & 0 \\ 0 & 0 & 0 & 0 \\ \frac{1}{\sqrt{2}} & \frac{1}{\sqrt{2}} & 0 & 0 \\ 0 & 0 & \frac{1}{\sqrt{2}} & -\frac{1}{\sqrt{2}} \end{bmatrix}$$

です．そして，初期確率振幅ベクトルを $\mathbb{P}_0(0) = 1, \mathbb{P}_0(x) = 0 \ (x \neq 0)$ となるように設定したとき，時間発展を十分多く繰り返した後の量子ウォークの確率分布は，前に紹介した3成分型の拡張版モデルと同様な性質をもちます．

性質1 原点 $x = 0$ 付近に大きな確率が生じ得る．ただし，初期確率振幅ベクトルのとり方によっては，この大きな確率は消える．

性質2 座標 $x = \pm t/\sqrt{2}$ 付近の場所でも，確率分布はピークとなる．

性質3 座標 $x = \pm t/\sqrt{2}$ 付近にある，ピークの外側の場所に量子ウォーカーの位置が決まる確率は，ほとんど0である．

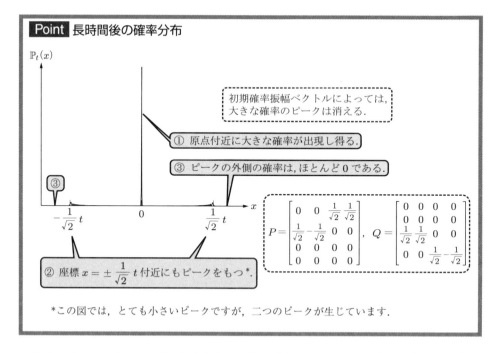

原点付近の大きな確率が消えるような初期確率振幅ベクトルの詳しい条件は，参考文献 [9] において与えられています．それによれば，

$$\vec{\psi}_0(0) = \begin{bmatrix} \frac{1}{2} \\ -\frac{1}{2} \\ -\frac{1}{2} \\ \frac{1}{2} \end{bmatrix}, \quad \vec{\psi}_0(x) = \begin{bmatrix} 0 \\ 0 \\ 0 \\ 0 \end{bmatrix} \quad (x \neq 0)$$

は，その条件を満たす初期確率振幅ベクトルの一つです．実際，178 ページの例 5.30 に挙げたシミュレーションからもわかるように，この初期確率振幅ベクトルを設定したときは，原点付近に大きな確率のピークは確認されません（図 5.40 参照）．

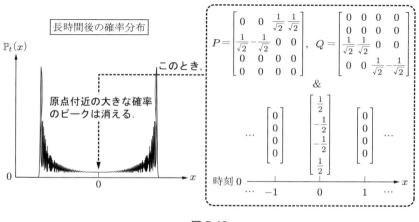

図 5.40

なお，ここで紹介した量子ウォークに対応するランダムウォークは，第 2 章で説明した，左隣あるいは右隣に，それぞれ確率 p, q で移動するモデルが挙げられます．

この章を通じて見てきたように，各場所の確率振幅ベクトルの成分数が三つあるいは四つになると，時間発展を決める行列が空間的に一様であっても，出発点の原点付近に大きな確率のピークが生じ得ます．しかも，そのピークの発生は，原点の初期確率振幅ベクトルと時間発展を決める行列の組合せに依存しており，どちらか一方だけで決まるわけではありません．つまり，両者のバランスが重要となります．1 次元格子上の量子ウォークにおいて，各場所の確率振幅ベクトルの成分が五つ以上の場合の拡張版モデルは，数学的に解決されていることは，ほとんどない状態であり，今後の研究課題となっています．

アルゴリズム

時刻 $T (= 0, 1, 2, \ldots)$ の確率分布 $\mathbb{P}_T(x)$ をシミュレーションするためのアルゴリズムを紹介します[3]．

Algorithm 8 4成分型拡張版モデル

```
/* 初期確率振幅ベクトルの設定 */
for all x ∈ {0, ±1, ±2, ...} do
    ψ⃗₀(x) を設定
end for

/* 時間発展 */
for t = 0 to T − 1 do
    for all x ∈ {0, ±1, ±2, ...} do
```
$$\vec{\psi}_{t+1}(x) = P\vec{\psi}_t(x+1) + Q\vec{\psi}_t(x-1)$$
```
    end for
end for

/* 確率の計算 */
for all x ∈ {0, ±1, ±2, ...} do
```
$$\mathbb{P}_T(x) = \left\|\vec{\psi}_T(x)\right\|^2$$
```
end for
```

---

[3] 60 ページで紹介したアルゴリズムと同じものです．

Chapter 6

2次元格子上の量子ウォーク

　これまでは，1次元格子上のいくつかの量子ウォークモデルを見てきました．最後に紹介するモデルは，2次元格子上の量子ウォークです．つまり，量子ウォーカーの位置は，図 6.1 のような，上下左右に無限に広がる2次元格子上の格子点のいずれかに確率的に決まります．

　2次元格子上の量子ウォークは，1次元格子上のモデルに比べて計算が煩雑なため，その確率分布が数学的に解析されている例は数えるほどしかありません．シミュレーションと併せて，数学的な結果からわかる確率分布の性質を見てみましょう．

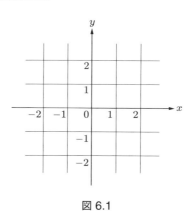

図 6.1

■6.1　モデルの説明

　2次元格子上の量子ウォークには，いくつかの種類がありますが，ここでは，最も標準的と思われるモデルを紹介します．1次元格子上のモデル同様に，ここで紹介する量子ウォークも，2次元格子上の，あるランダムウォークの量子版と考えることができます（218ページのコラム「2次元格子上のランダムウォーク」も参照）．

6 2次元格子上の量子ウォーク

1. 確率振幅ベクトル

ここでの 2 次元格子上の量子ウォークでは，各場所 (x,y) ($x, y = 0, \pm 1, \pm 2, \ldots$) の確率振幅ベクトルは，複素数を成分にもつ 4 次の縦ベクトルで与えられます（図 6.2 参照）.

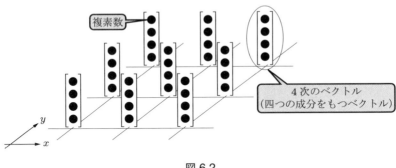

図 6.2

■ 例 6.1

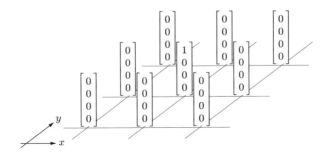

■ 例 6.2

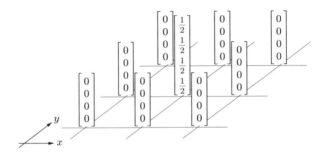

■ 例 6.3

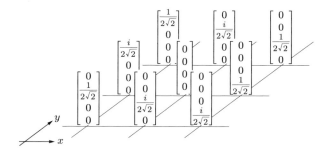

2. 時間発展ルール

時刻 $t\,(= 0, 1, 2, \ldots)$ での，場所 (x, y) における量子ウォークの確率振幅ベクトルを $\vec{\psi}_t(x, y)$ で表します（図 6.3 参照）.

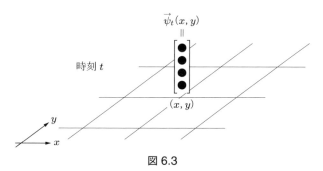

図 6.3

これらの確率振幅ベクトルを，4×4 の行列 P, Q, R, S を用いて，

$$\vec{\psi}_{t+1}(x, y) = P\vec{\psi}_t(x+1, y) + Q\vec{\psi}_t(x-1, y) \\ + R\vec{\psi}_t(x, y+1) + S\vec{\psi}_t(x, y-1)$$

の式に従って時間発展させます．ただし，

$$P = \begin{bmatrix} a_1 & a_2 & a_3 & a_4 \\ 0 & 0 & 0 & 0 \\ 0 & 0 & 0 & 0 \\ 0 & 0 & 0 & 0 \end{bmatrix}, \quad Q = \begin{bmatrix} 0 & 0 & 0 & 0 \\ b_1 & b_2 & b_3 & b_4 \\ 0 & 0 & 0 & 0 \\ 0 & 0 & 0 & 0 \end{bmatrix},$$

$$R = \begin{bmatrix} 0 & 0 & 0 & 0 \\ 0 & 0 & 0 & 0 \\ c_1 & c_2 & c_3 & c_4 \\ 0 & 0 & 0 & 0 \end{bmatrix}, \quad S = \begin{bmatrix} 0 & 0 & 0 & 0 \\ 0 & 0 & 0 & 0 \\ 0 & 0 & 0 & 0 \\ d_1 & d_2 & d_3 & d_4 \end{bmatrix}$$

であり，行列の和 $P + Q + R + S$ はユニタリ行列とします（図 6.4 参照）．

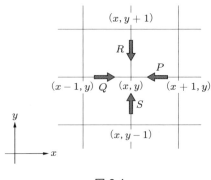

図 6.4

3. 確率

時刻 t において，場所 (x, y) に量子ウォーカーの位置が決まる確率は

$$\mathbb{P}_t(x, y) = \left\| \vec{\psi}_t(x, y) \right\|^2$$

で定義されます（図 6.5 参照）．

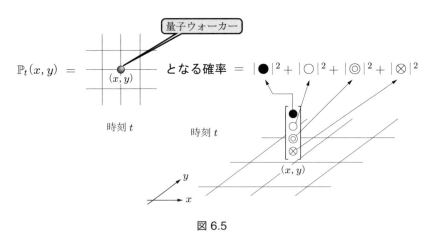

図 6.5

2 次元格子上のモデルでも，すべての時刻 t に対して $\|\vec{\psi}_t(x, y)\|^2$ を確率分布にするためには，$\sum_{x=-\infty}^{\infty} \sum_{y=-\infty}^{\infty} \|\vec{\psi}_0(x, y)\|^2 = 1$ が成立するように初期確率振幅ベク

トルを与えて，さらに，$P+Q+R+S$ をユニタリ行列にする必要があります[1].

■ **例 6.4**（量子ウォークに適した例）

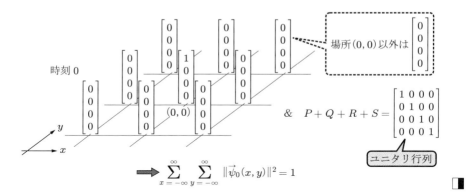

■ **例 6.5**（量子ウォークに適さない例）

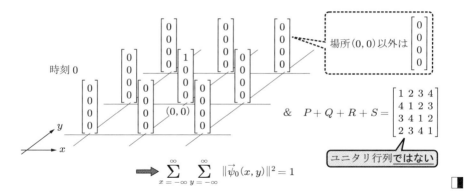

---

[1] $\displaystyle\sum_{x=-\infty}^{\infty}\sum_{y=-\infty}^{\infty}\|\vec{\psi}_0(x,y)\|^2$

$= \cdots + \|\vec{\psi}_0(-2,-2)\|^2 + \|\vec{\psi}_0(-1,-2)\|^2 + \|\vec{\psi}_0(0,-2)\|^2 + \|\vec{\psi}_0(1,-2)\|^2 + \|\vec{\psi}_0(2,-2)\|^2 + \cdots$
$\quad \cdots + \|\vec{\psi}_0(-2,-1)\|^2 + \|\vec{\psi}_0(-1,-1)\|^2 + \|\vec{\psi}_0(0,-1)\|^2 + \|\vec{\psi}_0(1,-1)\|^2 + \|\vec{\psi}_0(2,-1)\|^2 + \cdots$
$\quad \cdots + \|\vec{\psi}_0(-2, 0)\|^2 + \|\vec{\psi}_0(-1, 0)\|^2 + \|\vec{\psi}_0(0, 0)\|^2 + \|\vec{\psi}_0(1, 0)\|^2 + \|\vec{\psi}_0(2, 0)\|^2 + \cdots$
$\quad \cdots + \|\vec{\psi}_0(-2, 1)\|^2 + \|\vec{\psi}_0(-1, 1)\|^2 + \|\vec{\psi}_0(0, 1)\|^2 + \|\vec{\psi}_0(1, 1)\|^2 + \|\vec{\psi}_0(2, 1)\|^2 + \cdots$
$\quad \cdots + \|\vec{\psi}_0(-2, 2)\|^2 + \|\vec{\psi}_0(-1, 2)\|^2 + \|\vec{\psi}_0(0, 2)\|^2 + \|\vec{\psi}_0(1, 2)\|^2 + \|\vec{\psi}_0(2, 2)\|^2 + \cdots$

例 6.6（量子ウォークに適さない例）

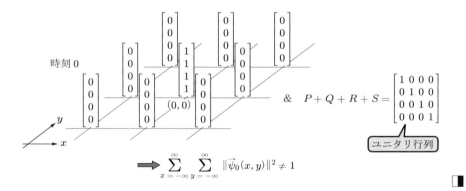

$$\Rightarrow \sum_{x=-\infty}^{\infty} \sum_{y=-\infty}^{\infty} \|\vec{\psi}_0(x,y)\|^2 \neq 1$$

Point モデルに必要な条件

1. $\sum_{x=-\infty}^{\infty} \sum_{y=-\infty}^{\infty} \|\vec{\psi}_0(x,y)\|^2 = 1$ が成立するように初期確率振幅ベクトルを設定する．
2. $P+Q+R+S$ はユニタリ行列である．

量子ウォークの確率振幅ベクトルと確率分布の時間発展を，例で見てみましょう．

例 6.7

初期確率振幅ベクトルを

$$\vec{\psi}_0(0,0) = \begin{bmatrix} 1 \\ 0 \\ 0 \\ 0 \end{bmatrix}, \quad \vec{\psi}_0(x,y) = \begin{bmatrix} 0 \\ 0 \\ 0 \\ 0 \end{bmatrix} \quad ((x,y) \neq (0,0))$$

と設定します．この初期状態を図示すると，図 6.6 のようになります．

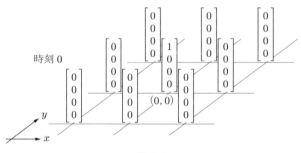

図 6.6

時刻 0 における確率分布は，

$$\mathbb{P}_0(0,0) = \left|\left|\overrightarrow{\psi_0}(0,0)\right|\right|^2 = \left|\left|\begin{bmatrix}1\\0\\0\\0\end{bmatrix}\right|\right|^2 = |1|^2 + |0|^2 + |0|^2 + |0|^2 = 1$$

$$\mathbb{P}_0(x,y) = \left|\left|\overrightarrow{\psi_0}(x,y)\right|\right|^2 = \left|\left|\begin{bmatrix}0\\0\\0\\0\end{bmatrix}\right|\right|^2 = |0|^2 + |0|^2 + |0|^2 + |0|^2 = 0 \quad ((x,y) \neq (0,0))$$

となっています．具体的に時間発展を理解するために，以下の行列で考えてみます．

$$P = \begin{bmatrix} -\frac{1}{2} & \frac{1}{2} & \frac{1}{2} & \frac{1}{2} \\ 0 & 0 & 0 & 0 \\ 0 & 0 & 0 & 0 \\ 0 & 0 & 0 & 0 \end{bmatrix}, \quad Q = \begin{bmatrix} 0 & 0 & 0 & 0 \\ \frac{1}{2} & -\frac{1}{2} & \frac{1}{2} & \frac{1}{2} \\ 0 & 0 & 0 & 0 \\ 0 & 0 & 0 & 0 \end{bmatrix},$$

$$R = \begin{bmatrix} 0 & 0 & 0 & 0 \\ 0 & 0 & 0 & 0 \\ \frac{1}{2} & \frac{1}{2} & -\frac{1}{2} & \frac{1}{2} \\ 0 & 0 & 0 & 0 \end{bmatrix}, \quad S = \begin{bmatrix} 0 & 0 & 0 & 0 \\ 0 & 0 & 0 & 0 \\ 0 & 0 & 0 & 0 \\ \frac{1}{2} & \frac{1}{2} & \frac{1}{2} & -\frac{1}{2} \end{bmatrix}.$$

このとき，時刻 $t = 1, 2$ における場所 $(x,y) = (-1,0), (0,0), (1,0)$ の確率振幅ベクトルを計算してみましょう．

●時刻 1

$$\overrightarrow{\psi}_1(-1,0) = P\overrightarrow{\psi}_0(0,0) + Q\overrightarrow{\psi}_0(-2,0) + R\overrightarrow{\psi}_0(-1,1) + S\overrightarrow{\psi}_0(-1,-1)$$

$$= \begin{bmatrix} -\frac{1}{2} & \frac{1}{2} & \frac{1}{2} & \frac{1}{2} \\ 0 & 0 & 0 & 0 \\ 0 & 0 & 0 & 0 \\ 0 & 0 & 0 & 0 \end{bmatrix} \begin{bmatrix}1\\0\\0\\0\end{bmatrix} + \begin{bmatrix} 0 & 0 & 0 & 0 \\ \frac{1}{2} & -\frac{1}{2} & \frac{1}{2} & \frac{1}{2} \\ 0 & 0 & 0 & 0 \\ 0 & 0 & 0 & 0 \end{bmatrix} \begin{bmatrix}0\\0\\0\\0\end{bmatrix}$$

$$+ \begin{bmatrix} 0 & 0 & 0 & 0 \\ 0 & 0 & 0 & 0 \\ \frac{1}{2} & \frac{1}{2} & -\frac{1}{2} & \frac{1}{2} \\ 0 & 0 & 0 & 0 \end{bmatrix} \begin{bmatrix}0\\0\\0\\0\end{bmatrix} + \begin{bmatrix} 0 & 0 & 0 & 0 \\ 0 & 0 & 0 & 0 \\ 0 & 0 & 0 & 0 \\ \frac{1}{2} & \frac{1}{2} & \frac{1}{2} & -\frac{1}{2} \end{bmatrix} \begin{bmatrix}0\\0\\0\\0\end{bmatrix} = \begin{bmatrix}-\frac{1}{2}\\0\\0\\0\end{bmatrix}$$

$$\vec{\psi}_1(0,0) = P\vec{\psi}_0(1,0) + Q\vec{\psi}_0(-1,0) + R\vec{\psi}_0(0,1) + S\vec{\psi}_0(0,-1)$$

$$= \begin{bmatrix} -\frac{1}{2} & \frac{1}{2} & \frac{1}{2} & \frac{1}{2} \\ 0 & 0 & 0 & 0 \\ 0 & 0 & 0 & 0 \\ 0 & 0 & 0 & 0 \end{bmatrix} \begin{bmatrix} 0 \\ 0 \\ 0 \\ 0 \end{bmatrix} + \begin{bmatrix} 0 & 0 & 0 & 0 \\ \frac{1}{2} & -\frac{1}{2} & \frac{1}{2} & \frac{1}{2} \\ 0 & 0 & 0 & 0 \\ 0 & 0 & 0 & 0 \end{bmatrix} \begin{bmatrix} 0 \\ 0 \\ 0 \\ 0 \end{bmatrix}$$

$$+ \begin{bmatrix} 0 & 0 & 0 & 0 \\ 0 & 0 & 0 & 0 \\ \frac{1}{2} & \frac{1}{2} & -\frac{1}{2} & \frac{1}{2} \\ 0 & 0 & 0 & 0 \end{bmatrix} \begin{bmatrix} 0 \\ 0 \\ 0 \\ 0 \end{bmatrix} + \begin{bmatrix} 0 & 0 & 0 & 0 \\ 0 & 0 & 0 & 0 \\ 0 & 0 & 0 & 0 \\ \frac{1}{2} & \frac{1}{2} & \frac{1}{2} & -\frac{1}{2} \end{bmatrix} \begin{bmatrix} 0 \\ 0 \\ 0 \\ 0 \end{bmatrix} = \begin{bmatrix} 0 \\ 0 \\ 0 \\ 0 \end{bmatrix}$$

$$\vec{\psi}_1(1,0) = P\vec{\psi}_0(2,0) + Q\vec{\psi}_0(0,0) + R\vec{\psi}_0(1,1) + S\vec{\psi}_0(1,-1)$$

$$= \begin{bmatrix} -\frac{1}{2} & \frac{1}{2} & \frac{1}{2} & \frac{1}{2} \\ 0 & 0 & 0 & 0 \\ 0 & 0 & 0 & 0 \\ 0 & 0 & 0 & 0 \end{bmatrix} \begin{bmatrix} 0 \\ 0 \\ 0 \\ 0 \end{bmatrix} + \begin{bmatrix} 0 & 0 & 0 & 0 \\ \frac{1}{2} & -\frac{1}{2} & \frac{1}{2} & \frac{1}{2} \\ 0 & 0 & 0 & 0 \\ 0 & 0 & 0 & 0 \end{bmatrix} \begin{bmatrix} 1 \\ 0 \\ 0 \\ 0 \end{bmatrix}$$

$$+ \begin{bmatrix} 0 & 0 & 0 & 0 \\ 0 & 0 & 0 & 0 \\ \frac{1}{2} & \frac{1}{2} & -\frac{1}{2} & \frac{1}{2} \\ 0 & 0 & 0 & 0 \end{bmatrix} \begin{bmatrix} 0 \\ 0 \\ 0 \\ 0 \end{bmatrix} + \begin{bmatrix} 0 & 0 & 0 & 0 \\ 0 & 0 & 0 & 0 \\ 0 & 0 & 0 & 0 \\ \frac{1}{2} & \frac{1}{2} & \frac{1}{2} & -\frac{1}{2} \end{bmatrix} \begin{bmatrix} 0 \\ 0 \\ 0 \\ 0 \end{bmatrix} = \begin{bmatrix} 0 \\ \frac{1}{2} \\ 0 \\ 0 \end{bmatrix}$$

ほかも同様に計算すると，図 6.7 のようになります．

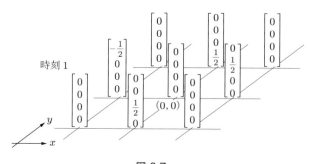

図 6.7

● 時刻 2

$$\vec{\psi}_2(-1,0) = P\vec{\psi}_1(0,0) + Q\vec{\psi}_1(-2,0) + R\vec{\psi}_1(-1,1) + S\vec{\psi}_1(-1,-1)$$

$$= \begin{bmatrix} -\frac{1}{2} & \frac{1}{2} & \frac{1}{2} & \frac{1}{2} \\ 0 & 0 & 0 & 0 \\ 0 & 0 & 0 & 0 \\ 0 & 0 & 0 & 0 \end{bmatrix} \begin{bmatrix} 0 \\ 0 \\ 0 \\ 0 \end{bmatrix} + \begin{bmatrix} 0 & 0 & 0 & 0 \\ \frac{1}{2} & -\frac{1}{2} & \frac{1}{2} & \frac{1}{2} \\ 0 & 0 & 0 & 0 \\ 0 & 0 & 0 & 0 \end{bmatrix} \begin{bmatrix} 0 \\ 0 \\ 0 \\ 0 \end{bmatrix}$$

$$+ \begin{bmatrix} 0 & 0 & 0 & 0 \\ 0 & 0 & 0 & 0 \\ \frac{1}{2} & \frac{1}{2} & -\frac{1}{2} & \frac{1}{2} \\ 0 & 0 & 0 & 0 \end{bmatrix} \begin{bmatrix} 0 \\ 0 \\ 0 \\ 0 \end{bmatrix} + \begin{bmatrix} 0 & 0 & 0 & 0 \\ 0 & 0 & 0 & 0 \\ 0 & 0 & 0 & 0 \\ \frac{1}{2} & \frac{1}{2} & \frac{1}{2} & -\frac{1}{2} \end{bmatrix} \begin{bmatrix} 0 \\ 0 \\ 0 \\ 0 \end{bmatrix} = \begin{bmatrix} 0 \\ 0 \\ 0 \\ 0 \end{bmatrix}$$

$$\vec{\psi}_2(0,0) = P\vec{\psi}_1(1,0) + Q\vec{\psi}_1(-1,0) + R\vec{\psi}_1(0,1) + S\vec{\psi}_1(0,-1)$$

$$= \begin{bmatrix} -\frac{1}{2} & \frac{1}{2} & \frac{1}{2} & \frac{1}{2} \\ 0 & 0 & 0 & 0 \\ 0 & 0 & 0 & 0 \\ 0 & 0 & 0 & 0 \end{bmatrix} \begin{bmatrix} 0 \\ \frac{1}{2} \\ 0 \\ 0 \end{bmatrix} + \begin{bmatrix} 0 & 0 & 0 & 0 \\ \frac{1}{2} & -\frac{1}{2} & \frac{1}{2} & \frac{1}{2} \\ 0 & 0 & 0 & 0 \\ 0 & 0 & 0 & 0 \end{bmatrix} \begin{bmatrix} -\frac{1}{2} \\ 0 \\ 0 \\ 0 \end{bmatrix}$$

$$+ \begin{bmatrix} 0 & 0 & 0 & 0 \\ 0 & 0 & 0 & 0 \\ \frac{1}{2} & \frac{1}{2} & -\frac{1}{2} & \frac{1}{2} \\ 0 & 0 & 0 & 0 \end{bmatrix} \begin{bmatrix} 0 \\ 0 \\ 0 \\ \frac{1}{2} \end{bmatrix} + \begin{bmatrix} 0 & 0 & 0 & 0 \\ 0 & 0 & 0 & 0 \\ 0 & 0 & 0 & 0 \\ \frac{1}{2} & \frac{1}{2} & \frac{1}{2} & -\frac{1}{2} \end{bmatrix} \begin{bmatrix} 0 \\ 0 \\ \frac{1}{2} \\ 0 \end{bmatrix} = \begin{bmatrix} \frac{1}{4} \\ -\frac{1}{4} \\ \frac{1}{4} \\ \frac{1}{4} \end{bmatrix}$$

$$\vec{\psi}_2(1,0) = P\vec{\psi}_1(2,0) + Q\vec{\psi}_1(0,0) + R\vec{\psi}_1(1,1) + S\vec{\psi}_1(1,-1)$$

$$= \begin{bmatrix} -\frac{1}{2} & \frac{1}{2} & \frac{1}{2} & \frac{1}{2} \\ 0 & 0 & 0 & 0 \\ 0 & 0 & 0 & 0 \\ 0 & 0 & 0 & 0 \end{bmatrix} \begin{bmatrix} 0 \\ 0 \\ 0 \\ 0 \end{bmatrix} + \begin{bmatrix} 0 & 0 & 0 & 0 \\ \frac{1}{2} & -\frac{1}{2} & \frac{1}{2} & \frac{1}{2} \\ 0 & 0 & 0 & 0 \\ 0 & 0 & 0 & 0 \end{bmatrix} \begin{bmatrix} 0 \\ 0 \\ 0 \\ 0 \end{bmatrix}$$

$$+\begin{bmatrix} 0 & 0 & 0 & 0 \\ 0 & 0 & 0 & 0 \\ \frac{1}{2} & \frac{1}{2} & -\frac{1}{2} & \frac{1}{2} \\ 0 & 0 & 0 & 0 \end{bmatrix} \begin{bmatrix} 0 \\ 0 \\ 0 \\ 0 \end{bmatrix} + \begin{bmatrix} 0 & 0 & 0 & 0 \\ 0 & 0 & 0 & 0 \\ 0 & 0 & 0 & 0 \\ \frac{1}{2} & \frac{1}{2} & \frac{1}{2} & -\frac{1}{2} \end{bmatrix} \begin{bmatrix} 0 \\ 0 \\ 0 \\ 0 \end{bmatrix} = \begin{bmatrix} 0 \\ 0 \\ 0 \\ 0 \end{bmatrix}$$

ほかも同様に計算すると，図 6.8 のようになります．

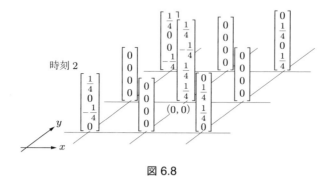

図 6.8

以上の計算結果をもとに，場所 $(x,y) = (-1,0), (0,0), (1,0)$ の確率を計算してみます．

● 時刻 1

$$\mathbb{P}_1(-1,0) = \left\|\overrightarrow{\psi_1}(-1,0)\right\|^2 = \left\|\begin{bmatrix} -\frac{1}{2} \\ 0 \\ 0 \\ 0 \end{bmatrix}\right\|^2 = \left|-\frac{1}{2}\right|^2 + |0|^2 + |0|^2 + |0|^2 = \frac{1}{4}$$

$$\mathbb{P}_1(0,0) = \left\|\overrightarrow{\psi_1}(0,0)\right\|^2 = \left\|\begin{bmatrix} 0 \\ 0 \\ 0 \\ 0 \end{bmatrix}\right\|^2 = |0|^2 + |0|^2 + |0|^2 + |0|^2 = 0$$

$$\mathbb{P}_1(1,0) = \left\|\overrightarrow{\psi_1}(1,0)\right\|^2 = \left\|\begin{bmatrix} 0 \\ \frac{1}{2} \\ 0 \\ 0 \end{bmatrix}\right\|^2 = |0|^2 + \left|\frac{1}{2}\right|^2 + |0|^2 + |0|^2 = \frac{1}{4}$$

- 時刻 2

$$\mathbb{P}_2(-1,0) = \left|\left|\overrightarrow{\psi_2}(-1,0)\right|\right|^2 = \left|\left|\begin{bmatrix} 0 \\ 0 \\ 0 \\ 0 \end{bmatrix}\right|\right|^2 = |0|^2 + |0|^2 + |0|^2 + |0|^2 = 0$$

$$\mathbb{P}_2(0,0) = \left|\left|\overrightarrow{\psi_2}(0,0)\right|\right|^2 = \left|\left|\begin{bmatrix} \frac{1}{4} \\ -\frac{1}{4} \\ \frac{1}{4} \\ \frac{1}{4} \end{bmatrix}\right|\right|^2 = \left|\frac{1}{4}\right|^2 + \left|-\frac{1}{4}\right|^2 + \left|\frac{1}{4}\right|^2 + \left|\frac{1}{4}\right|^2 = \frac{4}{16}$$

$$\mathbb{P}_2(1,0) = \left|\left|\overrightarrow{\psi_2}(1,0)\right|\right|^2 = \left|\left|\begin{bmatrix} 0 \\ 0 \\ 0 \\ 0 \end{bmatrix}\right|\right|^2 = |0|^2 + |0|^2 + |0|^2 + |0|^2 = 0$$

ほかの場所も同様に計算して，得られた確率を表 6.1 にまとめます（ただし，空欄は確率 0 を意味します）．

表 6.1

(a) 時刻 0 の確率

y \ x	-2	-1	0	1	2
2					
1					
0			1		
-1					
-2					

(b) 時刻 1 の確率

y \ x	-2	-1	0	1	2
2					
1			1/4		
0		1/4		1/4	
-1			1/4		
-2					

(c) 時刻 2 の確率

y \ x	-2	-1	0	1	2
2			1/16		
1		2/16		2/16	
0	1/16		4/16		1/16
-1		2/16		2/16	
-2			1/16		

6　2次元格子上の量子ウォーク

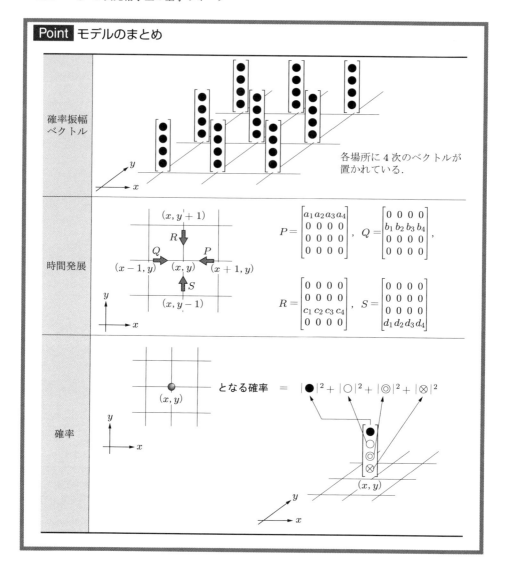

6.2 確率分布の性質

　量子ウォーカーの位置を決める確率分布の時間発展を見ていきましょう．紹介する確率分布の図は，棒グラフで描かれています．

■例 6.8（確率分布の時間発展 1）

○ 行列

$$P = \begin{bmatrix} -\frac{1}{2} & \frac{1}{2} & \frac{1}{2} & \frac{1}{2} \\ 0 & 0 & 0 & 0 \\ 0 & 0 & 0 & 0 \\ 0 & 0 & 0 & 0 \end{bmatrix}, \quad Q = \begin{bmatrix} 0 & 0 & 0 & 0 \\ \frac{1}{2} & -\frac{1}{2} & \frac{1}{2} & \frac{1}{2} \\ 0 & 0 & 0 & 0 \\ 0 & 0 & 0 & 0 \end{bmatrix},$$

$$R = \begin{bmatrix} 0 & 0 & 0 & 0 \\ 0 & 0 & 0 & 0 \\ \frac{1}{2} & \frac{1}{2} & -\frac{1}{2} & \frac{1}{2} \\ 0 & 0 & 0 & 0 \end{bmatrix}, \quad S = \begin{bmatrix} 0 & 0 & 0 & 0 \\ 0 & 0 & 0 & 0 \\ 0 & 0 & 0 & 0 \\ \frac{1}{2} & \frac{1}{2} & \frac{1}{2} & -\frac{1}{2} \end{bmatrix}$$

○ 初期確率振幅ベクトル

$$\vec{\psi}_0(0,0) = \begin{bmatrix} 1 \\ 0 \\ 0 \\ 0 \end{bmatrix}, \quad \vec{\psi}_0(x,y) = \begin{bmatrix} 0 \\ 0 \\ 0 \\ 0 \end{bmatrix} \quad ((x,y) \neq (0,0))$$

このとき，確率分布 $\mathbb{P}_t(x,y)$ の時間発展は，図 6.9 のようになります．時刻 0 から 3 までの確率分布 $\mathbb{P}_t(x,y)$ を表にまとめると，表 6.2 のようになります（空欄は確率 0 を意味します）．

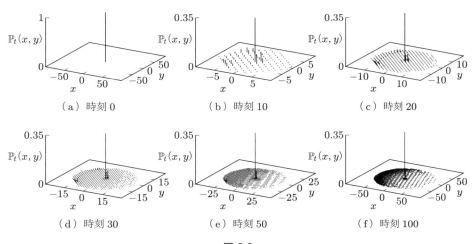

（a）時刻 0　　　　（b）時刻 10　　　　（c）時刻 20

（d）時刻 30　　　　（e）時刻 50　　　　（f）時刻 100

図 6.9

表 6.2

(a) 時刻 0 の確率

$y \backslash x$	-3	-2	-1	0	1	2	3
3							
2							
1							
0				1			
-1							
-2							
-3							

(b) 時刻 1 の確率

$y \backslash x$	-3	-2	-1	0	1	2	3
3							
2							
1				$1/4$			
0			$1/4$		$1/4$		
-1				$1/4$			
-2							
-3							

(c) 時刻 2 の確率

$y \backslash x$	-3	-2	-1	0	1	2	3
3							
2				$1/16$			
1			$2/16$		$2/16$		
0		$1/16$		$4/16$		$1/16$	
-1			$2/16$		$2/16$		
-2				$1/16$			
-3							

(d) 時刻 3 の確率

$y \backslash x$	-3	-2	-1	0	1	2	3
3				$1/64$			
2			$5/64$		$1/64$		
1		$5/64$		$5/64$		$1/64$	
0	$1/64$		$1/64$		$25/64$		$1/64$
-1		$5/64$		$5/64$		$1/64$	
-2			$5/64$		$1/64$		
-3				$1/64$			

◨

■ 例 6.9（確率分布の時間発展 2）

○ 行列

$$P = \begin{bmatrix} -\frac{1}{2} & \frac{1}{2} & \frac{1}{2} & \frac{1}{2} \\ 0 & 0 & 0 & 0 \\ 0 & 0 & 0 & 0 \\ 0 & 0 & 0 & 0 \end{bmatrix}, \quad Q = \begin{bmatrix} 0 & 0 & 0 & 0 \\ \frac{1}{2} & -\frac{1}{2} & \frac{1}{2} & \frac{1}{2} \\ 0 & 0 & 0 & 0 \\ 0 & 0 & 0 & 0 \end{bmatrix},$$

$$R = \begin{bmatrix} 0 & 0 & 0 & 0 \\ 0 & 0 & 0 & 0 \\ \frac{1}{2} & \frac{1}{2} & -\frac{1}{2} & \frac{1}{2} \\ 0 & 0 & 0 & 0 \end{bmatrix}, \quad S = \begin{bmatrix} 0 & 0 & 0 & 0 \\ 0 & 0 & 0 & 0 \\ 0 & 0 & 0 & 0 \\ \frac{1}{2} & \frac{1}{2} & \frac{1}{2} & -\frac{1}{2} \end{bmatrix}$$

○ 初期確率振幅ベクトル

$$\vec{\psi}_0(0,0) = \begin{bmatrix} \frac{1}{2} \\ \frac{1}{2} \\ -\frac{1}{2} \\ -\frac{1}{2} \end{bmatrix}, \quad \vec{\psi}_0(x,y) = \begin{bmatrix} 0 \\ 0 \\ 0 \\ 0 \end{bmatrix} \quad ((x,y) \neq (0,0))$$

このとき，確率分布 $\mathbb{P}_t(x,y)$ の時間発展は，図 6.10 のようになります．時刻 0 から 3 までの確率分布 $\mathbb{P}_t(x,y)$ を表にまとめると，表 6.3 のようになります（空欄は確率 0 を意味します）．

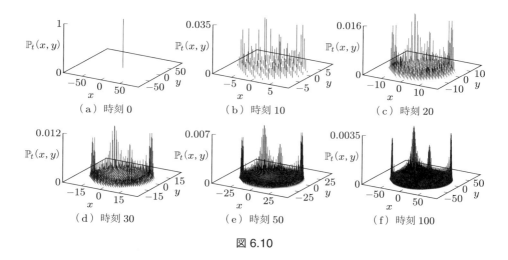

図 6.10

表 6.3

(a) 時刻 0 の確率

y \ x	-3	-2	-1	0	1	2	3
3							
2							
1							
0				1			
-1							
-2							
-3							

(b) 時刻 1 の確率

y \ x	-3	-2	-1	0	1	2	3
3							
2							
1				1/4			
0			1/4		1/4		
-1				1/4			
-2							
-3							

(c) 時刻 2 の確率

y \ x	-3	-2	-1	0	1	2	3
3							
2				1/16			
1			2/16		2/16		
0		1/16		4/16		1/16	
-1			2/16		2/16		
-2				1/16			
-3							

(d) 時刻 3 の確率

y \ x	-3	-2	-1	0	1	2	3
3				1/64			
2			5/64		5/64		
1		5/64		5/64		5/64	
0	1/64		5/64		5/64		1/64
-1		5/64		5/64		5/64	
-2			5/64		5/64		
-3				1/64			

∎

■ 例 6.10 (確率分布の時間発展 3)

○ 行列

$$P = \begin{bmatrix} \frac{1}{2} & \frac{1}{2} & \frac{1}{2} & \frac{1}{2} \\ 0 & 0 & 0 & 0 \\ 0 & 0 & 0 & 0 \\ 0 & 0 & 0 & 0 \end{bmatrix}, \quad Q = \begin{bmatrix} 0 & 0 & 0 & 0 \\ \frac{1}{2} & -\frac{1}{2} & \frac{1}{2} & -\frac{1}{2} \\ 0 & 0 & 0 & 0 \\ 0 & 0 & 0 & 0 \end{bmatrix},$$

$$R = \begin{bmatrix} 0 & 0 & 0 & 0 \\ 0 & 0 & 0 & 0 \\ \frac{1}{2} & \frac{1}{2} & -\frac{1}{2} & -\frac{1}{2} \\ 0 & 0 & 0 & 0 \end{bmatrix}, \quad S = \begin{bmatrix} 0 & 0 & 0 & 0 \\ 0 & 0 & 0 & 0 \\ 0 & 0 & 0 & 0 \\ \frac{1}{2} & -\frac{1}{2} & -\frac{1}{2} & \frac{1}{2} \end{bmatrix}$$

○ 初期確率振幅ベクトル

$$\vec{\psi}_0(0,0) = \begin{bmatrix} 1 \\ 0 \\ 0 \\ 0 \end{bmatrix}, \quad \vec{\psi}_0(x,y) = \begin{bmatrix} 0 \\ 0 \\ 0 \\ 0 \end{bmatrix} \quad ((x,y) \neq (0,0))$$

このとき，確率分布 $\mathbb{P}_t(x,y)$ の時間発展は，図 6.11 のようになります．時刻 0 から 3 までの確率分布 $\mathbb{P}_t(x,y)$ を表にまとめると，表 6.4 のようになります（空欄は確率 0 を意味します）．

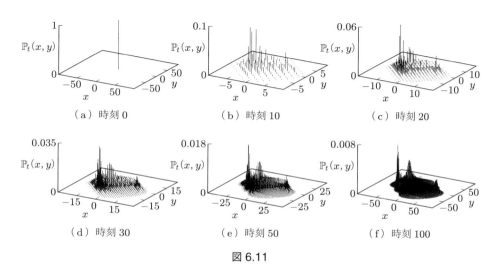

図 6.11

表 6.4

(a) 時刻 0 の確率

y \ x	-3	-2	-1	0	1	2	3
3							
2							
1							
0				1			
-1							
-2							
-3							

(b) 時刻 1 の確率

y \ x	-3	-2	-1	0	1	2	3
3							
2							
1				$1/4$			
0			$1/4$		$1/4$		
-1				$1/4$			
-2							
-3							

(c) 時刻 2 の確率

y \ x	-3	-2	-1	0	1	2	3
3							
2				$1/16$			
1			$2/16$		$2/16$		
0		$1/16$		$4/16$		$1/16$	
-1			$2/16$		$2/16$		
-2				$1/16$			
-3							

(d) 時刻 3 の確率

y \ x	-3	-2	-1	0	1	2	3
3				$1/64$			
2			$5/64$		$1/64$		
1		$5/64$		$5/64$		$5/64$	
0	$1/64$		$1/64$		$5/64$		$1/64$
-1		$5/64$		$25/64$		$1/64$	
-2			$1/64$		$1/64$		
-3				$1/64$			

◨

◧ **例 6.11**（確率分布の時間発展 4）

○行列

$$P = \begin{bmatrix} \frac{1}{2} & \frac{1}{2} & \frac{1}{2} & \frac{1}{2} \\ 0 & 0 & 0 & 0 \\ 0 & 0 & 0 & 0 \\ 0 & 0 & 0 & 0 \end{bmatrix}, \quad Q = \begin{bmatrix} 0 & 0 & 0 & 0 \\ \frac{1}{2} & -\frac{1}{2} & \frac{1}{2} & -\frac{1}{2} \\ 0 & 0 & 0 & 0 \\ 0 & 0 & 0 & 0 \end{bmatrix},$$

$$R = \begin{bmatrix} 0 & 0 & 0 & 0 \\ 0 & 0 & 0 & 0 \\ \frac{1}{2} & \frac{1}{2} & -\frac{1}{2} & -\frac{1}{2} \\ 0 & 0 & 0 & 0 \end{bmatrix}, \quad S = \begin{bmatrix} 0 & 0 & 0 & 0 \\ 0 & 0 & 0 & 0 \\ 0 & 0 & 0 & 0 \\ \frac{1}{2} & -\frac{1}{2} & -\frac{1}{2} & \frac{1}{2} \end{bmatrix}$$

○初期確率振幅ベクトル

$$\vec{\psi}_0(0,0) = \begin{bmatrix} \frac{1}{2} \\ \frac{1}{2} \\ -\frac{1}{2} \\ -\frac{1}{2} \end{bmatrix}, \quad \vec{\psi}_0(x,y) = \begin{bmatrix} 0 \\ 0 \\ 0 \\ 0 \end{bmatrix} \quad ((x,y) \neq (0,0))$$

このとき，確率分布 $\mathbb{P}_t(x,y)$ の時間発展は，図 6.12 のようになります．時刻 0 から 3 までの確率分布 $\mathbb{P}_t(x,y)$ を表にまとめると，表 6.5 のようになります（空欄は確率 0 を意味します）．

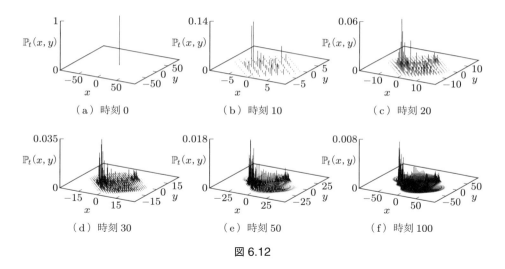

（a）時刻 0　　（b）時刻 10　　（c）時刻 20

（d）時刻 30　　（e）時刻 50　　（f）時刻 100

図 6.12

表 6.5

(a) 時刻 0 の確率

x / y	−3	−2	−1	0	1	2	3
3							
2							
1							
0				1			
−1							
−2							
−3							

(b) 時刻 1 の確率

x / y	−3	−2	−1	0	1	2	3
3							
2							
1							
0							
−1				1			
−2							
−3							

(c) 時刻 2 の確率

x / y	−3	−2	−1	0	1	2	3
3							
2							
1							
0				1/4			
−1			1/4		1/4		
−2				1/4			
−3							

(d) 時刻 3 の確率

x / y	−3	−2	−1	0	1	2	3
3							
2							
1					1/16		
0				2/16		2/16	
−1			1/16		4/16		1/16
−2				2/16		2/16	
−3					1/16		

∎

■ 例 6.12 (確率分布の時間発展 5)
　○ 行列

$$P = \begin{bmatrix} \frac{1}{2} & \frac{1}{2} & \frac{1}{2} & \frac{1}{2} \\ 0 & 0 & 0 & 0 \\ 0 & 0 & 0 & 0 \\ 0 & 0 & 0 & 0 \end{bmatrix}, \quad Q = \begin{bmatrix} 0 & 0 & 0 & 0 \\ \frac{1}{2} & \frac{i}{2} & -\frac{1}{2} & -\frac{i}{2} \\ 0 & 0 & 0 & 0 \\ 0 & 0 & 0 & 0 \end{bmatrix},$$

$$R = \begin{bmatrix} 0 & 0 & 0 & 0 \\ 0 & 0 & 0 & 0 \\ \frac{1}{2} & -\frac{1}{2} & \frac{1}{2} & -\frac{1}{2} \\ 0 & 0 & 0 & 0 \end{bmatrix}, \quad S = \begin{bmatrix} 0 & 0 & 0 & 0 \\ 0 & 0 & 0 & 0 \\ 0 & 0 & 0 & 0 \\ \frac{1}{2} & -\frac{i}{2} & -\frac{1}{2} & \frac{i}{2} \end{bmatrix}$$

○ 初期確率振幅ベクトル

$$\vec{\psi}_0(0,0) = \begin{bmatrix} 1 \\ 0 \\ 0 \\ 0 \end{bmatrix}, \quad \vec{\psi}_0(x,y) = \begin{bmatrix} 0 \\ 0 \\ 0 \\ 0 \end{bmatrix} \ ((x,y) \neq (0,0))$$

このとき，確率分布 $\mathbb{P}_t(x,y)$ の時間発展は，図 6.13 のようになります．時刻 0 から 3 までの確率分布 $\mathbb{P}_t(x,y)$ を表にまとめると，表 6.6 のようになります（空欄は確率 0 を意味します）．

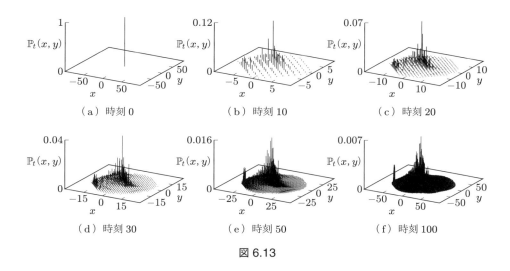

図 6.13

表 6.6

(a) 時刻 0 の確率

y \ x	-3	-2	-1	0	1	2	3
3							
2							
1							
0				1			
-1							
-2							
-3							

(b) 時刻 1 の確率

y \ x	-3	-2	-1	0	1	2	3
3							
2							
1				1/4			
0				1/4	1/4		
-1				1/4			
-2							
-3							

(c) 時刻 2 の確率

y \ x	-3	-2	-1	0	1	2	3
3							
2				1/16			
1			2/16		2/16		
0		1/16		4/16		1/16	
-1			2/16		2/16		
-2				1/16			
-3							

(d) 時刻 3 の確率

y \ x	-3	-2	-1	0	1	2	3
3				1/64			
2			3/64		1/64		
1		5/64		15/64		1/64	
0	1/64		1/64		15/64		1/64
-1		5/64		5/64		3/64	
-2			5/64		1/64		
-3				1/64			

■ 例 6.13（確率分布の時間発展 6）

○ 行列

$$P = \begin{bmatrix} \frac{1}{2} & \frac{1}{2} & \frac{1}{2} & \frac{1}{2} \\ 0 & 0 & 0 & 0 \\ 0 & 0 & 0 & 0 \\ 0 & 0 & 0 & 0 \end{bmatrix}, \quad Q = \begin{bmatrix} 0 & 0 & 0 & 0 \\ \frac{1}{2} & \frac{i}{2} & -\frac{1}{2} & -\frac{i}{2} \\ 0 & 0 & 0 & 0 \\ 0 & 0 & 0 & 0 \end{bmatrix},$$

$$R = \begin{bmatrix} 0 & 0 & 0 & 0 \\ 0 & 0 & 0 & 0 \\ \frac{1}{2} & -\frac{1}{2} & \frac{1}{2} & -\frac{1}{2} \\ 0 & 0 & 0 & 0 \end{bmatrix}, \quad S = \begin{bmatrix} 0 & 0 & 0 & 0 \\ 0 & 0 & 0 & 0 \\ 0 & 0 & 0 & 0 \\ \frac{1}{2} & -\frac{i}{2} & -\frac{1}{2} & \frac{i}{2} \end{bmatrix}$$

○ 初期確率振幅ベクトル

$$\vec{\psi}_0(0,0) = \begin{bmatrix} \frac{1}{2} \\ \frac{1}{2} \\ -\frac{1}{2} \\ -\frac{1}{2} \end{bmatrix}, \quad \vec{\psi}_0(x,y) = \begin{bmatrix} 0 \\ 0 \\ 0 \\ 0 \end{bmatrix} \quad ((x,y) \neq (0,0))$$

このとき，確率分布 $\mathbb{P}_t(x,y)$ の時間発展は，図 6.14 のようになります．時刻 0 から 3 までの確率分布 $\mathbb{P}_t(x,y)$ を表にまとめると，表 6.7 のようになります（空欄は確率 0 を意味します）．

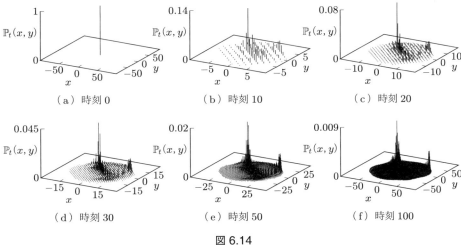

（a）時刻 0　　（b）時刻 10　　（c）時刻 20

（d）時刻 30　　（e）時刻 50　　（f）時刻 100

図 6.14

表 6.7

(a) 時刻 0 の確率

x \ y	-3	-2	-1	0	1	2	3
3							
2							
1							
0				1			
-1							
-2							
-3							

(b) 時刻 1 の確率

x \ y	-3	-2	-1	0	1	2	3
3							
2							
1				1/2			
0					1/2		
-1							
-2							
-3							

(c) 時刻 2 の確率

x \ y	-3	-2	-1	0	1	2	3
3							
2			1/8				
1			1/8	2/8			
0				2/8	1/8		
-1				1/8			
-2							
-3							

(d) 時刻 3 の確率

x \ y	-3	-2	-1	0	1	2	3
3				1/32			
2			2/32		3/32		
1		1/32		6/32		3/32	
0			3/32		6/32		1/32
-1				3/32		2/32	
-2					1/32		
-3							

数学的な結果からわかる確率分布の性質(⇒参考文献 [10])

シミュレーションでは,時間発展を決める行列の組合せ P, Q, R, S として,3 種類を扱いました.じつは,それぞれの組合せを用いた量子ウォークには名前がつけられており,その名前と併せて以下に行列を再掲載します.

- グローバーウォーク (Grover walk) [例 6.8, 6.9(201〜204 ページ)]

$$P = \begin{bmatrix} -\frac{1}{2} & \frac{1}{2} & \frac{1}{2} & \frac{1}{2} \\ 0 & 0 & 0 & 0 \\ 0 & 0 & 0 & 0 \\ 0 & 0 & 0 & 0 \end{bmatrix}, \quad Q = \begin{bmatrix} 0 & 0 & 0 & 0 \\ \frac{1}{2} & -\frac{1}{2} & \frac{1}{2} & \frac{1}{2} \\ 0 & 0 & 0 & 0 \\ 0 & 0 & 0 & 0 \end{bmatrix},$$

$$R = \begin{bmatrix} 0 & 0 & 0 & 0 \\ 0 & 0 & 0 & 0 \\ \frac{1}{2} & \frac{1}{2} & -\frac{1}{2} & \frac{1}{2} \\ 0 & 0 & 0 & 0 \end{bmatrix}, \quad S = \begin{bmatrix} 0 & 0 & 0 & 0 \\ 0 & 0 & 0 & 0 \\ 0 & 0 & 0 & 0 \\ \frac{1}{2} & \frac{1}{2} & \frac{1}{2} & -\frac{1}{2} \end{bmatrix}$$

● アダマールウォーク (Hadamard walk) ［例 6.10, 6.11（204〜208 ページ）］

$$P = \begin{bmatrix} \frac{1}{2} & \frac{1}{2} & \frac{1}{2} & \frac{1}{2} \\ 0 & 0 & 0 & 0 \\ 0 & 0 & 0 & 0 \\ 0 & 0 & 0 & 0 \end{bmatrix}, \quad Q = \begin{bmatrix} 0 & 0 & 0 & 0 \\ \frac{1}{2} & -\frac{1}{2} & \frac{1}{2} & -\frac{1}{2} \\ 0 & 0 & 0 & 0 \\ 0 & 0 & 0 & 0 \end{bmatrix},$$

$$R = \begin{bmatrix} 0 & 0 & 0 & 0 \\ 0 & 0 & 0 & 0 \\ \frac{1}{2} & \frac{1}{2} & -\frac{1}{2} & -\frac{1}{2} \\ 0 & 0 & 0 & 0 \end{bmatrix}, \quad S = \begin{bmatrix} 0 & 0 & 0 & 0 \\ 0 & 0 & 0 & 0 \\ 0 & 0 & 0 & 0 \\ \frac{1}{2} & -\frac{1}{2} & -\frac{1}{2} & \frac{1}{2} \end{bmatrix}$$

● 離散フーリエウォーク (Discrete Fourier walk) ［例 6.12, 6.13（208〜212 ページ）］

$$P = \begin{bmatrix} \frac{1}{2} & \frac{1}{2} & \frac{1}{2} & \frac{1}{2} \\ 0 & 0 & 0 & 0 \\ 0 & 0 & 0 & 0 \\ 0 & 0 & 0 & 0 \end{bmatrix}, \quad Q = \begin{bmatrix} 0 & 0 & 0 & 0 \\ \frac{1}{2} & \frac{i}{2} & -\frac{1}{2} & -\frac{i}{2} \\ 0 & 0 & 0 & 0 \\ 0 & 0 & 0 & 0 \end{bmatrix},$$

$$R = \begin{bmatrix} 0 & 0 & 0 & 0 \\ 0 & 0 & 0 & 0 \\ \frac{1}{2} & -\frac{1}{2} & \frac{1}{2} & -\frac{1}{2} \\ 0 & 0 & 0 & 0 \end{bmatrix}, \quad S = \begin{bmatrix} 0 & 0 & 0 & 0 \\ 0 & 0 & 0 & 0 \\ 0 & 0 & 0 & 0 \\ \frac{1}{2} & -\frac{i}{2} & -\frac{1}{2} & \frac{i}{2} \end{bmatrix}$$

さて，これら三つの量子ウォークの中で，厳密に解析されているモデルは，原点 $(x, y) = (0, 0)$ から出発するグローバーウォークのみです．つまり，時刻 0 での確率分布が $\mathbb{P}_0(0, 0) = 1$, $\mathbb{P}_0(x, y) = 0 \ ((x, y) \neq (0, 0))$ となるように初期確率振幅ベクトルを設定して，

$$P = \begin{bmatrix} -\frac{1}{2} & \frac{1}{2} & \frac{1}{2} & \frac{1}{2} \\ 0 & 0 & 0 & 0 \\ 0 & 0 & 0 & 0 \\ 0 & 0 & 0 & 0 \end{bmatrix}, \quad Q = \begin{bmatrix} 0 & 0 & 0 & 0 \\ \frac{1}{2} & -\frac{1}{2} & \frac{1}{2} & \frac{1}{2} \\ 0 & 0 & 0 & 0 \\ 0 & 0 & 0 & 0 \end{bmatrix},$$

$$R = \begin{bmatrix} 0 & 0 & 0 & 0 \\ 0 & 0 & 0 & 0 \\ \frac{1}{2} & \frac{1}{2} & -\frac{1}{2} & \frac{1}{2} \\ 0 & 0 & 0 & 0 \end{bmatrix}, \quad S = \begin{bmatrix} 0 & 0 & 0 & 0 \\ 0 & 0 & 0 & 0 \\ 0 & 0 & 0 & 0 \\ \frac{1}{2} & \frac{1}{2} & \frac{1}{2} & -\frac{1}{2} \end{bmatrix}$$

によって繰り返し時間発展する量子ウォークです．この量子ウォークの確率分布は，長時間後に以下の性質をもつことが，数学的な解析結果からわかります．

性質1 原点付近に大きな確率をもち得る．ただし，初期確率振幅ベクトルのとり方によっては，この大きな確率は消える．

性質2 原点を中心とする半径 $t/\sqrt{2}$ の円周付近の場所でも，確率分布はピークとなる．

性質3 原点を中心とする半径 $t/\sqrt{2}$ の円の外側に量子ウォーカーの位置が決まる確率は，ほとんど0である．

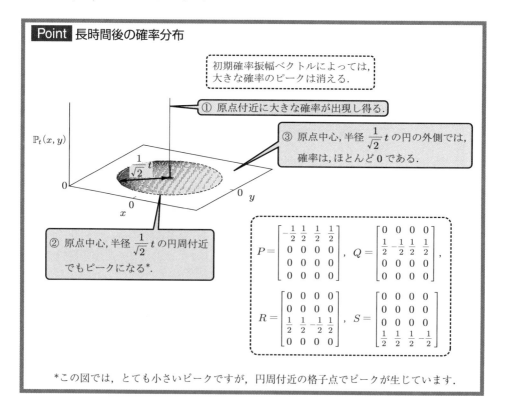

確率分布の原点付近の大きなピークがなくなるような初期確率振幅ベクトルの例としては，

$$\vec{\psi}_0(0,0) = \begin{bmatrix} \frac{1}{2} \\ \frac{1}{2} \\ -\frac{1}{2} \\ -\frac{1}{2} \end{bmatrix}, \quad \vec{\psi}_0(x,y) = \begin{bmatrix} 0 \\ 0 \\ 0 \\ 0 \end{bmatrix} \quad ((x,y) \neq (0,0))$$

があります．例 6.9（202 ページ）のシミュレーションは，この初期状態に対する結果であり，数学的な結果と一致します（図 6.15 参照）．参考文献 [10] では，ここで着目したグローバーウォークを含むモデルを解析しており，その結果から原点の大きな確率を消す，このような初期確率振幅ベクトルが得られます．

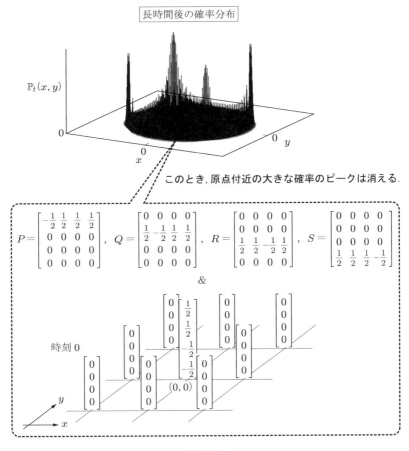

図 6.15

また，性質3により，長時間後には原点中心，半径 $t/\sqrt{2}$ の円の外側に量子ウォーカーの位置が決まる確率は，ほとんど0です．しかし，原点から出発した場合，時刻 t で実際に量子ウォーカーが分布する領域は，じつは，ある正方形の内部および辺上の格子点になります（その正方形の辺は，数式では $|x|+|y|=t$ で表されます）．それにもかかわらず，長時間後には，その正方形の内部および辺上の格子点であっても，円の外側の領域では量子ウォーカーが，ほとんど分布しない状態になります（図 6.16 参照）．なお，図 6.16 において，円は正方形の内部に含まれ，円周と正方形の辺は $(x,y)=(-t/2,-t/2), (-t/2,t/2), (t/2,-t/2), (t/2,t/2)$ の 4 点で接しています．1次元格子上の量子ウォークと同様に，2次元格子上のモデルでも，量子ウォーカーが分布しているはずの領域の一部において，長時間後には確率が，ほとんど0になるという，不思議な現象が生じています．

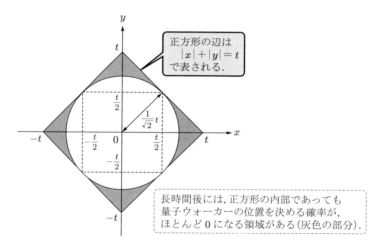

図 6.16

ここで紹介した確率分布と，この後のコラム（218 ページ）で紹介するランダムウォークの確率分布を比較すると，1次元格子上のモデルと同様に，それらの挙動は大きく異なることがわかります．詳細はコラムに掲載しますが，時刻 0 で原点から出発するランダムウォークの時刻 100 における確率分布を，図 6.17 に挙げます．時間発展をするときに，ランダムウォーカーが隣の格子点に移動する確率は，$p+q+r+s=1$ を満たす非負の実数 p,q,r,s で表されており，それぞれの値は，現在いる場所の左，右，下，上の隣の格子点に移動する確率を意味します．

この章の冒頭でも述べた通り，2次元格子上の量子ウォークに対する数学的に厳密な解析結果は，限られたモデルに対してのみ得られています．コンピュータによる数値計算も，1次元格子上のモデルほど簡単ではなく，シミュレーションでも，2次元格

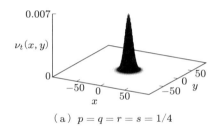
(a) $p=q=r=s=1/4$

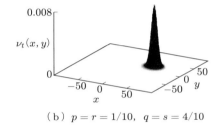
(b) $p=r=1/10,\ q=s=4/10$

図 6.17

子上のモデルすべての挙動が明らかにされているわけではありません．未発見な性質も，まだまだ残されているかと思います．さらに，3次元以上の格子上の量子ウォークの挙動も，数学的には，ほとんどわかっていないのが現状であり，大きな研究課題として残されています．

アルゴリズム

時刻 $T (= 0, 1, 2, \ldots)$ の確率分布 $\mathbb{P}_T(x, y)$ をシミュレーションするためのアルゴリズムを紹介します．

Algorithm 9 2次元格子上の標準的なモデル

```
/* 初期確率振幅ベクトルの設定 */
for all x, y ∈ {0, ±1, ±2, ...} do
    ψ₀(x, y) を設定
end for

/* 時間発展 */
for t = 0 to T − 1 do
    for all x, y ∈ {0, ±1, ±2, ...} do
        ψ_{t+1}(x, y) = P ψ_t(x+1, y) + Q ψ_t(x−1, y) + R ψ_t(x, y+1) + S ψ_t(x, y−1)
    end for
end for

/* 確率の計算 */
for all x, y ∈ {0, ±1, ±2, ...} do
    P_T(x, y) = || ψ_T(x, y) ||²
end for
```

［注］ 量子ウォーカーが原点 $(x, y) = (0, 0)$ から出発する場合 ($\mathbb{P}_0(0, 0) = 1$, $\mathbb{P}_0(x, y) = 0\ ((x, y) \neq (0, 0))$)，時刻 $t = 0, 1, 2, \ldots, T$ においては，$x, y = \pm(T+1), \pm(T+2), \ldots$ に対して，

218   6 2次元格子上の量子ウォーク

$$\vec{\psi}_t(x,y) = \begin{bmatrix} 0 \\ 0 \\ 0 \\ 0 \end{bmatrix}$$

となるので，時間発展パートは以下で置き換えることができます．

```
/* 時間発展 */
for t = 0 to T - 1 do
  for all x,y ∈ {0, ±1, ±2, ..., ±T} do
    ψ_{t+1}(x,y) = Pψ_t(x+1,y) + Qψ_t(x-1,y) + Rψ_t(x,y+1) + Sψ_t(x,y-1)
  end for
  for all x,y ∈ {±(T+1), ±(T+2), ...} do
    ψ_{t+1}(x,y) = [0, 0, 0, 0]^T
  end for
end for
```

Column　2次元格子上のランダムウォーク

　本章で説明した量子ウォークとの比較のため，2次元格子上の，あるランダムウォークを簡潔に説明し，その確率分布の時間発展を紹介します．図 6.18 は，2次元格子上の，ある一点（原点）から出発したランダムウォーカーの軌跡の例です．
　まず，時刻 $t(=0,1,2,\ldots)$ において，2次元格子上の場所 (x,y) $(x,y = 0, \pm 1, \pm 2, \ldots)$ にランダムウォーカーが到達する確率を $\nu_t(x,y)$ で表します．ランダムウォーカーは時刻

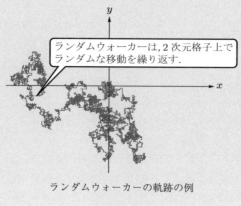

ランダムウォーカーの軌跡の例

図 6.18

が一つ進むごとに，左，右，下，上のいずれか一つの隣の場所を，それぞれ確率 p, q, r, s で選択して移動することにします（図 6.19 参照）．ただし，確率 p, q, r, s は 0 以上 1 以下の数で，$p + q + r + s = 1$ を満たすものとします．この時間発展を数式で記述すると，

$$\nu_{t+1}(x, y) = p\,\nu_t(x+1, y) + q\,\nu_t(x-1, y) + r\,\nu_t(x, y+1) + s\,\nu_t(x, y-1)$$

となります（図 6.20 参照）．

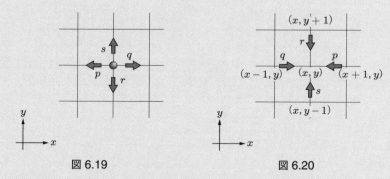

図 6.19　　　　　　　　　図 6.20

以上の設定のもとで，確率分布の例として $p = q = r = s = 1/4$ の場合を挙げます．ランダムウォーカーは初期時刻 $t = 0$ で，原点 $(x, y) = (0, 0)$ から出発するものとします．つまり，$\nu_0(0, 0) = 1$, $\nu_0(x, y) = 0$ $((x, y) \neq (0, 0))$ です．このときの確率分布 $\nu_t(x, y)$ の時間発展を棒グラフで描くと，図 6.21 のようになります．さらに，時刻 0 から 3 までの確率分布 $\nu_t(x, y)$ の数値を表にすると，表 6.8 のようになります（空欄は確率 0 を意味します）．この例からわかるように，等しい確率で左右上下のいずれかに移動する場合，確率 $\nu_t(x, y)$ は出発点でもある，原点周辺で大きくなります．同時に，ランダムウォークと量子ウォークとでは，確率分布の挙動が大きく異なることもわかります．

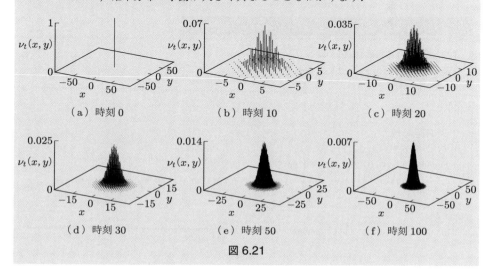

図 6.21

表 6.8

(a) 時刻 0 の確率

y \ x	−3	−2	−1	0	1	2	3
3							
2							
1							
0				1			
−1							
−2							
−3							

(b) 時刻 1 の確率

y \ x	−3	−2	−1	0	1	2	3
3							
2							
1				1/4			
0			1/4		1/4		
−1				1/4			
−2							
−3							

(c) 時刻 2 の確率

y \ x	−3	−2	−1	0	1	2	3
3							
2				1/16			
1			2/16		2/16		
0		1/16		4/16		1/16	
−1			2/16		2/16		
−2				1/16			
−3							

(d) 時刻 3 の確率

y \ x	−3	−2	−1	0	1	2	3
3				1/64			
2			3/64		3/64		
1			3/64	9/64	3/64		
0		1/64	9/64		9/64	1/64	
−1			3/64	9/64	3/64		
−2			3/64		3/64		
−3				1/64			

なお，時刻 $T(=0,1,2,\ldots)$ の確率分布 $\nu_T(x,y)$ をシミュレーションするためのアルゴリズムは，以下のようになります．

Algorithm 10　2次元格子上のランダムウォーク

```
/* 初期確率分布の設定 */
for all x,y ∈ {0,±1,±2,...} do
   ν_0(x,y) を設定
end for

/* 時間発展 */
for t = 0 to T − 1 do
   for all x,y ∈ {0,±1,±2,...} do
      ν_{t+1}(x,y) = p ν_t(x+1,y) + q ν_t(x−1,y) + r ν_t(x,y+1) + s ν_t(x,y−1)
   end for
end for
```

1次元格子上のランダムウォークと同様に（62ページ参照），時間発展が終わると確率分布 $\nu_T(x,y)$ が得られるので，量子ウォークのような確率の計算パート（$\mathbb{P}_T(x,y) = \left\|\vec{\psi}_T(x,y)\right\|^2$）を加える必要はありません．

[注] ランダムウォーカーが原点 $(x,y) = (0,0)$ から出発する場合（$\nu_0(0,0) = 1, \nu_0(x,y) = 0\,((x,y) \neq (0,0))$），時刻 $t = 0, 1, 2, \ldots, T$ においては，$x, y = \pm(T+1), \pm(T+2), \ldots$ に対して，$\nu_t(x,y) = 0$ となるので，時間発展パートは以下で置き換えることができます．

```
/* 時間発展 */
for t = 0 to T − 1 do
    for all x, y ∈ {0, ±1, ±2, . . . , ±T} do
            ν_{t+1}(x, y) = p ν_t(x + 1, y) + q ν_t(x − 1, y) + r ν_t(x, y + 1) + s ν_t(x, y − 1)
    end for
    for all x, y ∈ {±(T + 1), ±(T + 2), . . .} do
            ν_{t+1}(x, y) = 0
    end for
end for
```

練習問題

練習問題です．興味のある方はぜひ挑戦してみてください．

問 1 共役複素数を求めなさい．

(1) $1 + 2i$ (2) $-6 - i$ (3) $\dfrac{2}{3} + 12i$ (4) $-\sqrt{2} - \sqrt{3}\,i$ (5) 125

問 2 絶対値を求めなさい．

(1) $1 + 2i$ (2) $-6 - i$ (3) $\dfrac{2}{3} + 12i$ (4) $-\sqrt{2} - \sqrt{3}\,i$ (5) 125

問 3 計算しなさい．

(1) $(1 + 9i) + (8 - 2i)$ (2) $(7 - 2i) + 3i$ (3) $(1 + 9i) - (8 - 2i)$
(4) $(7 - 2i) - 3i$ (5) $(1 + 9i) \times (8 - 2i)$ (6) $(7 - 2i) \times 3i$

問 4 ベクトルの大きさを求めなさい．

(1) $\begin{bmatrix} 3 \\ 1 \end{bmatrix}$ (2) $\begin{bmatrix} 1 + 3i \\ 2 - \sqrt{2}i \end{bmatrix}$ (3) $\begin{bmatrix} -4 \\ 2i \\ 2 \end{bmatrix}$ (4) $\begin{bmatrix} 0 \\ -10 \\ 0 \end{bmatrix}$ (5) $\begin{bmatrix} 1 \\ 9i \\ 8 \\ 2i \end{bmatrix}$

問 5 ベクトルの足し算を計算しなさい．

(1) $\begin{bmatrix} 4 \\ 1 \end{bmatrix} + \begin{bmatrix} 3 \\ 4 \end{bmatrix}$ (2) $\begin{bmatrix} 1 \\ 2 \end{bmatrix} + \begin{bmatrix} 3 \\ -1 \end{bmatrix}$ (3) $\begin{bmatrix} -1 \\ 4 \\ 2 \end{bmatrix} + \begin{bmatrix} 1 \\ -3 \\ 2 \end{bmatrix}$ (4) $\begin{bmatrix} 2 \\ 1 \\ 2 \end{bmatrix} + \begin{bmatrix} -4 \\ 7 \\ 5 \end{bmatrix}$

問 6 行列とベクトルの掛け算を計算しなさい．

(1) $\begin{bmatrix} 0 & 3 \\ 1 & 2 \end{bmatrix} \begin{bmatrix} 3 \\ 8 \end{bmatrix}$ (2) $\begin{bmatrix} -1 & 4 \\ 3 & 2 \end{bmatrix} \begin{bmatrix} 10 \\ 4 \end{bmatrix}$ (3) $\begin{bmatrix} 3 & 0 \\ -2 & 1 \end{bmatrix} \begin{bmatrix} 5 \\ 5 \end{bmatrix}$

(4) $\begin{bmatrix} 1 & 1 & 0 \\ 0 & 1 & 1 \\ 1 & 0 & 1 \end{bmatrix} \begin{bmatrix} 1 \\ 1 \\ 1 \end{bmatrix}$ (5) $\begin{bmatrix} 1 & 2 & 3 \\ 2 & 3 & 6 \\ 3 & 6 & 7 \end{bmatrix} \begin{bmatrix} 1 \\ -1 \\ 0 \end{bmatrix}$

問 7 行列の足し算を計算しなさい．

(1) $\begin{bmatrix} 1 & 9 \\ 8 & 2 \end{bmatrix} + \begin{bmatrix} 0 & 2 \\ 0 & 5 \end{bmatrix}$ (2) $\begin{bmatrix} -3 & -7 \\ 5 & 5 \end{bmatrix} + \begin{bmatrix} 9 & 9 \\ 8 & 1 \end{bmatrix}$

(3) $\begin{bmatrix} 1 & 1 & 1 \\ 2 & 2 & 2 \\ 3 & 3 & 3 \end{bmatrix} + \begin{bmatrix} 1 & 2 & 3 \\ 1 & 2 & 3 \\ 1 & 2 & 3 \end{bmatrix}$ (4) $\begin{bmatrix} 0 & -1 & -1 \\ -1 & 0 & 1 \\ 1 & 1 & 0 \end{bmatrix} + \begin{bmatrix} 3 & 0 & 0 \\ 0 & -2 & 0 \\ 0 & 0 & 1 \end{bmatrix}$

問 8 行列同士の掛け算を計算しなさい．

(1) $\begin{bmatrix} 1 & 0 \\ 0 & 1 \end{bmatrix} \begin{bmatrix} 4 & 2 \\ 3 & 1 \end{bmatrix}$ (2) $\begin{bmatrix} 0 & 1 \\ 1 & 0 \end{bmatrix} \begin{bmatrix} -2 & 5 \\ 5 & -2 \end{bmatrix}$ (3) $\begin{bmatrix} 1 & -1 \\ 1 & 1 \end{bmatrix} \begin{bmatrix} 6 & 8 \\ -6 & -4 \end{bmatrix}$

(4) $\begin{bmatrix} 1 & 0 & 0 \\ 0 & 1 & 0 \\ 0 & 0 & 1 \end{bmatrix} \begin{bmatrix} 3 & 2 & 1 \\ 1 & 3 & 2 \\ 2 & 1 & 3 \end{bmatrix}$ (5) $\begin{bmatrix} 2 & 2 & -1 \\ 2 & -1 & 2 \\ -1 & 2 & 2 \end{bmatrix} \begin{bmatrix} -1 & 1 & 1 \\ -1 & 1 & 1 \\ -1 & 1 & 1 \end{bmatrix}$

問 9 共役転置行列を求めなさい．

(1) $\begin{bmatrix} 1 & 0 \\ 0 & -2 \end{bmatrix}$ (2) $\begin{bmatrix} 4 & 2-3i \\ i & 5+6i \end{bmatrix}$ (3) $\begin{bmatrix} 0 & 1 & 0 \\ 0 & 1 & 0 \\ 0 & 1 & 0 \end{bmatrix}$ (4) $\begin{bmatrix} 0 & 0 & i \\ 0 & i & 0 \\ -i & 0 & 0 \end{bmatrix}$

問 10 ユニタリ行列をすべて選びなさい．

(1) $\begin{bmatrix} 0 & 0 \\ 0 & 0 \end{bmatrix}$, $\begin{bmatrix} 1 & 0 \\ 0 & -2 \end{bmatrix}$, $\begin{bmatrix} 0 & i \\ i & 0 \end{bmatrix}$, $\begin{bmatrix} \frac{1}{\sqrt{2}} & \frac{1}{\sqrt{2}} \\ \frac{1}{\sqrt{2}} & \frac{1}{\sqrt{2}} \end{bmatrix}$, $\begin{bmatrix} \frac{1}{\sqrt{2}} & \frac{i}{\sqrt{2}} \\ \frac{i}{\sqrt{2}} & \frac{1}{\sqrt{2}} \end{bmatrix}$

(2) $\begin{bmatrix} 0 & 1 & 0 \\ 0 & 1 & 0 \\ 0 & 1 & 0 \end{bmatrix}$, $\begin{bmatrix} 0 & 0 & i \\ 0 & i & 0 \\ -i & 0 & 0 \end{bmatrix}$, $\begin{bmatrix} \frac{1}{\sqrt{2}} & \frac{1}{\sqrt{2}} & 0 \\ \frac{1}{\sqrt{2}} & -\frac{1}{\sqrt{2}} & 0 \\ 0 & 0 & 1 \end{bmatrix}$, $\begin{bmatrix} \frac{2}{3} & \frac{2}{3} & -\frac{1}{3} \\ \frac{2}{3} & -\frac{1}{3} & \frac{2}{3} \\ -\frac{1}{3} & \frac{2}{3} & \frac{2}{3} \end{bmatrix}$

問 11 第 2 章で扱ったランダムウォークに，以下の条件が与えられたとき，各問いに答えなさい．

- 左に移動する確率　　　　　$p = \dfrac{1}{4}$
- 初期確率分布　　　　　$\nu_0(0) = 1, \quad \nu_0(x) = 0 \ (x \neq 0)$

(1) $x = 0, \pm 1, \pm 2, \pm 3$ のそれぞれに対して，$\nu_1(x), \nu_2(x), \nu_3(x)$ の値を求めなさい．
(2) 時刻 0 から 3 までの各時刻に対して，場所 $x = 0, \pm 1, \pm 2, \pm 3$ のそれぞれにランダムウォーカーが到達する確率を，表 2.1（22 ページ）のような表にまとめなさい．

問 12 第 2 章で扱った標準型の量子ウォークに，以下のそれぞれの条件を考える．

(1) ○ 行列
$$P = \begin{bmatrix} 1 & 0 \\ 0 & 0 \end{bmatrix}, \quad Q = \begin{bmatrix} 0 & 0 \\ 0 & i \end{bmatrix}$$

○ 初期確率振幅ベクトル
$$\vec{\psi}_0(0) = \begin{bmatrix} 0 \\ 1 \end{bmatrix}, \quad \vec{\psi}_0(x) = \begin{bmatrix} 0 \\ 0 \end{bmatrix} \ (x \neq 0)$$

(2) ○ 行列
$$P = \begin{bmatrix} 0 & 1 \\ 0 & 0 \end{bmatrix}, \quad Q = \begin{bmatrix} 0 & 0 \\ i & 0 \end{bmatrix}$$

○ 初期確率振幅ベクトル
$$\vec{\psi}_0(0) = \begin{bmatrix} \frac{1}{\sqrt{2}} \\ \frac{i}{\sqrt{2}} \end{bmatrix}, \quad \vec{\psi}_0(x) = \begin{bmatrix} 0 \\ 0 \end{bmatrix} \ (x \neq 0)$$

(3) ○ 行列
$$P = \begin{bmatrix} \frac{1}{\sqrt{2}} & -\frac{1}{\sqrt{2}} \\ 0 & 0 \end{bmatrix}, \quad Q = \begin{bmatrix} 0 & 0 \\ \frac{1}{\sqrt{2}} & \frac{1}{\sqrt{2}} \end{bmatrix}$$

○ 初期確率振幅ベクトル
$$\vec{\psi}_0(0) = \begin{bmatrix} 0 \\ 1 \end{bmatrix}, \quad \vec{\psi}_0(x) = \begin{bmatrix} 0 \\ 0 \end{bmatrix} \ (x \neq 0)$$

それぞれの条件に対して，次の各問いに答えなさい．

(i) 時刻 0 から 3 までの各時刻に対して，場所 $x = 0, \pm 1, \pm 2, \pm 3$ の確率振幅ベクトルを計算して，図 2.19（27 ページ）のような図にまとめなさい．

(ii) 時刻 0 から 3 までの各時刻に対して，場所 $x = 0, \pm 1, \pm 2, \pm 3$ のそれぞれに量子ウォーカーの位置が決まる確率を計算して，表 2.1（22 ページ）のような表にまとめなさい．

問 13 第 5 章で扱った各場所の確率振幅ベクトルの成分が三つであるような量子ウォークに，以下のそれぞれの条件を考える．

(1) ○行列
$$P = \begin{bmatrix} 1 & 0 & 0 \\ 0 & 0 & 0 \\ 0 & 0 & 0 \end{bmatrix}, \quad Q = \begin{bmatrix} 0 & 0 & 0 \\ 0 & i & 0 \\ 0 & 0 & 0 \end{bmatrix}, \quad R = \begin{bmatrix} 0 & 0 & 0 \\ 0 & 0 & 0 \\ 0 & 0 & 1 \end{bmatrix}$$

○初期確率振幅ベクトル
$$\vec{\psi}_0(0) = \begin{bmatrix} 0 \\ 1 \\ 0 \end{bmatrix}, \quad \vec{\psi}_0(x) = \begin{bmatrix} 0 \\ 0 \\ 0 \end{bmatrix} \ (x \neq 0)$$

(2) ○行列
$$P = \begin{bmatrix} 0 & 0 & 1 \\ 0 & 0 & 0 \\ 0 & 0 & 0 \end{bmatrix}, \quad Q = \begin{bmatrix} 0 & 0 & 0 \\ 0 & i & 0 \\ 0 & 0 & 0 \end{bmatrix}, \quad R = \begin{bmatrix} 0 & 0 & 0 \\ 0 & 0 & 0 \\ 1 & 0 & 0 \end{bmatrix}$$

○初期確率振幅ベクトル
$$\vec{\psi}_0(0) = \begin{bmatrix} 0 \\ 0 \\ 1 \end{bmatrix}, \quad \vec{\psi}_0(x) = \begin{bmatrix} 0 \\ 0 \\ 0 \end{bmatrix} \ (x \neq 0)$$

(3) ○行列
$$P = \begin{bmatrix} \frac{2}{3} & \frac{2}{3} & -\frac{1}{3} \\ 0 & 0 & 0 \\ 0 & 0 & 0 \end{bmatrix}, \quad Q = \begin{bmatrix} 0 & 0 & 0 \\ \frac{2}{3} & -\frac{1}{3} & \frac{2}{3} \\ 0 & 0 & 0 \end{bmatrix}, \quad R = \begin{bmatrix} 0 & 0 & 0 \\ 0 & 0 & 0 \\ -\frac{1}{3} & \frac{2}{3} & \frac{2}{3} \end{bmatrix}$$

○初期確率振幅ベクトル
$$\vec{\psi}_0(0) = \begin{bmatrix} 0 \\ 1 \\ 0 \end{bmatrix}, \quad \vec{\psi}_0(x) = \begin{bmatrix} 0 \\ 0 \\ 0 \end{bmatrix} \ (x \neq 0)$$

それぞれの条件に対して，次の各問いに答えなさい．

(i) 時刻 0 から 3 までの各時刻に対して，場所 $x = 0, \pm 1, \pm 2, \pm 3$ の確率振幅ベクトルを計算して，図 5.1（138 ページ）のような図にまとめなさい．

(ii) 時刻 0 から 3 までの各時刻に対して，場所 $x = 0, \pm 1, \pm 2, \pm 3$ のそれぞれに量子ウォーカーの位置が決まる確率を計算して，表 2.1（22 ページ）のような表にまとめなさい．

解答

問 1

(1) $1 - 2i$ (2) $-6 + i$ (3) $\dfrac{2}{3} - 12i$ (4) $-\sqrt{2} + \sqrt{3}\,i$ (5) 125

問 2

(1) $\sqrt{5}$ (2) $\sqrt{37}$ (3) $\dfrac{10\sqrt{13}}{3}$ (4) $\sqrt{5}$ (5) 125

問 3

(1) $9 + 7i$ (2) $7 + i$ (3) $-7 + 11i$ (4) $7 - 5i$ (5) $26 + 70i$ (6) $6 + 21i$

問 4

(1) $\sqrt{10}$ (2) 4 (3) $2\sqrt{6}$ (4) 10 (5) $5\sqrt{6}$

問 5

(1) $\begin{bmatrix} 7 \\ 5 \end{bmatrix}$ (2) $\begin{bmatrix} 4 \\ 1 \end{bmatrix}$ (3) $\begin{bmatrix} 0 \\ 1 \\ 4 \end{bmatrix}$ (4) $\begin{bmatrix} -2 \\ 8 \\ 7 \end{bmatrix}$

問 6

(1) $\begin{bmatrix} 24 \\ 19 \end{bmatrix}$ (2) $\begin{bmatrix} 6 \\ 38 \end{bmatrix}$ (3) $\begin{bmatrix} 15 \\ -5 \end{bmatrix}$ (4) $\begin{bmatrix} 2 \\ 2 \\ 2 \end{bmatrix}$ (5) $\begin{bmatrix} -1 \\ -1 \\ -3 \end{bmatrix}$

問 7

(1) $\begin{bmatrix} 1 & 11 \\ 8 & 7 \end{bmatrix}$ (2) $\begin{bmatrix} 6 & 2 \\ 13 & 6 \end{bmatrix}$ (3) $\begin{bmatrix} 2 & 3 & 4 \\ 3 & 4 & 5 \\ 4 & 5 & 6 \end{bmatrix}$ (4) $\begin{bmatrix} 3 & -1 & -1 \\ -1 & -2 & 1 \\ 1 & 1 & 1 \end{bmatrix}$

問 8

(1) $\begin{bmatrix} 4 & 2 \\ 3 & 1 \end{bmatrix}$ (2) $\begin{bmatrix} 5 & -2 \\ -2 & 5 \end{bmatrix}$ (3) $\begin{bmatrix} 12 & 12 \\ 0 & 4 \end{bmatrix}$ (4) $\begin{bmatrix} 3 & 2 & 1 \\ 1 & 3 & 2 \\ 2 & 1 & 3 \end{bmatrix}$ (5) $\begin{bmatrix} -3 & 3 & 3 \\ -3 & 3 & 3 \\ -3 & 3 & 3 \end{bmatrix}$

問 9

(1) $\begin{bmatrix} 1 & 0 \\ 0 & -2 \end{bmatrix}$ (2) $\begin{bmatrix} 4 & -i \\ 2+3i & 5-6i \end{bmatrix}$ (3) $\begin{bmatrix} 0 & 0 & 0 \\ 1 & 1 & 1 \\ 0 & 0 & 0 \end{bmatrix}$ (4) $\begin{bmatrix} 0 & 0 & i \\ 0 & -i & 0 \\ -i & 0 & 0 \end{bmatrix}$

問 10

(1) $\begin{bmatrix} 0 & i \\ i & 0 \end{bmatrix}$, $\begin{bmatrix} \frac{1}{\sqrt{2}} & \frac{i}{\sqrt{2}} \\ \frac{i}{\sqrt{2}} & \frac{1}{\sqrt{2}} \end{bmatrix}$

(2) $\begin{bmatrix} 0 & 0 & i \\ 0 & i & 0 \\ -i & 0 & 0 \end{bmatrix}$, $\begin{bmatrix} \frac{1}{\sqrt{2}} & \frac{1}{\sqrt{2}} & 0 \\ \frac{1}{\sqrt{2}} & -\frac{1}{\sqrt{2}} & 0 \\ 0 & 0 & 1 \end{bmatrix}$, $\begin{bmatrix} \frac{2}{3} & \frac{2}{3} & -\frac{1}{3} \\ \frac{2}{3} & -\frac{1}{3} & \frac{2}{3} \\ -\frac{1}{3} & \frac{2}{3} & \frac{2}{3} \end{bmatrix}$

問 11

(1) $\nu_1(-3) = 0$, $\nu_1(-2) = 0$, $\nu_1(-1) = \frac{1}{4}$, $\nu_1(0) = 0$, $\nu_1(1) = \frac{3}{4}$, $\nu_1(2) = 0$, $\nu_1(3) = 0$,

$\nu_2(-3) = 0$, $\nu_2(-2) = \frac{1}{16}$, $\nu_2(-1) = 0$, $\nu_2(0) = \frac{6}{16}\left(=\frac{3}{8}\right)$, $\nu_2(1) = 0$, $\nu_2(2) = \frac{9}{16}$, $\nu_2(3) = 0$,

$\nu_3(-3) = \frac{1}{64}$, $\nu_3(-2) = 0$, $\nu_3(-1) = \frac{9}{64}$, $\nu_3(0) = 0$, $\nu_3(1) = \frac{27}{64}$, $\nu_3(2) = 0$, $\nu_3(3) = \frac{27}{64}$

(2) 以下の表の通り．ただし，空欄は確率 0 を意味する．

時刻\場所	−3	−2	−1	0	1	2	3
0				1			
1			1/4		3/4		
2		1/16		6/16		9/16	
3	1/64		9/64		27/64		27/64

問 12 (i) の図において，ベクトルが置かれていない場所の確率振幅ベクトルは，$\begin{bmatrix} 0 \\ 0 \end{bmatrix}$ である．また，(ii) の表の空欄は，確率 0 を意味する．

228 解答

(1) (i)

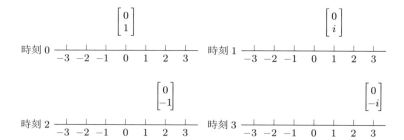

(ii)

時刻 \ 場所	−3	−2	−1	0	1	2	3
0				1			
1					1		
2						1	
3							1

(2) (i)

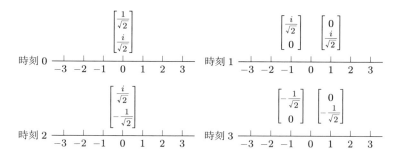

(ii)

時刻 \ 場所	−3	−2	−1	0	1	2	3
0				1			
1			1/2		1/2		
2				1			
3			1/2		1/2		

(3) (i)

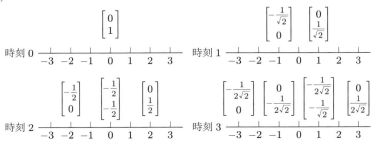

(ii)

時刻 \ 場所	−3	−2	−1	0	1	2	3
0				1			
1			1/2		1/2		
2		1/4		2/4		1/4	
3	1/8		1/8		5/8		1/8

問 13 (i) の図において，ベクトルが置かれていない場所の確率振幅ベクトルは，$\begin{bmatrix} 0 \\ 0 \\ 0 \end{bmatrix}$ である．また，(ii) の表の空欄は，確率 0 を意味する．

(1) (i)

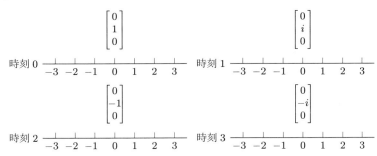

(ii)

時刻 \ 場所	−3	−2	−1	0	1	2	3
0				1			
1				1			
2				1			
3				1			

(2) (i)

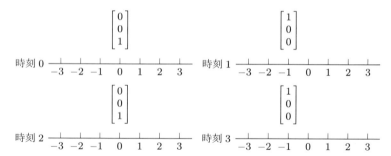

(ii)

時刻＼場所	−3	−2	−1	0	1	2	3
0				1			
1			1				
2					1		
3			1				

(3) (i)

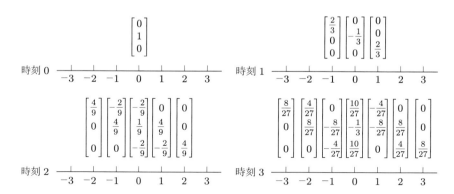

(ii)

時刻＼場所	−3	−2	−1	0	1	2	3
0				1			
1			4/9	1/9	4/9		
2		16/81	20/81	9/81	20/81	16/81	
3	64/729	80/729	80/729	281/729	80/729	80/729	64/729

参考文献

[1] 今野紀雄：量子ウォークの数理，産業図書，2008.
[2] 今野紀雄：量子ウォーク，森北出版，2014.
[3] Norio Konno : Quantum random walks in one dimension, *Quantum Information Processing*, **1**, 345–354, 2002.
[4] Takuya Machida and Norio Konno : Limit theorem for a time-dependent coined quantum walk on the line, *F. Peper et al. (Eds.) : IWNC 2009, Proceedings in Information and Communications Technology*, **2**, 2010.
[5] F. Alberto Grünbaum and Takuya Machida : A limit theorem for a 3-period time-dependent quantum walk, *Quantum Information and Computation*, **15**, 50–60, 2015.
[6] Norio Konno, Tomasz Łuczak, and Etsuo Segawa : Limit measures of inhomogeneous discrete-time quantum walks in one dimension, *Quantum Information Processing*, **12**, 33–53, 2013.
[7] Norio Konno : One-dimensional discrete-time quantum walks on random environments, *Quantum Information Processing*, **8**, 387–399, 2009.
[8] Takuya Machida : Limit theorems of a 3-state quantum walk and its application for discrete uniform measures, *Quantum Information and Computation*, **15**, 406–418, 2015.
[9] Norio Konno and Takuya Machida : Limit theorems for quantum walks with memory, *Quantum Information and Computation*, **10**, 1004–1017, 2010.
[10] Kyohei Watabe, Naoki Kobayashi, Makoto Katori, and Norio Konno : Limit distributions of two-dimensional quantum walks, *Physical Review A*, **77**, 062331, 2008.

あとがき

　現在，量子ウォークの分野では，数理的な理論の研究が先行しています．しかし，量子ウォークは，その起源を物理学，コンピュータサイエンスの中にもち，自然現象の記述やコンピュータなどへの現実的な応用に向けた潜在能力を，大いに秘めています．ランダムウォークの長時間後の確率分布を近似的に記述する正規分布（ガウス分布）が，物理学，情報学，工学，統計学，生物学，経済学などの，さまざまな分野における理論に使われ，我々の社会に役立っているように，量子ウォークの確率分布も将来的に，サイエンス全般をまたいで活躍することを私は期待しています．その一方，とてもシンプルなモデルにもかかわらず，現時点では技術的な問題も重なって，量子ウォークの実験とその実験結果の応用は難しい状況にあります．したがって，応用分野における量子ウォークの知名度はそれほど高くありません．しかし，裏を返せば，知られていない分の伸びしろをもつ数理モデルであるといえます．私は，この伸びしろに期待を込めて，本書を執筆しました．数理を超えた量子ウォークに出会える日を願って．

Here will be quantum walks!

索 引

■英数
$e^{i\theta}$ 3
i 1

■あ 行
アダマールウォーク   63, 213
アダマール行列   63

■か 行
確率振幅ベクトル   26, 138, 163, 190
行列とベクトルの掛け算   8
行列の足し算   9
グローバーウォーク   146, 212
グローバー行列   146

■さ 行
三角関数の値   4
自明なランダムウォーク   23
自明な量子ウォーク   45

■は 行
ベクトルの大きさ   6
ベクトルの足し算   7

■ら 行
ランダムウォーカー   18
ランダムウォーク   17
離散フーリエウォーク   213
量子ウォーカー   26
量子ランダムウォーク   17

著 者 略 歴

町田　拓也（まちだ・たくや）
2005 年　横浜国立大学工学部生産工学科卒業
2010 年　横浜国立大学大学院工学府博士後期課程修了　博士（工学）
2013 年　日本学術振興会・特別研究員 PD，
　　　　カリフォルニア大学バークレー校数学科 Postdoctoral Scholar
　　　　（兼任，2015 年 1 月まで）
　　　　現在に至る

おもな研究テーマ： 量子ウォーク．
著書：「図解入門　よくわかる複雑ネットワーク」
　　　（共著，秀和システム）．

編集担当　太田陽喬(森北出版)
編集責任　富井　晃(森北出版)
組　　版　ウルス
印　　刷　丸井工文社
製　　本　同

図で解る量子ウォーク入門　　　　　　　　　　　　　　　Ⓒ 町田拓也　2015
2015 年 5 月 15 日　第 1 版第 1 刷発行　　【本書の無断転載を禁ず】

著　者　町田拓也
発 行 者　森北博巳
発 行 所　森北出版株式会社
　　　　　東京都千代田区富士見 1-4-11（〒102-0071）
　　　　　電話 03-3265-8341 ／ FAX 03-3264-8709
　　　　　http://www.morikita.co.jp/
　　　　　日本書籍出版協会・自然科学書協会　会員
　　　　　JCOPY ＜(社)出版者著作権管理機構　委託出版物＞

落丁・乱丁本はお取替えいたします．

Printed in Japan／ISBN978-4-627-05381-6